Algebra 1

Applications • *Equations* • *Graphs*

Resources in Spanish

This Resource Book contains blackline masters
in Spanish for use with *Algebra 1*. The blacklines
are organized by lesson within each chapter.
Included are reteaching masters for each lesson,
quizzes, chapter tests, materials for alternative
assessment, and a glossary.

McDougal Littell
A HOUGHTON MIFFLIN COMPANY
Evanston, Illinois • Boston • Dallas

Contributing Authors

The authors wish to thank the following individuals for their contributions.

Rita Browning
Linda E. Byrom
Karen Ostaffe
Leslie Palmer
Jessica Pflueger
Barbara L. Power

ISBN: 0-618-02053-5

789-CKI- 04

Contents

Chapter Title

1	**Connections to Algebra**	1—25
2	**Properties of Real Numbers**	26—52
3	**Solving Linear Equations**	53—79
4	**Graphing Linear Equations and Functions**	80—106
5	**Writing Linear Equations**	107—131
6	**Solving and Graphing Linear Inequalities**	132—156
7	**Systems of Linear Equations and Inequalities**	157—179
8	**Exponents and Exponential Functions**	180—202
9	**Quadratic Equations and Functions**	203—229
10	**Polynomials and Factoring**	230—256
11	**Rational Equations and Functions**	257—283
12	**Radicals and Connections to Geometry**	284—310
	Glossary	311—318
	Answers	319—353

Contents

Descriptions of Resources

This Resource Book is organized by chapter in order to make your planning easier. The following materials are provided:

Reteaching with Practice These two pages provide additional instruction, worked-out examples, and practice exercises covering the key concepts and vocabulary in each lesson.

Quizzes The quizzes can be used to assess student progress on two or three lessons.

Chapter Tests A, B, and C These are tests that cover the most important skills taught in the chapter. There are three levels of test: A (basic), B (average), and C (advanced).

SAT/ACT Chapter Test This test also covers the most important skills taught in the chapter, but questions are in multiple-choice and quantitative-comparison format. (See *Alternative Assessment* for multi-step problems.)

Alternative Assessment with Rubric and Math Journal A journal exercise has students write about the mathematics in the chapter. A multi-step problem has students apply a variety of skills from the chapter and explain their reasoning. Solutions and a 4-point rubric are included.

Refuerzo con práctica

Para usar con las páginas 3–8

OBJETIVO **Evaluar una expresión variable y escribir una expresión variable que represente un problema de la vida real**

VOCABULARIO

Una **variable** es una letra usada para representar uno o más números.

Los números son los **valores** de la variable.

Una **expresión variable** es una colección de números, variables y operaciones.

A la operación de reemplazar cada variable de una expresión por un número se le llama **evaluar la expresión**.

A la operación de escribir las unidades de cada variable de un problema de la vida real se le llama **análisis de unidades**.

EJEMPLO 1 *Evaluar una expresión variable*

Evalúa la expresión para $y = 3$.

a. $y - 5$ **b.** $12y$

SOLUCIÓN

a. $y - 5 = 3 - 5$ Sustituye y por 3.   **b.** $12y = 12(3)$ Sustituye y por 3.

       $= -2$ Simplifica. $= 36$ Simplifica.

Ejercicios para el ejemplo 1

Evalúa la expresión para el valor dado de la variable.

1. $8 + x$, para $x = 6$ **2.** $\dfrac{10}{s}$, para $s = 2$ **3.** $0.2a$, para $a = 20$

4. $9 - y$, para $y = 1$ **5.** $\frac{3}{4}q$, para $q = 12$ **6.** $8b$, para $b = 3$

Algebra 1
Resources in Spanish

Chapter 1

Refuerzo con práctica

EJEMPLO 2 *Evaluar una expresión de la vida real*

Depositas $300 en una cuenta bancaria que paga una tasa de interés anual del 2.5%. ¿Cuánto interés simple ganarás después de dos años?

SOLUCIÓN

Interés simple $= Prt$ Escribe la expresión.

$\qquad = (300)(0.025)(2)$ Sustituye P por 300, r por 0.025 y t por 2

$\qquad = 15$ Simplifica.

Después de dos años, tendrás $15 de interés simple.

Ejercicios para el ejemplo 2

7. Depositas $250 en una cuenta bancaria que paga una tasa de interés anual del 2%. ¿Cuánto interés simple ganarás después de dos años?

8. Depositas $140 en una cuenta bancaria que paga una tasa de interés anual del 3.5%. ¿Cuánto interés simple ganarás después de un año?

EJEMPLO 3 *Representar una situación de la vida real*

Si conduces a una velocidad constante de 65 millas por hora, ¿cuánto demorarás en recorrer 325 millas?

SOLUCIÓN

Modelo verbal $\text{Tiempo} = \dfrac{\text{Distancia}}{\text{Tasa}}$

Rótulos
$\text{Tiempo} = t$ (horas)
$\text{Distancia} = 325$ (millas)
$\text{Tasa} = 65$ (millas por hora)

Modelo algebraico $t = \dfrac{325}{65}$ Escribe el modelo algebraico.

$\qquad = 5$ Simplifica.

Deberías demorar 5 horas en recorrer 325 millas.

Ejercicios para el ejemplo 3

9. Si conduces a una velocidad constante de 60 millas por hora, ¿cuánto demorarás en recorrer 270 millas?

10. Calcula la velocidad promedio de un avión que recorre 2100 millas en 6 horas.

LECCIÓN 1.2

NOMBRE_____ FECHA_____

Refuerzo con práctica

Para usar con las páginas 9–14

OBJETIVO Evaluar expresiones que contienen exponentes y usar exponentes en problemas de la vida real

> ### VOCABULARIO
>
> A una **expresión** como 2^3 se le llama **potencia**, donde el **exponente** 3 representa el número de veces que se usa la **base** 2 como factor.
>
> Los **símbolos de agrupamiento**, como los paréntesis o los corchetes, indican el orden en que deberían realizarse las operaciones.

EJEMPLO 1 *Evaluar potencias*

Evalúa la expresión y^4, para $y = 3$.

SOLUCIÓN

$y^4 = 3^4$ — Sustituye y por 3.

$= 3 \cdot 3 \cdot 3 \cdot 3$ — Escribe los factores.

$= 81$ — Multiplica.

El valor de la expresión es 81.

Ejercicios para el ejemplo 1

Evalúa la expresión para el valor dado de la variable.

1. q^3, para $q = 10$
2. b^5, para $b = 2$
3. z^2, para $z = 5$
4. x^4, para $x = 6$
5. m^3, para $m = 9$
6. n^5, para $n = 3$

EJEMPLO 2 *Exponentes y símbolos de agrupamiento*

Evalúa la expresión para $x = 2$.

a. $3x^4$ **b.** $(3x)^4$

SOLUCIÓN

a. $3x^4 = 3(2^4)$ — Sustituye x por 2.

$= 3(16)$ — Evalúa la potencia.

$= 48$ — Multiplica.

b. $(3x)^4 = (3 \cdot 2)^4$ — Sustituye x por 2.

$= 6^4$ — Multiplica dentro de los paréntesis.

$= 1296$ — Evalúa la potencia.

Ejercicios para el ejemplo 2

Evalúa la expresión para los valores dados de las variables.

7. $(c + d)^3$, para $c = 2$ y $d = 5$
8. $c^3 + d^3$, para $c = 2$ y $d = 5$
9. $5p^2$, para $p = 2$
10. $(5p)^2$, para $p = 2$

Refuerzo con práctica

Para usar con las páginas 9–14

EJEMPLO 3 *Calcular volúmenes*

Una caja de almacenamiento tiene forma de cubo. Cada arista de la caja
mide 1.5 pies de longitud. Calcula el volumen de la caja en pies cúbicos.

SOLUCIÓN

$V = s^3$ Escribe la fórmula de volumen.

$\quad = 1.5^3$ Sustituye s por 1.5.

$\quad = 3.375$ Evalúa la potencia.

El volumen de la caja de almacenamiento mide 3.375 pies^3.

Ejercicios para el ejemplo 3

11. La fórmula del área de un cuadrado
es $A = s^2$. Calcula el área de un
cuadrado para $s = 10$ pies.

12. La fórmula del volumen de un cubo es
$V = s^3$. Calcula el volumen de un cubo
para $s = 6$ pulg.

13. La fórmula del área de un cuadrado es
$A = s^2$. Calcula el área de un cuadrado para $s = 5.2$ cm.

14. La fórmula del volumen de un cubo es
$V = s^3$. Calcula el volumen de un cubo
para $s = 3.5$ pies.

NOMBRE_____ FECHA_____

Refuerzo con práctica

Para usar con las páginas 16–22

OBJETIVO Usar el orden de las operaciones para evaluar expresiones algebraicas y usar la calculadora para evaluar expresiones de la vida real

> **VOCABULARIO**
>
> Para evaluar una expresión que implique más de una operación se utiliza un **orden de las operaciones** establecido.

EJEMPLO 1 *Evaluar expresiones sin símbolos de agrupamiento*

    a. Evalúa $5x^2 - 6$, para $x = 3$.

    b. Evalúa $7 + 15 \div 3 - 4$.

SOLUCIÓN

    a. $5x^2 - 6 = 5 \cdot 3^2 - 6$ Sustituye x por 3.

                   $= 5 \cdot 9 - 6$ Evalúa la potencia.

                   $= 45 - 6$ Evalúa el producto.

                   $= 39$ Evalúa la diferencia.

    b. $7 + 15 \div 3 - 4 = 7 + (15 \div 3) - 4$ Primero divide.

                        $= 7 + 5 - 4$ Evalúa el cociente.

                        $= 12 - 4$ Trabaja de izquierda a derecha.

                        $= 8$ Evalúa la diferencia.

Ejercicios para el ejemplo 1

Evalúa la expresión.

1. $4 \cdot 3 + 8 \div 2$ **2.** $24 \div 6 \cdot 2$ **3.** $21 - 5 \cdot 2$

EJEMPLO 2 *Evaluar expresiones con símbolos de agrupamiento*

    Evalúa $24 \div (6 \cdot 2)$.

SOLUCIÓN

    $24 \div (6 \cdot 2) = 24 \div 12$ Simplifica $6 \cdot 2$.

                 $= 2$ Evalúa el cociente.

Ejercicios para el ejemplo 2

Evalúa la expresión.

4. $(6 - 2)^2 - 1$ **5.** $30 \div (1 + 4) + 2$ **6.** $(8 + 4) \div (1 + 2) + 1$

7. $6 - (2^2 - 1)$ **8.** $(30 \div 1) + (4 + 2)$ **9.** $8 + 4 \div (1 + 2 + 1)$

Refuerzo con práctica

Para usar con las páginas 16–22

EJEMPLO 3 *Calcular precios de entrada por familia*

Usa la tabla siguiente, que muestra los precios de entrada a un parque de diversiones. Supón que una familia de 2 adultos y 3 niños va al parque. Las edades de los niños son 6, 8 y 13 años.

a. Escribe una expresión que represente el precio de entrada para la familia.

b. Usa la calculadora para evaluar la expresión.

Precios de entrada al parque de diversiones	
Edad	**Precio de entrada**
Adultos	$34.00
Niños (3–9 años)	$21.00
Niños (2 años o menores)	Libre

SOLUCIÓN

a. El precio de entrada para un niño de 13 años es $34, es decir, el precio para un adulto. La familia debe comprar 3 boletos para adultos y 2 boletos para niños. Una expresión que representa el precio de entrada para la familia es $3(34) + 2(21)$.

b. Si la calculadora usa el orden establecido de las operaciones, la siguiente secuencia de teclas entrega el resultado 144.

$$3 \; \boxed{\times} \; 34 \; \boxed{+} \; 2 \; \boxed{\times} \; 21 \; \boxed{\text{ENTER}}$$

El precio de entrada para la familia es $144.

Ejercicio para el ejemplo 3

10. Formula nuevamente el ejemplo 3 para una familia de 2 adultos y 4 niños. Las edades de los niños son 2, 4, 10 y 12 años.

LECCIÓN

1.3

Prueba parcial 1

Para usar después de las lecciones 1.1–1.3

1. Evalúa $15y$ para $y = 4$. *(Lección 1.1)*

2. Evalúa $\dfrac{n}{2.4}$, para $n = 96$. *(Lección 1.1)*

3. Calcula la velocidad promedio de un automóvil que recorre 135 millas en 2.5 horas. *(Lección 1.1)*

4. Evalúa x^4, para $x = 5$. *(Lección 1.2)*

5. Evalúa $(x - 2)^y$, para $x = 10$ e $y = 3$. *(Lección 1.2)*

6. Calcula el volumen de un cubo que mide 1.6 pies de cada lado. *(Lección 1.2)*

7. Evalúa la expresión $\dfrac{4 \cdot 3 + 6}{(3 + 2) - 4}$. *(Lección 1.3)*

8. Evalúa $(5 + 2)^3 - 10$. *(Lección 1.3)*

9. Evalúa $z^2 - 7 \cdot 8$, para $z = 10$. *(Lección 1.3)*

Respuestas

1. _____
2. _____
3. _____
4. _____
5. _____
6. _____
7. _____
8. _____
9. _____

Refuerzo con práctica

Para usar con las páginas 24–30

OBJETIVO **Verificar soluciones de ecuaciones y desigualdades, y resolver ecuaciones usando el cálculo mental**

VOCABULARIO

Se forma una **ecuación** al colocar un signo igual entre dos expresiones iguales.

Un **enunciado con variables** es una ecuación que contiene una o más variables.

Cuando la variable de una ecuación de una sola variable, es reemplazada por un número, y el enunciado que resulta es verdadero, el número es una **solución de la ecuación**.

Al hecho de hallar todas las soluciones de una ecuación se le llama **resolver la ecuación.**

Se forma una **desigualdad** al colocar un símbolo de desigualdad entre dos expresiones.

La **solución de una desigualdad** es un número que genera un enunciado verdadero, al sustituir por él la variable de la desigualdad.

EJEMPLO 1 *Verificar soluciones posibles de una ecuación*

Verifica si los números 2 y 4 son cada uno una solución de la ecuación $2x + 3 = 11$.

SOLUCIÓN

Para verificar las soluciones posibles, sustitúyelas en la ecuación. Si ambos lados de la ecuación tienen igual valor, entonces el número es una solución.

x	$2x + 3 = 11$	Resultado	Conclusión
2	$2(2) + 3 \stackrel{?}{=} 11$	$7 \neq 11$	2 no es una solución
4	$2(4) + 3 \stackrel{?}{=} 11$	$11 = 11$	4 es una solución

El número 4 es una solución de $2x + 3 = 11$. El número 2 no es una solución.

Ejercicios para el ejemplo 1

Verifica si el número dado es una solución de la ecuación.

1. $5p - 2 = 12$; 3   **2.** $8 + 2y = 10$; 3   **3.** $3a + 2 = 14$; 2

4. $\frac{t}{4} - 3 = 0$; 12   **5.** $n + 4n = 20$; 5   **6.** $k + 7 = 3k + 1$; 3

LECCIÓN
1.4
CONTINUACIÓN

NOMBRE _____ FECHA _____

Refuerzo con práctica

Para usar con las páginas 24–30

EJEMPLO 2 *Verificar soluciones de desigualdades*

Decide si 6 es una solución de la desigualdad.

a. $3 + w \geq 9$ **b.** $r + 4 > 11$

SOLUCIÓN

Desigualdad	Sustitución	Resultado	Conclusión
a. $3 + w \geq 9$	$3 + 6 \overset{?}{\geq} 9$	$9 \geq 9$	6 es una solución
b. $r + 4 > 11$	$6 + 4 \overset{?}{>} 11$	$10 \not> 11$	6 no es una solución

Ejercicios para el ejemplo 2

Verifica si el número dado es una solución de la desigualdad.

7. $2f - 3 \geq 8;\ 5$ **8.** $2h - 4 > 10;\ 3$ **9.** $13x \leq 6x + 15;\ 2$

EJEMPLO 3 *Usar el cálculo mental para resolver una ecuación*

¿Qué pregunta mental podría usarse para hallar la solución de la ecuación $x - 7 = 15$?

A. ¿Qué número puede restarse a 7 para obtener 15?

B. ¿De qué número puede restarse 7 para obtener 15?

C. ¿De qué numero puede restarse 15 para obtener 7?

SOLUCIÓN

Como 7 puede restarse de 22 para obtener 15, se podría usar la pregunta mental B para resolver la ecuación $x - 7 = 15$.

Ejercicios para el ejemplo 3

Escribe una pregunta que pudiera usarse para resolver la ecuación. Usa después el cálculo mental para resolver la ecuación.

10. $z + 7 = 21$ **11.** $3f + 1 = 19$ **12.** $a - 12 = 10$

13. $\dfrac{y}{3} = 11$ **14.** $4j - 7 = 9$ **15.** $\dfrac{b}{2} = 4$

Refuerzo con práctica

Para usar con las páginas 32–39

OBJETIVO Convertir enunciados verbales en expresiones algebraicas y usar un modelo verbal para resolver un problema de la vida real

---

VOCABULARIO

A la operación de escribir expresiones, ecuaciones o desigualdades algebraicas que representan situaciones de la vida real se le llama **hacer un modelo**. La expresión, ecuación o desigualdad es un **modelo matemático** de la situación de la vida real.

EJEMPLO 1 *Convertir enunciados verbales en expresiones algebraicas*

Convierte el enunciado en expresión algebraica.

SOLUCIÓN

a. Cuatro más que la mitad de un número n

$$4 + \tfrac{1}{2}n \quad \text{Piensa: ¿4 más que cuánto?}$$

b. Doce disminuido en un número y

$$12 - y \quad \text{Piensa: ¿12 disminuido en cuánto?}$$

c. El cociente de ocho y un número w

$$\frac{8}{w} \quad \text{Piensa: ¿El cociente de 8 y cuánto?}$$

Ejercicios para el ejemplo 1

Escribe el enunciado verbal como expresión algebraica. Usa x para la variable de tu expresión.

1. Ocho menos que la mitad de un número

2. Un número disminuido en cinco

3. El producto de diez por un número

4. Siete al cuadrado aumentado en un número

5. El cociente de un número y dieciséis

6. La diferencia entre un número y dos

Refuerzo con práctica

Para usar con las páginas 32–39

EJEMPLO 2 *Escribir un modelo algebraico*

Escribe una ecuación para representar la situación. Usa el cálculo mental para resolver la ecuación para el número de boletos vendidos.

El producto de $6 por el número de boletos para la película es igual a una recaudación total de $420.

SOLUCIÓN

| **Modelo verbal** | Costo por boleto | · | Número de boletos | = | Recaudación total |

Rótulos   Costo por boleto $= 6$ (dólares)

               Número de boletos $= n$ (boletos)

               Recaudación total $= 420$ (dólares)

Modelo algebraico $6n = 420$

                      $n = 70$

El número de boletos vendidos es 70.

Ejercicios para el ejemplo 2

En los ejercicios 7 y 8, haz lo siguiente.

a. Escribe un modelo verbal.
b. Asigna rótulos y escribe un modelo algebraico basado en tu modelo verbal.
c. Usa el cálculo mental para resolver la ecuación.

7. El consejo estudiantil está vendiendo gorras de béisbol a $8 cada una. El grupo quiere recaudar $2480. ¿Cuántas gorras debe vender el grupo?

8. Tus dos hermanas y tú compraron un regalo para tu hermano. Pagaste $7.50 por tu parte (un tercio del regalo). ¿Cuál fue el precio total del regalo?

LECCIÓN 1.5

NOMBRE_____ FECHA_____

Prueba parcial 2

Para usar después de las lecciones 1.4–1.5

1. ¿Es $r = 4$ una solución de la ecuación $8 + r^2 = 16$? *(Lección 1.4)*

2. ¿Es $y = 7.5$ una solución de la desigualdad $2(5y - 4) \geq 65$? *(Lección 1.4)*

3. Escribe una pregunta que pudiera usarse para resolver $3n + 2 = 14$. *(Lección 1.4)*

4. Escribe una expresión algebraica para "siete menos que cuatro veces un número x". *(Lección 1.5)*

En los Ejercicios 5 y 6, escribe una ecuación o desigualdad que represente la situación. *(Lección 1.5)*

5. El interés simple ganado sobre un capital de quinientos dólares a una tasa de interés anual del p por ciento es menor que veinticinco dólares.

6. El producto de $20.00 por el número s de suscripciones a un periódico es igual a $600.

Respuestas

1. _____
2. _____
3. _____
4. _____
5. _____
6. _____

Refuerzo con práctica

Para usar con las páginas 40–45

OBJETIVO Usar tablas para organizar datos y usar gráficas para organizar datos de la vida real

---

VOCABULARIO

La palabra **datos** significa información, hechos o números que describen algo.

Las **gráficas de barras** y las **gráficas lineales** se usan para organizar datos.

EJEMPLO 1 *Usar una tabla para organizar datos*

Los datos de la tabla muestran el número de automóviles de pasajeros producidos por los tres principales fabricantes de automóviles.

Producción de automóviles de pasajeros (en miles)						
Año	**1970**	**1975**	**1980**	**1985**	**1990**	**1995**
Compañía A	1273	903	639	1266	727	577
Compañía B	2017	1808	1307	1636	1377	1396
Compañía C	2979	3679	4065	4887	2755	2515

a. ¿Durante qué período de 5 años disminuyó más la producción total de automóviles de pasajeros?

b. ¿Durante qué período de 5 años aumentó más la producción total de automóviles de pasajeros?

SOLUCIÓN

Añade otras dos filas a la tabla. Anota la producción total de automóviles de pasajeros de las tres empresas, y la cantidad de cambio entre un período de 5 años y el siguiente.

Año	**1970**	**1975**	**1980**	**1985**	**1990**	**1995**
Total	6269	6390	6011	7789	4859	4488
Cambio		121	−379	1778	−2930	−371

a. Según la tabla, puedes apreciar que la producción total de automóviles de pasajeros disminuyó más entre 1985 y 1990.

b. Según la tabla, puedes apreciar que la producción total de automóviles de pasajeros aumentó más entre 1980 y 1985.

Ejercicios para el ejemplo 1

1. Usa los datos del ejemplo 1. ¿Durante qué período de 5 años disminuyó menos la producción total de automóviles de pasajeros?

2. Usa los datos del ejemplo 1. ¿Durante qué período de 5 años aumentó menos la producción total de automóviles de pasajeros?

Refuerzo con práctica

Para usar con las páginas 40–45

EJEMPLO 2 | *Usar gráficas de barras para organizar datos de la vida real*

Usa los datos del ejemplo 1. Haz una gráfica lineal para organizar los datos de la producción de automóviles de pasajeros de Compañía A.

a. ¿Durante qué período de 5 años disminuyó menos la producción de automóviles de pasajeros de Compañía A?

b. ¿Durante qué período de 5 años disminuyó más la producción de automóviles de pasajeros de Compañía A?

SOLUCIÓN

Dibuja la escala vertical desde 0 hasta 1400 miles de automóviles, con incrementos de 200 mil automóviles. Marca el número de años en el eje horizontal, comenzando en 1970. Marca un punto sobre la gráfica por cada número de automóviles de pasajeros producido. Traza después una recta desde cada punto hasta el siguiente.

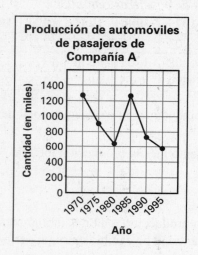

a. La producción de automóviles de pasajeros de Compañía A disminuyó menos en el período 1990–1995.

b. La producción de automóviles de pasajeros de Compañía A disminuyó más en el período 1985–1990.

Ejercicios para el ejemplo 2

En los ejercicios 3 y 4, usa los datos del ejemplo 1.

3. Haz una gráfica lineal para organizar los datos de la producción de automóviles de pasajeros de Compañía C. ¿Durante qué período de 5 años disminuyó más la producción de automóviles de pasajeros de Compañía C?

4. Haz una gráfica lineal para organizar los datos de la producción de automóviles de pasajeros de Compañía B. ¿Durante qué período de 5 años aumentó más la producción de automóviles de pasajeros de Compañía B?

Refuerzo con práctica

Para usar con las páginas 46–52

OBJETIVO Identificar una función, hacer una tabla de entradas y salidas para una función y escribir una ecuación para una función de la vida real

---

VOCABULARIO

Una **función** es una regla que establece una relación entre dos cantidades, llamadas **entrada** y **salida**. Para cada entrada hay exactamente una salida.

El hacer una **tabla de entradas y salidas** es una manera de describir una función.

La colección de todos los valores de entrada es el **dominio** de la función.

La colección de todos los valores de salida es el **rango** de la función.

EJEMPLO 1 *Identificar una función*

¿Representa la tabla una función? Explica.

Entrada	Salida
5	1
5	2
10	3
15	4

SOLUCIÓN

La tabla no representa una función. Para el valor de entrada 5, hay dos valores de salida, no uno.

Ejercicios para el ejemplo

En los ejercicios 1 y 2, ¿representa la tabla una función? Explica.

1.

Entrada	Salida
1	4
2	8
3	12
4	16

2.

Entrada	Salida
1	5
2	6
2	7
3	8

Refuerzo con práctica

Para usar con las páginas 46–52

EJEMPLO 2 *Hacer una tabla de entradas y salidas*

Haz una tabla de entradas y salidas para la función $y = 3x + 1.5$. Usa los números 0, 1, 2 y 3 como dominio.

SOLUCIÓN

Anota una salida para cada entrada.

Haz una tabla de entradas y salidas.

ENTRADA	FUNCIÓN	SALIDA
$x = 0$	$y = 3(0) + 1.5$	$y = 1.5$
$x = 1$	$y = 3(1) + 1.5$	$y = 4.5$
$x = 2$	$y = 3(2) + 1.5$	$y = 7.5$
$x = 3$	$y = 3(3) + 1.5$	$y = 10.5$

Entrada x	Salida y
0	1.5
1	4.5
2	7.5
3	10.5

Ejercicios para el ejemplo 2

En los ejercicios 3–5, haz una tabla de entradas y salidas para la función. Usa los números 0, 1, 2 y 3 como dominio.

3. $y = 5 - x$ **4.** $y = 4x - 1$ **5.** $y = 2 - x$

EJEMPLO 3 *Escribir una ecuación*

La feria del condado cobra \$4 por vehículo y \$1.50 por cada persona que va en el vehículo. Representa el costo total C como función del número p de personas. Escribe una ecuación para la función.

SOLUCIÓN

Modelo verbal

Costo total	=	Costo por vehículo	+	Precio por persona	·	Número de personas

Rótulos

Costo total = C (dólares)
Precio por vehículo = 4   (dólares)
Precio por persona = 1.50   (dólares)
Número de personas = p (personas)

Modelo algebraico $C = 4 + 1.5p$

Ejercicios para el ejemplo 3

6. Formula nuevamente el ejemplo 3 si el precio por vehículo es \$1.50, y se cobra \$4 por cada persona que va en el vehículo.

7. Formula nuevamente el ejemplo 3 si el precio por vehículo es \$3, y se cobra \$2.50 por cada persona que va en el vehículo.

Algebra 1
Resources in Spanish

NOMBRE_____ FECHA_____

Prueba del capítulo A

Para usar después del capítulo 1

Evalúa la expresión para el valor dado de la variable.

1. $q - 10$, para $q = 13$ **2.** $34.5x$, para $x = 4.2$

3. Depositas $70 en una cuenta de ahorros que ofrece una tasa de interés anual del 3%. ¿Cuánto interés simple ganarías en 2.5 años?

4. El perímetro de un rectángulo es la suma de las longitudes de los cuatro lados. Calcula el perímetro del rectángulo siguiente para $x = 2$ pies.

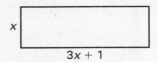

x

$3x + 1$

Evalúa la potencia.

5. 2^6 **6.** 5^3

Evalúa la expresión para el valor dado de la variable.

7. c^5, para $c = 3$ **8.** $(2y)^3$, para $y = 3$

Evalúa la expresión para los valores dados de las variables.

9. $x^2 + y$, para $x = 4$ e $y = 3$ **10.** $(a + b)^3$, para $a = 3$ y $b = 5$

11. Una caja de arroz mide 19 centímetros de longitud, 12 centímetros de ancho y 3.5 centímetros de profundidad. El volumen de la caja es el producto de la longitud por el ancho y por la altura. ¿Cuánto mide el volumen de la caja?

Evalúa la expresión.

12. $8 - 6 + 4$ **13.** $16 \div (4 - 2) - 3$

Verifica si el número dado es una solución de la ecuación.

14. $3x + 5 = 17$; 2   **15.** $4y - 7 = 3y - 4$; 3

Verifica si el número dado es una solución de la desigualdad.

16. $2m - 3 < 4$; 2   **17.** $5 + 2n \geq 12$; 0

Escribe la frase verbal como expresión algebraica. Usa *x* como variable para tu expresión.

18. La suma de 8 más un número.   **19.** Diez menos que un número.

Respuestas

1._____

2._____

3._____

4._____

5._____

6._____

7._____

8._____

9._____

10._____

11._____

12._____

13._____

14._____

15._____

16._____

17._____

18._____

19._____

NOMBRE _____ FECHA _____

Prueba del capítulo A

Para usar después del capítulo 1

Escribe el enunciado verbal como ecuación o desigualdad.

20. La suma de tres más x es diez.

21. Cuatro es mayor que seis veces un número t.

Escribe una ecuación o desigualdad que represente la situación.

22. La distancia d a la escuela es $1\frac{1}{2}$ millas más que la distancia p al parque.

23. El perímetro de un cuadrado de lado s es mayor o igual que setenta más cinco.

24. La tabla muestra el contenido de proteínas de algunos alimentos. Haz una gráfica de barras de los datos.

Alimento $\left(\frac{1}{2}\ taza\right)$	spaghetti	arroz	mantequilla de cacahuate
Proteína (gramos)	2	5	8

Respuestas

20. _____

21. _____

22. _____

23. _____

24. Usa la cuadrícula de la
    izquierda. _____

25. Usa la tabla de la
    izquierda. _____

26. Usa la tabla de la
    izquierda. _____

Haz una tabla de entradas y salidas para la función. Usa los números 0, 1, 2 y 3 como dominio.

25. $y = 7x + 2$

Entrada	Salida

26. $y = 12 - 3x$

Entrada	Salida

NOMBRE_____ FECHA_____

Prueba del capítulo B

Para usar después del capítulo 1

Evalúa la expresión para el valor dado de la variable.

1. $4.25q$, para $q = 6.2$

2. $\dfrac{16.8}{x}$, para $x = 2$

3. Si conduces a una velocidad constante de 65 millas por hora, ¿cuánto demorarás en recorrer 260 millas?

4. El área de un rectángulo es el producto de la base por la altura. Calcula el área del rectángulo siguiente para $x = 6$ pies.

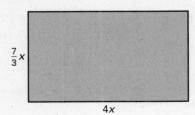

$\frac{7}{3}x$

$4x$

Evalúa la expresión para el valor dado de la variable.

5. 3^n, para $n = 4$

6. $(6x)^4$, para $x = 2$

7. $8 + 5a^2$, para $a = 7$

8. $64 - \dfrac{32}{b}$, para $b = 4$

Evalúa la expresión para los valores dados de las variables.

9. $x + y^2$, para $x = 5$ e $y = 9$

10. $(a - b)^4$, para $a = 10$ e $b = 6$

11. Un envase mide 22 pulgadas de longitud, 22 pulgadas de ancho y 24 pulgadas de profundidad. El volumen del envase es el producto de la longitud por el ancho y por la altura. ¿Cuánto mide el volumen del envase?

Evalúa la expresión.

12. $49 \div 7 + 3 \cdot 6$

13. $4[(29 - 12) + 10]$

14. $[44 \div (10 - 8)^2] + 7$

15. $\frac{1}{2} \cdot 18 - 3^2$

Verifica si el número dado es una solución de la ecuación o desigualdad.

16. $16x + 3 = 29 - 3x$; 2

17. $10x - 4 \leq 20$; 5

18. Si invertiste $250 en una cuenta bancaria durante 2 años y recibiste $7.50 de interés simple, ¿cuál era la tasa de interés anual de la cuenta?

Respuestas

1. _____

2. _____

3. _____

4. _____

5. _____

6. _____

7. _____

8. _____

9. _____

10. _____

11. _____

12. _____

13. _____

14. _____

15. _____

16. _____

17. _____

18. _____

CAPÍTULO

1

CONTINUACIÓN

NOMBRE_____ FECHA_____

Prueba del capítulo B

Para usar después del capítulo 1

Escribe el enunciado verbal como expresión algebraica. Usa *x* como variable de tu expresión.

19. Un número aumentado en $\frac{1}{2}$ **20.** Un número multiplicado por $\frac{2}{3}$

Escribe el enunciado verbal como ecuación o desigualdad.

21. La tercera potencia de dos es ocho.

Escribe una ecuación o desigualdad que represente la situación.

22. Cuatrocientos dólares es menor o igual que el producto de $32 por el número *p* de boletos para el parque de diversiones.

23. La tabla muestra el precio de la gasolina por galón durante un período de cuatro meses. Haz una gráfica lineal de los datos.

Mes	marzo	abril	mayo	junio
Precio de la gasolina (por galón)	$1.29	$1.09	$1.19	$1.15

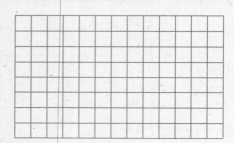

19. _____
20. _____
21. _____
22. _____
23. Usa la cuadrícula de la izquierda.
24. Usa la tabla de la izquierda.
25. Usa la tabla de la izquierda.

Haz una tabla de entradas y salidas para la función. Usa los números 1, 1.5, 2 y 3 como dominio.

24. $y = 2x^2 + 3.1$

Entrada	Salida

25. $y = \dfrac{6}{x} - 0.5$

Entrada	Salida

NOMBRE_____ FECHA _____

Prueba del capítulo C

Para usar después del capítulo 1

Evalúa la expresión para el valor dado de la variable.

1. $\frac{5}{6} \cdot x$, para $x = \frac{3}{2}$

2. $\frac{7}{8} - t$, para $t = \frac{3}{16}$

3. Si demoras una hora con cuarenta y cinco minutos en recorrer 105 millas, calcula la velocidad promedio.

4. El volumen de un prisma rectangular es el producto de la longitud por el ancho y por la altura. Calcula el volumen del prisma siguiente.

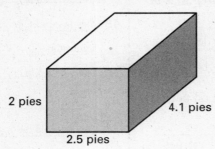

2 pies

2.5 pies

4.1 pies

Evalúa la expresión para el valor dado de la variable.

5. $24 - 3a^3$, para $a = 2$

6. $\frac{b}{8} + 15$, para $b = 256$

Evalúa la expresión para los valores dados de las variables.

7. $x - y^2$, para $x = 26$ e $y = 5$

8. $(b - a)^5$, para $a = 4$ y $b = 10$

9. La fórmula del volumen de una pirámide es $\frac{1}{3}$ por la altura y por el área de la base. Si una pirámide mide 150 pies de altura y tiene una base cuadrada que mide 250 pies de cada lado, ¿cuánto mide el volumen de la pirámide?

Evalúa la expresión.

10. $[15 + (5^2 \cdot 2)] \div 13$

11. $\dfrac{(37 - 26)^2 - 6}{32 \div 2^2 - (4^2 - 13)}$

Verifica si el número dado es una solución de la ecuación o desigualdad.

12. $4x - 3x = \dfrac{9}{x}; 3$

13. $\dfrac{40 - x}{x} \geq 4; \ 8$

14. Si invertiste $1500 en una cuenta bancaria durante 5 años y recibiste $150 de interés simple, ¿cuál era la tasa de interés anual de la cuenta?

Respuestas

1. _____

2. _____

3. _____

4. _____

5. _____

6. _____

7. _____

8. _____

9. _____

10. _____

11. _____

12. _____

13. _____

14. _____

Prueba del capítulo C

Para usar después del capítulo 1

Escribe un enunciado verbal como ecuación o desigualdad.

15. El cociente de x y once es menor o igual que cincuenta y siete.

16. Veintisiete es mayor que la suma de x menos cinco más doce.

Escribe una ecuación o desigualdad para representar la situación.

17. El costo total C de un artículo es igual a la suma del precio p más la cantidad 0.06 multiplicada por p.

18. El área A de un triángulo es igual a la mitad del producto de la base b por la altura h.

19. La tabla muestra el valor de una acción de capital durante un período de cinco días. Haz una gráfica lineal de los datos.

Día	lunes	martes	miércoles	jueves	viernes
Valor	$9.75	$10.25	$8.50	$9.50	$11.00

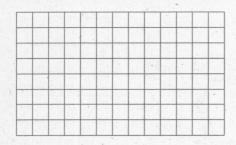

Respuestas

15._____

16._____

17._____

18._____

19. Usa la cuadrícula de la
    izquierda.

20. Usa la tabla de la
    izquierda.

21. Usa la tabla de la
    izquierda.

Haz una tabla de entradas y salidas para la función. Usa los números 0.6, 1, 1.6 y 2 como dominio.

20. $y = 1.5x^2 - 0.25$

21. $y = \dfrac{x}{0.5} + 3.75$

Entrada	Salida

Entrada	Salida

Prueba del capítulo SAT/ACT

Para usar después del capítulo 1

1. Depositas $400 a una tasa del 11% anual. ¿Cuánto interés simple ganarás después de dos años y medio?

   Ⓐ $1.10   Ⓑ $11

   Ⓒ $110   Ⓓ $1100

2. ¿Cuánto mide el área de la figura?

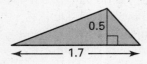

   Ⓐ 0.425   Ⓑ 0.85

   Ⓒ 4.25   Ⓓ 8.5

3. ¿Cuál es el valor de $(4x)^2 + 3$, para $x = 3$?

   Ⓐ 39   Ⓑ 147

   Ⓒ 153   Ⓓ 225

4. ¿Cuál es el valor de $\dfrac{10^2 + 8 \cdot 7}{3(14 \cdot 2 - 15)}$?

   Ⓐ $\dfrac{52}{23}$ Ⓑ 4

   Ⓒ $\dfrac{187}{39}$ Ⓓ $\dfrac{826}{39}$

5. ¿Cuál de los siguientes números es una solución de la ecuación $4x - 13 = 22 - 3x$?

   Ⓐ $\dfrac{7}{9}$ Ⓑ $\dfrac{9}{7}$

   Ⓒ 5   Ⓓ 9

6. ¿Cuál de los siguientes números es una solución de la desigualdad $6x - 47 > 43 - 4x$?

   Ⓐ 7   Ⓑ 8

   Ⓒ 9   Ⓓ 10

En las Preguntas 7 y 8, escoge el enunciado que se cumple para los números dados.

  A El número de la columna A es mayor.

  B El número de la columna B es mayor.

  C Los dos números son iguales.

  D La relación no puede determinarse a partir de la información entregada.

7.

Columna A	*Columna B*
$45 \div (9 - 4) + 3$	$45 \div 9 - 4 + 3$

  Ⓐ   Ⓑ   Ⓒ   Ⓓ

8.

Columna A	*Columna B*
3^{12}	$3^3 \cdot 3^4$

  Ⓐ   Ⓑ   Ⓒ   Ⓓ

9. El número de estudiantes de una clase de historia es tres menos que el doble del número de estudiantes de una clase de computación. Si el número de estudiantes de la clase de computación es c, ¿cuántos estudiantes hay en la clase de historia?

   Ⓐ $2c$ Ⓑ $2c - 3$

   Ⓒ $2c + 3$ Ⓓ $3 - 2c$

10. ¿Cuál de las alternativas siguientes representa una función?

I.

Entrada	*Salida*
2	5
3	5
4	5
5	5

II.

Entrada	*Salida*
2	4
3	6
3	8
5	10

III.

Entrada	*Salida*
1	1
2	2
3	2
4	1

   Ⓐ Todas   Ⓑ I y II

   Ⓒ I y III   Ⓓ II y III

NOMBRE_____ FECHA_____

Evaluación alternativa y diario de matemáticas

Para usar después del capítulo 1

DIARIO   **1.** Susana y Andrés compararon su tarea de álgebra y no estuvieron de acuerdo en el valor de $6 + 3^2 \div 3 - 5$. Susana decía que el resultado era 22, pero Andrés decía que el resultado era 4. (a) Explica qué resultado está correcto y por qué. (b) Establece el orden correcto de las operaciones. ¿Por qué es importante tener un orden establecido de las operaciones? (c) El estudiante con el resultado incorrecto decía que ése era el resultado que dio la calculadora. ¿Estaba programada la calculadora del estudiante para usar el orden establecido de las operaciones? De ser así, explica por qué ese resultado estaba incorrecto. De lo contrario, explica cómo llegó la calculadora al resultado incorrecto. Especifica lo que debería hacer el estudiante en el futuro para determinar el resultado correcto.

PROBLEMA DE VARIOS PASOS   **2.** ***i.*** La entrada a una feria cuesta $1. El valor del boleto de cada paseo en los juegos mecánicos es de $3. Pamela gastó exactamente $10. Escribe una ecuación que represente la cantidad de boletos que compró Pamela. Resuelve la ecuación usando el cálculo mental.

   ii. La entrada a la feria cuesta $1. El valor del boleto de cada paseo en los juegos mecánicos es de $3. Daniel gastó $10 o menos. Escribe una *desigualdad* que represente la posible cantidad de boletos que compró Daniel. Resuelve la desigualdad usando el cálculo mental.

   iii. La entrada a la feria cuesta $1. El valor del boleto de cada paseo en los juegos mecánicos es de $3. David gastó menos de $10. Escribe una *desigualdad* que represente la posible cantidad de boletos que compró David. Resuelve la desigualdad usando el cálculo mental.

   a. Interpreta con tus propias palabras los resultados de los problemas *i, ii* y *iii*. Después, representa cada resultado mediante una gráfica.

   b. Determina la mayor cantidad de paseos para cada persona.

   3. ***Razonamiento crítico*** Considera lo siguiente:

   a. ¿En qué se diferencian la cantidad de paseos para Daniel y David? ¿Qué palabras clave hacen variar el significado de los problemas de Daniel y David?

   b. ¿Disfrutaron Pamela y Daniel necesariamente igual cantidad de paseos? Explica tu razonamiento.

   4. ***Escritura*** Crea una situación similar para la posible cantidad de boletos para Rita, que sea diferente de las otras tres situaciones.

CAPÍTULO

1

CONTINUACIÓN

Pauta para la evaluación alternativa

Para usar después del capítulo 1

DIARIO
SOLUCIÓN

1. a–c. Las respuestas completas deberían incluir los siguientes puntos.

a. $6 + 3^2 \div 3 - 5 = 6 + 9 \div 3 - 5$ Evalúa la potencia.

$ = 6 + 3 - 5$ Completa la división.

$ = 9 - 5$ Suma y resta de izquierda a derecha.

$ = 4$ Resta.

El resultado de Andrés es el correcto porque usó el orden de las operaciones.

b. • Explica el orden de las operaciones. Haz primero las operaciones que aparecen dentro de los símbolos de agrupamiento. Evalúa después las potencias. Multiplica y divide de izquierda a derecha. Finalmente, suma y resta de izquierda a derecha.

• Explica que es importante tener un orden establecido de las operaciones para que exista consistencia en las matemáticas.

c. • Explica que la calculadora no estaba programada con el orden establecido de las operaciones, y que realizó todos los cálculos de izquierda a derecha.

• Explica que Susana debería asegurarse de meter cada cálculo por separado, usando el orden de las operaciones, usando paréntesis si es necesario.

PROBLEMA
DE VARIOS
PASOS
SOLUCIÓN

2. a. (i) $1 + 3x = 10$; $x = 3$, Pamela comprará exactamente 3 boletos;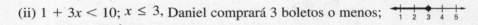

(ii) $1 + 3x < 10$; $x \leq 3$, Daniel comprará 3 boletos o menos;

(iii) $1 + 3x < 10$; $x < 3$, David comprará menos de 3 boletos;

b. Pamela y Daniel disfrutarán 3 paseos, David disfrutará 2.

3. a. El número de paseos que ambos disfrutarán puede ser menor de 3, pero para Daniel también puede ser igual a 3. Las palabras clave son *$10 o menos* y *menos de $10*, ellos cambian el sentido de la desigualdad.

b. No; Daniel puede disfrutar 3 paseos o menos; Pamela debe disfrutar 3.

4. *Posible respuesta:* Rita puede gastar ya sea una cantidad mayor que $10 o por lo menos $10.

PROBLEMA
DE VARIOS
PASOS
PAUTA DE
EVALUACIÓN

4 Los estudiantes contestan correctamente todas las partes del problema. Dan claras interpretaciones a los resultados. Las gráficas son exactas. Los estudiantes son capaces de distinguir entre una ecuación y una desigualdad. Son capaces de comparar correctamente el número de soluciones. Los estudiantes interpretan $<$ versus $\leq$.

3 Los estudiantes son capaces de establecer correctamente los modelos para 1, 2 y 3, aunque pueden cometer algunos errores menores en los resultados. Las gráficas son exactas. Los estudiantes son capaces de interpretar modelos. Sin embargo, la explicación de los razonamientos puede ser débil o puede contener equivocaciones menores.

2 Los estudiantes establecen y resuelven los modelos en forma parcial. Intentan algunas explicaciones e interpretaciones, pero es posible que no sean del todo exactas. No explican las diferencias entre ecuaciones y desigualdades.

1 Los estudiantes no son capaces de plantear o resolver los modelos. Dan muy pocas o ninguna explicación. Parecen no comprender las preguntas.

NOMBRE_____ FECHA_____

Refuerzo con práctica

Para usar con las páginas 63–70

OBJETIVO Representar gráficamente y comparar números reales usando una recta numérica, y hallar el opuesto y el valor absoluto de un número en aplicaciones a la vida real.

VOCABULARIO

Los **números reales** son los números positivos, los números negativos y el cero. La recta de números reales representa números reales como puntos.

Los **números negativos** son números menores que cero.

Los **números positivos** son números mayores que cero.

Los **enteros** son cualquiera de los números ...−3, −2, −1, 0, 1, 2, 3...

La **gráfica** de un número es el punto que corresponde al número.

Los **opuestos** son números representados por dos puntos en la recta de números reales que están a igual distancia del origen, pero a lados opuestos del origen.

El **valor absoluto** de un número real es la distancia entre el origen y el punto que representa al número real.

La **velocidad,** que indica tanto rapidez como dirección, puede ser positiva o negativa.

EJEMPLO 1 *Representar gráficamente y comparar números reales*

Representa gráficamente el −3 y el 2 sobre una recta numérica. Escribe después dos desigualdades que comparen los dos números.

SOLUCIÓN

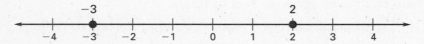

En la gráfica, el −3 está a la izquierda del 2, así que −3 es menor que 2: −3 < 2

En la gráfica, el 2 está a la derecha del −3, así que 2 es mayor que −3: 2 > −3

Ejercicios para el ejemplo 1

Representa gráficamente los números sobre una recta numérica. Escribe después dos desigualdades que comparen los dos números.

1. −4 y −7   **2.** −2.3 y −2.8   **3.** 5 y −6

EJEMPLO 2 *Ordenar números reales*

Escribe los siguientes números en orden creciente: 3.5, −3, 0, −1.5, −0.2, 2.

NOMBRE_____ FECHA_____

Refuerzo con práctica

Para usar con las páginas 63–70

SOLUCIÓN

Primero, marca los números sobre una recta numérica.

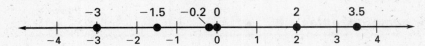

A partir de la gráfica, puedes ver que el orden es $-3, -1.5, -0.2, 0, 2, 3.5$.

Ejercicios para el ejemplo 2

Escribe los números en orden creciente.

4. $2, -3, -2.5, 4.5, -1.5$

5. $-\frac{3}{4}, \frac{1}{4}, -2, -\frac{5}{4}, 1$

EJEMPLO 3 *Hallar el opuesto y el valor absoluto de un número*

a. Hallar el opuesto de cada número: 3.6 y -7.

b. Hallar el valor absoluto de cada número: 3.6 y -7.

SOLUCIÓN

a. El opuesto de 3.6 es -3.6 porque cada uno está a 3.6 unidades del origen. El opuesto de -7 es 7 porque cada uno está a 7 unidades del origen.

b. El valor absoluto de 3.6 es 3.6. El valor absoluto de -7 es 7, porque el valor absoluto es un número que representa distancia, que nunca es negativa.

Ejercicios para el ejemplo 3

Halla el opuesto del número. Halla después el valor absoluto del número.

6. -1.7

7. 4.2

8. -5

EJEMPLO 4 *Calcular velocidad y rapidez*

Un ascensor desciende a una tasa de 900 pies por minuto. Calcula la velocidad y la rapidez del ascensor.

SOLUCIÓN

Velocidad $= -900$ pies por minuto   Movimiento es hacia abajo.

Rapidez $= |-900| = 900$ pies por minuto   Rapidez es positiva.

Ejercicios para el ejemplo 4

Calcula la rapidez y la velocidad del objeto.

9. Un halcón desciende a 150 millas por hora para atacar a su presa.

10. Un esquiador gana una carrera de descenso esquiando a 126 millas por hora.

Refuerzo con práctica

Para usar con las páginas 72–77

OBJETIVO **Sumar números reales usando una recta numérica o las reglas de la suma y resolver problemas de la vida real usando la suma**

EJEMPLO 1 *Sumar números reales*

Usa una recta numérica para calcular la suma: $4 + 1 + (-3)$.

SOLUCIÓN

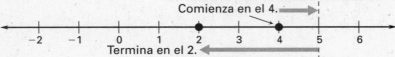

Desplázate 1 unidad a la derecha.
Comienza en el 4.
Termina en el 2.
Desplázate 3 unidades a la izquierda.

La suma puede escribirse como $4 + 1 + (-3) = 2$.

Ejercicios para el ejemplo 1

Usa la recta numérica para calcular la suma.

1. $-8 + 6$
2. $-5 + (-1)$
3. $10 + (-4)$
4. $9 + (-3) + (-2)$
5. $-2 + (-4) + (-1)$
6. $6 + 1 + (-7)$

EJEMPLO 2 *Usar reglas y propiedades de la suma para calcular una suma*

Calcula la suma: $3.8 + (-1.2) + 1.2$.

SOLUCIÓN

$3.8 + (-1.2) + 1.2 = 3.8 + (-1.2 + 1.2)$ Usa la propiedad asociativa.

$= 3.8 + 0 = 3.8$ Usa la propiedad de identidad y la propiedad del 0.

Ejercicios para el ejemplo 2

Nombra la propiedad que hace verdadero el enunciado.

7. $(-6) + (-7) = (-7) + (-6)$
8. $5 + 0 = 5$
9. $(-4 + 8) + 6 = -4 + (8 + 6)$
10. $13 + (-13) = 0$

NOMBRE_____ FECHA_____

Refuerzo con práctica

Para usar con las páginas 72–77

EJEMPLO 3 *Usar sumas en la vida real*

La temperatura se elevó 5°F de las 7 A.M. a las 11 A.M., se elevó 2°F de las 11 A.M. a las 5 P.M. y descendió después 6°F de las 5 P.M. a las 10 P.M.

Usa las propiedades de la suma y las reglas de la suma para calcular el cambio total de temperatura.

SOLUCIÓN

El cambio total de temperatura se representa como $5 + 2 + (-6)$.

$$5 + 2 + (-6) = (5 + 2) + (-6) \qquad \text{Usa la propiedad asociativa.}$$
$$= 7 + (-6) \qquad \text{Simplifica.}$$
$$= 1 \qquad \text{Suma dos números de signo opuesto.}$$

El cambio total de la temperatura, un aumento, puede escribirse como 1°F.

Ejercicios para el ejemplo 3

11. Una librería obtiene una ganancia de $342.60 durante el primer cuatrimestre, una pérdida de $78.35 durante el segundo cuatrimestre, una pérdida de $127.40 durante el tercer cuatrimestre y una ganancia de $457.80 durante el cuarto cuatrimestre. ¿Obtuvo ganancias la librería durante el año? Explica.

12. El precio de una acción aumentó $3.00 el lunes, disminuyó $1.25 el miércoles y disminuyó $2.00 el viernes. Calcula el cambio total del precio de la acción.

Chapter 2

Refuerzo con práctica

OBJETIVO **Restar números reales usando la regla de la resta y usar la resta de números reales para resolver problemas de la vida real**

> **VOCABULARIO**
>
> Los **términos** de una expresión son las partes que se suman al escribir la expresión como una suma.

EJEMPLO 1 *Usar la regla de la resta*

Calcula la diferencia.

a. $-2 - 6$ **b.** $-1 - (-9)$

SOLUCIÓN

a. $-2 - 6 = -2 + (-6)$ Suma el opuesto de 6.

             $= -8$ Usa las reglas de la suma.

b. $-1 - (-9) = -1 + 9$ Suma el opuesto de -9.

                  $= 8$ Usa las reglas de la suma.

Ejercicios para el ejemplo 1

Calcula la diferencia.

1. $2 - 5$ **2.** $-5 - 7$ **3.** $2.5 - 4$

4. $4 - 2.5$ **5.** $10 - 2$ **6.** $10 - (-2)$

EJEMPLO 2 *Evaluar expresiones y hallar los términos de una expresión*

a. Evaluar la expresión $-8 - 3 - (-10) + 2$.

b. Halla los términos de la expresión $-8 - 3x$.

SOLUCIÓN

a. $-8 - 3 - (-10) + 2 = -8 + (-3) + 10 + 2$ Suma los opuestos de 3 y -10.

                        $= -11 + 10 + 2$ Suma -8 y -3.

                        $= -1 + 2$ Suma -11 y 10.

                        $= 1$ Suma -1 y 2.

b. $-8 - 3x = -8 + (-3x)$ Reescribe la diferencia como una suma.

Cuando una expresión está escrita como una suma, las partes que se suman son los términos de la expresión. Los términos de la expresión son -8 y $-3x$.

NOMBRE_____ FECHA_____

Refuerzo con práctica

Para usar con las páginas 79–85

Ejercicios para el ejemplo 2

Evalúa la expresión.

7. $5 + (-3) - 1$ **8.** $9 - (-2) + 7$ **9.** $-6 - 2 + (-5)$

Halla los términos de la expresión.

10. $7 - 4x$ **11.** $-y - 5$ **12.** $-2a + 1$

EJEMPLO 3   *Usar la resta en la vida real*

Tú anotas las temperaturas diarias más altas durante una semana. Las temperaturas (en grados Fahrenheit) aparecen en la tabla siguiente. Para completar la tabla, calcula el cambio de temperatura entre un día y el siguiente.

Día	dom	lun	mar	miér	jue	vie	sáb
Temperatura más alta	72	75	70	67	71	72	68
Cambio	—	?	?	?	?	?	?

SOLUCIÓN

Resta la temperatura de cada día a la temperatura del día anterior.

DÍA	TEMPERATURA MÁS ALTA	CAMBIO
dom	72	—
lun	75	$75 - 72 = 3$
mar	70	$70 - 75 = -5$
miér	67	$67 - 70 = -3$
jue	71	$71 - 67 = 4$
vie	72	$72 - 71 = 1$
sáb	68	$68 - 72 = -4$

Ejercicio para el ejemplo 3

13. Durante el mes de enero, la cantidad de nieve caída se anota cada semana. Las cantidades (en pulgadas) aparecen en la tabla siguiente. Para completar la tabla, halla el cambio en la cantidad de nieve caída entre una semana y la semana siguiente.

Semana	1	2	3	4
Cantidad	9	6.5	11	14
Cambio	—	?	?	?

Prueba parcial 1

Para usar después de las lecciones 2.1–2.3

1. Escribe en orden creciente los números $-5.5, 4, \frac{1}{2}, -7.1$, y $-1\frac{1}{3}$. *(Lección 2.1)*

2. Representa gráficamente sobre una recta numérica los números -6.8 y -6.7. Escribe después dos desigualdades que comparen los dos números. *(Lección 2.1)*

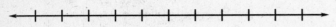

3. Evalúa $-|-14|$. *(Lección 2.1)*

4. $(-5 + 1) + -4 = -5 + [1 + (-4)]$ es un ejemplo de la propiedad _____ . *(Lección 2.2)*

5. Calcula la suma de $-15 + 10 + (-5.0)$. *(Lección 2.2)*

6. Evalúa $18.3 + x + (-20.5) + (-8)$ para $x = 30.7$. *(Lección 2.2)*

7. Calcula la diferencia $-57 - 57$. *(Lección 2.3)*

8. Evalúa $-\frac{3}{5} - \frac{3}{10} + \left(-\frac{1}{2}\right)$. *(Lección 2.3)*

9. Evalúa la función $y = 21 - x$ para los siguientes valores de x: $-2, -1, 0, 1$. Organiza los resultados en una tabla. *(Lección 2.3)*

Respuestas

1. _____

2. Usa la recta numérica de la izquierda. _____

3. _____

4. _____

5. _____

6. _____

7. _____

8. _____

9. _____

Chapter 2

LECCIÓN 2.4

NOMBRE _____ FECHA _____

Refuerzo con práctica

Para usar con las páginas 86–91

OBJETIVO **Organizar datos en una matriz y sumar y restar dos matrices**

> ### VOCABULARIO
>
> Una **matriz** es un arreglo rectangular de números en filas horizontales y columnas verticales.
>
> A cada número de una matriz se le llama **entrada**.

EJEMPLO 1 *Escribir una matriz*

Escribe una matriz para organizar la siguiente información acerca de tu colección de libros.

Tapa dura	5 misterio	10 ciencia ficción	2 historia
Rústica	8 misterio	13 ciencia ficción	7 historia

SOLUCIÓN

Tapa dura y *Rústica* pueden ser rótulos de filas o de columnas.

Como rótulos de filas:

$$\begin{array}{c} \\ \text{Tapa dura} \\ \text{Rústica} \end{array} \begin{array}{ccc} \text{Misterio} & \begin{array}{c}\text{Ciencia}\\\text{Ficción}\end{array} & \text{Historia} \\ \begin{bmatrix} 5 & 10 & 2 \\ 8 & 13 & 7 \end{bmatrix} \end{array}$$

Como rótulos de columnas:

$$\begin{array}{c} \text{Misterio} \\ \text{Ciencia ficción} \\ \text{Historia} \end{array} \begin{array}{cc} \text{Tapa dura} & \text{Rústica} \\ \begin{bmatrix} 5 & 8 \\ 10 & 13 \\ 2 & 7 \end{bmatrix} \end{array}$$

Ejercicios para el ejemplo 1

1. Escribe y rotula una matriz para organizar la siguiente información.

Personal de la firma de abogados:
Hombres: 3 abogados, 4 ayudantes
Mujeres: 4 abogadas, 5 ayudantes

2. Escribe y rotula una matriz para organizar la siguiente información.

Reservaciones para alquilar automóviles:
Sedanes: 26 económicos, 47 de lujo
Convertibles: 3 económicos, 8 de lujo
Deportivos: 5 económicos, 9 de lujo

Refuerzo con práctica

Para usar con las páginas 86–91

EJEMPLO 2 *Sumar y restar matrices*

a. $\begin{bmatrix} 6 & -1 & 4 \\ 1 & 3 & 4 \end{bmatrix} + \begin{bmatrix} 5 & 0 & 1 \\ 8 & -4 & 3 \end{bmatrix} = \begin{bmatrix} 6+5 & -1+0 & 4+1 \\ 1+8 & 3+-4 & 4+3 \end{bmatrix}$

$= \begin{bmatrix} 11 & -1 & 5 \\ 9 & -1 & 7 \end{bmatrix}$

b. $\begin{bmatrix} -6 & 2 \\ -3 & -8 \end{bmatrix} - \begin{bmatrix} -1 & 0 \\ 4 & 7 \end{bmatrix} = \begin{bmatrix} -6-(-1) & 2-0 \\ -3-4 & -8-7 \end{bmatrix}$

$= \begin{bmatrix} -5 & 2 \\ -7 & -15 \end{bmatrix}$

c. $\begin{bmatrix} 1 & -3 \\ 4 & 6 \end{bmatrix} + \begin{bmatrix} 5 & -2 & 0 \\ 1 & -1 & 7 \end{bmatrix}$ Las matrices no pueden sumarse.

Para sumar o restar matrices, ambas matrices deben tener igual número de filas y de columnas.

Ejercicios para el ejemplo 2

3. Calcula la suma de las matrices.

$\begin{bmatrix} 9 & -3 \\ 0 & 3 \end{bmatrix} + \begin{bmatrix} -4 & -1 \\ 6 & 1 \end{bmatrix}$

4. Calcula la diferencia de las matrices.

$\begin{bmatrix} 1.5 & 0 \\ 3 & 2 \end{bmatrix} - \begin{bmatrix} 4 & -2.5 \\ -2 & -4 \end{bmatrix}$

Refuerzo con práctica

Para usar con las páginas 93–98

OBJETIVO Multiplicar números reales usando las propiedades de la multiplicación, y multiplicar números reales para resolver problemas de la vida real

---

EJEMPLO 1 *Multiplicar números reales*

a. $(0.5)(-26) = -13$ Un factor negativo

b. $(-1)(-5)(-6) = -30$ Tres factores negativos

c. $(-4)(6)\left(-\frac{1}{3}\right) = 8$ Dos factores negativos

Ejercicios para el ejemplo 1

Calcula el producto.

1. $(-2)(3)$ **2.** $(-7)(-1)$ **3.** $(10)(-2)$

4. $(-12)(0.5)(-3)$ **5.** $(-4)(-2)(-5)$ **6.** $(6)(-6)(2)$

EJEMPLO 2 *Simplificar expresiones variables*

a. $(-2)(-7x) = 14x$ Dos signos negativos

b. $-(y)^2 = -(y \cdot y) = -y^2$ Un signo negativo

Ejercicios para el ejemplo 2

Simplifica la expresión variable.

7. $(5)(-w)$ **8.** $8(-t)(-t)$ **9.** $(-7)(-y)(-y)$

10. $-\frac{1}{3}(6x)$ **11.** $-4(a)(-a)(-a)$ **12.** $-\frac{3}{5}(-s)(10s)$

Refuerzo con práctica

Para usar con las páginas 93–98

EJEMPLO 3 *Evaluar una expresión variable*

Evalúa la expresión $(-12 \cdot x)(-3)$ para $x = -2$.

SOLUCIÓN

$$
\begin{aligned}
(-12 \cdot x)(-3) &= 36x && \text{Primero simplifica la expresión.} \\
&= 36(-2) && \text{Sustituye } x \text{ por } -2. \\
&= -72 && \text{Simplifica.}
\end{aligned}
$$

Ejercicios para el ejemplo 3

Evalúa la expresión.

13. $-15x$ para $x = 3$

14. $2p^2 - 3p$ para $p = -1$

15. $-4m^2 + 5m$ para $m = -2$

16. k^3 para $k = -3$

EJEMPLO 4 *Usar la multiplicación en la vida real*

Para promover su gran inauguración, una tienda de discos anuncia discos compactos a $10. La tienda pierde $2.50 por cada disco que vende. ¿Cuánto dinero perderá la tienda en su gran inauguración si vende 256 discos?

SOLUCIÓN

Para calcular la pérdida total, multiplica el número de discos vendidos por la pérdida por disco.

$$(256)(-2.50) = -640$$

La tienda pierde $640 en su venta por inauguración.

Ejercicios para el ejemplo 4

17. Formula nuevamente el ejemplo 4 si la tienda pierde $1.50 por cada disco.

18. Formula nuevamente el ejemplo 4 si la tienda vende 185 discos.

Algebra 1
Resources in Spanish

NOMBRE_____ FECHA_____

Refuerzo con práctica

Para usar con las páginas 100–107

OBJETIVO Usar la propiedad distributiva y simplificar expresiones combinando términos semejantes

---

VOCABULARIO

En un término que es el producto de un número por una variable, el número es el **coeficiente** de la variable.

Los **términos semejantes** son términos que tienen la misma variable elevada a la misma potencia. Los **términos constantes**, como -3 y 5, también son términos semejantes.

Una expresión está **simplificada** si no tiene símbolos de agrupamiento y si todos los términos semejantes han sido combinados.

EJEMPLO 1 *Usar la propiedad distributiva*

a. $-2(y - 3)$ $= -2(y) - (-2)(3)$ Distribuye el -2.

$= -2y + 6$ Simplifica.

b. $(-4n)(6 - n)$ $= (-4n)(6) - (-4n)(n)$ Distribuye el $-4n$.

$= -24n + 4n^2$ Simplifica.

Ejercicios para el ejemplo 1

Usa la propiedad distributiva para volver a escribir la expresión sin paréntesis.

1. $h(-3 - h)$ **2.** $(7 + 2y)(-3)$ **3.** $(-5q - 7)4$

4. $-6(s - 8)$ **5.** $-x(x + 1)$ **6.** $(-p + 2)(-5)$

EJEMPLO 2 *Simplificar combinando términos semejantes*

a. $-11d + 5d$ $= (-11 + 5)d$ Usa la propiedad distributiva.

$= -6d$ Suma los coeficientes.

b. $17s - 8 - 12s$ $= 17s - 12s - 8$ Agrupa términos semejantes.

$= 5s - 8$ Combina términos semejantes.

Ejercicios para el ejemplo 2

Simplifica la expresión combinando términos semejantes.

7. $20x + (-7x)$ **8.** $-y + 4y$ **9.** $3 + t^3 - 7$

10. $2n + 4 - n$ **11.** $-8a - 2a$ **12.** $10d - 3 + d$

Chapter 2

Refuerzo con práctica

Para usar con las páginas 100–107

EJEMPLO 3 | *Usar la propiedad distributiva para combinar términos semejantes*

a. $7 - 3(2 + z) = 7 + (-3)(2 + z)$ Vuelve a escribir como una expresión de suma.

$\qquad = 7 + [(-3)(2) + (-3)(z)]$ Distribuye el -3.

$\qquad = 7 + (-6) + (-3z)$ Multiplica.

$\qquad = 1 - 3z$ Combina términos semejantes y simplifica.

b. $4x(5 - x) - 2x = 4x[5 + (-x)] - 2x$ Vuelve a escribir como una expresión de suma.

$\qquad = (4x)(5) + (4x)(-x) - 2x$ Distribuye el $4x$.

$\qquad = 20x - 4x^2 - 2x$ Multiplica.

$\qquad = 20x - 2x - 4x^2$ Agrupa términos semejantes.

$\qquad = 18x - 4x^2$ Combina términos semejantes y simplifica.

Ejercicios para el ejemplo 3

Aplica la propiedad distributiva. Simplifica después combinando términos semejantes.

13. $(2w + 4)(-3) + w$ **14.** $3(5 - q) - q$ **15.** $-9t(t - 4) - 12$

16. $x^2 - 2x(x + 7)$ **17.** $-(6y - 5) + 6y$ **18.** $15d^2 + (2 - d)4d$

Algebra 1
Resources in Spanish

Chapter 2

NOMBRE_____ FECHA _____

Prueba parcial 2

Para usar después de las lecciones 2.4–2.6

Respuestas

1. ¿Pueden sumarse las matrices $\begin{bmatrix} -2 & -3 \\ 3 & 5 \end{bmatrix}$ y $\begin{bmatrix} 4 & 1 & -6 \\ 2 & -6 & 0 \end{bmatrix}$?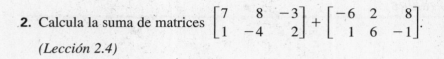

   ¿Por qué?

   (Lección 2.4)

2. Calcula la suma de matrices $\begin{bmatrix} 7 & 8 & -3 \\ 1 & -4 & 2 \end{bmatrix} + \begin{bmatrix} -6 & 2 & 8 \\ 1 & 6 & -1 \end{bmatrix}$.

   (Lección 2.4)

3. Escribe y rotula una matriz para organizar la información.
   (Lección 2.4)
   Pedido de plantas de jardín:

   Anuales: 4 blancas, 3 amarillas, 7 azules
   Perennes: 6 blancas, 8 amarillas, 5 azules

4. Calcula el producto $(-10)(-1.5)$. *(Lección 2.5)*

5. Evalúa $5x^3 + 5x$ para $x = -2$. *(Lección 2.5)*

6. $-3.4 \cdot 9 = 9 \cdot -3.4$ es un ejemplo de la propiedad

   _____ . *(Lección 2.5)*

7. Simplifica la expresión $3x + 7x(x + 2)$. *(Lección 2.6)*

8. Usa la propiedad distributiva para escribir $11x(5 - 3x)$ sin paréntesis. *(Lección 2.6)*

Respuestas

1._____

2._____

3._____
4._____
5._____
6._____
7._____
8._____

Algebra 1
Resources in Spanish

LECCIÓN 2.7

Refuerzo con práctica

Para usar con las páginas 108–113

OBJETIVO **Dividir números reales y usar la división para simplificar expresiones algebraicas.**

VOCABULARIO

El producto de un número por su **recíproco** es 1.

EJEMPLO 1 *Dividir números reales*

Calcula el cociente.

a. $-30 \div 10$ **b.** $-24 \div (-6)$ **c.** $5 \div \left(-\frac{1}{3}\right)$

SOLUCIÓN

a. $-30 \div 10 \quad = -30 \cdot \frac{1}{10} = -3$

b. $-24 \div (-6) \quad = -24 \cdot \left(-\frac{1}{6}\right) = 4$

c. $5 \div \left(-\frac{1}{3}\right) \quad = 5(-3) = -15$

Ejercicios para el ejemplo 1

Calcula el cociente.

1. $36 \div (-3)$ **2.** $-28 \div (-7)$ **3.** $-13 \div 26$

4. $4 \div \left(-\frac{1}{2}\right)$ **5.** $-\frac{1}{3} \div (-5)$ **6.** $-25 \div 5$

EJEMPLO 2 *Usar la propiedad distributiva para simplificar*

Simplifica la expresión $\dfrac{48x + 6}{6}$.

SOLUCIÓN

$\dfrac{48x + 6}{6} = (48x + 6) \div 6$ Vuelve a escribir como expresión de división.

$= (48x + 6)\left(\frac{1}{6}\right)$ Multiplica por el recíproco.

$= (48x)\left(\frac{1}{6}\right) + 6\left(\frac{1}{6}\right)$ Usa la propiedad distributiva.

$= 8x + 1$ Simplifica.

Ejercicios para el ejemplo 2

Simplifica la expresión.

7. $\dfrac{-35 + 14y}{7}$ **8.** $\dfrac{28 - 7x}{-14}$ **9.** $\dfrac{18a + 30}{-3}$

Algebra 1
Resources in Spanish

NOMBRE_____ FECHA_____

Refuerzo con práctica

Para usar con las páginas 108–113

EJEMPLO 3 *Evaluar una expresión*

Evalúa la expresión $\dfrac{3c + d}{d}$, para $c = -4$ y $d = -2$.

SOLUCIÓN

$$\frac{3c + d}{d} = \frac{3(-4) + (-2)}{-2} = \frac{-12 + (-2)}{-2} = \frac{-14}{-2} = 7$$

Ejercicios para el ejemplo 3

Evalúa la expresión para los valores dados de las variables.

10. $\dfrac{2m - 9}{3}$, para $m = 6$

11. $\dfrac{y - 2x}{x}$, para $y = 8$ y $x = 2$

12. $\dfrac{11 - q}{7}$, para $q = -3$

13. $\dfrac{5a + 2b}{a}$, para $a = -1$ y $b = -2$

Chapter 2

Refuerzo con práctica

Para usar con las páginas 114–120

OBJETIVO Calcular la probabilidad de un suceso y calcular la probabilidad de ocurrencia de un suceso

---

VOCABULARIO

La **probabilidad de un suceso** es la posibilidad de que un suceso ocurra por azar.

Los **resultados** son las diferentes consecuencias posibles de un experimento de probabilidad.

Los **resultados favorables** son los resultados del suceso específico que tú quieres que sucedan.

La **probabilidad teórica** está basada en el razonamiento de contar los resultados *posibles*.

La **probabilidad experimental** está basada en los resultados de un experimento en el que se consideran los casos *reales*.

La **probabilidad de ocurrencia** de un suceso es el cociente del número de resultados favorables y el número de resultados desfavorables.

EJEMPLO 1 *Calcular la probabilidad de un suceso*

Lanzas dos monedas. ¿Cuál es la probabilidad de que sólo una salga cara?

SOLUCIÓN

Hay cuatro resultados igualmente probables. Son HH, HT, TH y TT.

$$P = \frac{\text{Número de resultados favorables}}{\text{Número total de resultados}} = \frac{2}{4} = 0.5$$

La probabilidad de que sólo una moneda salga cara es de 0.5.

Ejercicios para el ejemplo 1

En los ejercicios 1 y 2, calcula la probabilidad de escoger una canica azul de una bolsa con canicas azules y amarillas.

1. Número de canicas azules: 12

Número total de canicas: 48

2. Número de canicas amarillas: 18

Número total de canicas: 50

Chapter 2

Refuerzo con práctica

Para usar con las páginas 114–120

EJEMPLO 2 *Calcular la probabilidad de ocurrencia de un suceso*

Escoges al azar la letra A de una bolsa que contiene las letras de la palabra ALABAMA. Calcula la probabilidad de ocurrencia de escoger la letra A.

SOLUCIÓN

Hay 4 resultados favorables. Hay 3 resultados desfavorables.

$$\text{Probabilidad de ocurrencia} = \frac{\text{Número de resultados favorables}}{\text{Número de resultados desfavorables}} = \frac{4}{3}$$

La probabilidad de ocurrencia de escoger la letra A es de 4 a 3.

Ejercicios para el ejemplo 2

Calcula la probabilidad de ocurrencia de escoger la letra indicada de una bolsa que contiene las letras de la palabra dada.

3. A; CANADA   **4.** N; ARGENTINA   **5.** S; RUSSIA

EJEMPLO 3 *Calcular la probabilidad de ocurrencia a partir de la probabilidad*

La probabilidad de que ocurra un suceso es 0.43. ¿Cuál es la probabilidad de ocurrencia del suceso?

SOLUCIÓN

$$\text{Probabilidad de ocurrencia} = \frac{\text{Probabilidad de que ocurra el suceso}}{1 - (\text{Probabilidad de que ocurra el suceso})}$$

$= \dfrac{0.43}{1 - 0.43}$ Sustituye las probabilidades.

$= \dfrac{0.43}{0.57}$ Simplifica el denominador.

$= \dfrac{43}{57}$ Multiplica el numerador y el denominador por 100.

La probabilidad de ocurrencia del suceso es 43 a 57.

Ejercicios para el ejemplo 3

Usa la probabilidad dada para calcular la probabilidad de ocurrencia.

6. La probabilidad de que ocurra un suceso es 0.25.

7. La probabilidad de que ocurra un suceso es 0.53.

NOMBRE_____ FECHA_____

Prueba del capítulo A

Para usar después del capítulo 2

Representa gráficamente los números sobre una recta numérica.

1. 4.5 y -3.4

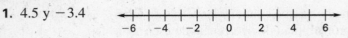

2. $1\frac{1}{3}$ y $-2\frac{1}{3}$

Escribe los números en orden creciente.

3. $1.99, -3.45, 2.01, -3.42, 0.99$

4. $2\frac{1}{2}, 2.15, -2.25, 1\frac{7}{10}, 1\frac{2}{5}$

Calcula el valor de la expresión.

5. $|-4.1|$

6. $-6.4 + (-3.1)$

7. $-3 - (-8)$

8. $-9.1 - |-7.5|$

9. $11 - (-4) + (-3)$

10. $-15 + (-10) + 25$

11. Una empresa de mercadeo obtuvo una ganancia de \$5625.14 en enero, una pérdida de \$4250.35 en febrero y una ganancia de \$1475.55 en marzo. ¿Obtuvo ganancias la empresa durante ese período de tres meses? Si es así, ¿cuánta ganancia obtuvo?

Evalúa la expresión para el valor dado de *x*.

12. $7 + x + (-3)$, para $x = 2$

13. $4x^2 + 2$, para $x = 2$

14. $|x + 10|$, para $x = -12$

15. $|2x + 1|$, para $x = \frac{3}{2}$

16. $\dfrac{x - 3}{4}$, para $x = 4$

17. $\dfrac{5 - x}{6}$, para $x = 3$

Dí si las matrices pueden sumarse o restarse.

18. $\begin{bmatrix} -6 & -3 \\ 0 & 5 \end{bmatrix}, \begin{bmatrix} 9 & -4 & 8 \\ -1 & 12 & 15 \end{bmatrix}$

19. $\begin{bmatrix} 1 & 4 \\ -1 & -11 \\ -2 & 6 \end{bmatrix}, \begin{bmatrix} 4 & -3 & 5 \\ 0 & -2 & 14 \\ -2 & 11 & 7 \end{bmatrix}$

Respuestas

1. Usa la recta numérica de la izquierda.

2. Usa la recta numérica de la izquierda.

3. _____

4. _____

5. _____

6. _____

7. _____

8. _____

9. _____

10. _____

11. _____

12. _____

13. _____

14. _____

15. _____

16. _____

17. _____

18. _____

19. _____

Algebra 1
Resources in Spanish

NOMBRE_____ FECHA_____

Prueba del capítulo A

Para usar después del capítulo 2

Suma o resta las matrices.

20. $\begin{bmatrix} 4 & -5 \\ -2 & 3 \end{bmatrix} + \begin{bmatrix} 7 & -6 \\ 1 & -4 \end{bmatrix}$ **21.** $\begin{bmatrix} 3 & 7 \\ 1 & -5 \end{bmatrix} - \begin{bmatrix} 4 & 10 \\ 3 & -6 \end{bmatrix}$

Calcula el producto o el cociente.

22. $(-14)(-2)$　　　　　　**23.** $-42 \div (-14)$

24. $(-3)(-5)(4)$　　　　　　**25.** $26 \div (-2)$

Simplifica la expresión.

26. $(-4)(-x)$　　　　　　**27.** $(-2)(-y)(y)$

28. $7(x - 5)$　　　　　　**29.** $(3 - x)4$

30. $3(2 - 4x)$　　　　　　**31.** $-(10 - 7x)$

32. $(3 + 2y)(-3) + y$　　　　**33.** $7x + 5(1 - x)$

34. $40x \div \dfrac{1}{8}$　　　　　　**35.** $\dfrac{c}{3} \div \dfrac{5}{6}$

36. $\dfrac{8x + 6}{2}$　　　　　　**37.** $\dfrac{14x + 21}{7}$

38. Tienes una bolsa con 56 canicas, 24 de las cuales son azules. ¿Cuál es la probabilidad de que escojas una canica azul?

39. Lanzas dos monedas. ¿Cuál es la probabilidad P de que ambas salgan cruz?

40. Escribe y simplifica una expresión para el perímetro de la figura.

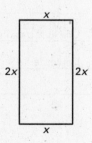

Respuestas

20._____

21._____

22._____

23._____

24._____

25._____

26._____

27._____

28._____

29._____

30._____

31._____

32._____

33._____

34._____

35._____

36._____

37._____

38._____

39._____

40._____

Chapter 2

NOMBRE_____ FECHA_____

Prueba del capítulo B

Para usar después del capítulo 2

Representa gráficamente los números sobre una recta numérica.

1. -0.6 y 2.1

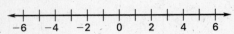

2. $\frac{3}{10}$ y $-\frac{4}{9}$

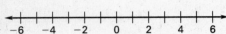

Escribe los números en orden creciente.

3. $1.5, -2.4, 2.1, -1.6, 3.3$ **4.** $2\frac{5}{9}, 2.5, -1.25, -1\frac{1}{5}, -1\frac{2}{9}$

Calcula el valor de la expresión.

5. $|-4.2| - 6.5$ **6.** $-8 + 6 + (-9)$

7. $-4.5 - (-6.2) + 1.7$ **8.** $(-1.7) + |-5.8 - 6.2|$

9. $16.23 - (-14.2) + 9.3$ **10.** $|2 - (-1) + 4|$

11. Una empresa de telemercadeo tuvo una pérdida de \$2113.15 en julio, una pérdida de \$597.11 en agosto y una ganancia de \$4121.55 en septiembre. ¿Obtuvo ganancias la empresa durante ese período de tres meses? Si es así, ¿cuánta ganancia obtuvo?

Evalúa la expresión para el valor dado de la variable.

12. $4 + x + (-7) + (-3)$, para $x = 3$

13. $-4x^2 - 6$, para $x = -2$

14. $2|3x - 5|$, para $x = -3$ **15.** $|6 - x| + 4$, para $x = 5$

16. $\dfrac{3a - 7}{2}$, para $a = 4$ **17.** $\dfrac{a + 3b}{5}$, para $a = -3$ y $b = 4$

Suma las matrices.

18. $\begin{bmatrix} -7 & 1 & 2 \\ 9 & -21 & 5 \\ -10 & 8 & 10 \end{bmatrix} + \begin{bmatrix} -8 & -11 & 1 \\ 12 & -4 & -1 \\ -2 & -10 & -9 \end{bmatrix}$

Respuestas

1. Usa la recta numérica

de la izquierda.

2. Usa la recta numérica

de la izquierda.

3. _____

4. _____

5. _____

6. _____

7. _____

8. _____

9. _____

10. _____

11. _____

12. _____

13. _____

14. _____

15. _____

16. _____

17. _____

18. Usa el espacio de la

izquierda.

Chapter 2

Resta las matrices.

19. $\begin{bmatrix} -1 & 7 \\ 11 & 6 \\ -2 & 15 \end{bmatrix} - \begin{bmatrix} -6 & -9 \\ -3 & 4 \\ 0 & 1 \end{bmatrix}$

Calcula los valores de *a, b, c* y *d*.

20. $\begin{bmatrix} 5a & 3b \\ c+2 & d \end{bmatrix} = \begin{bmatrix} -50 & 12 \\ -17 & 22 \end{bmatrix}$
21. $\begin{bmatrix} 2a & 7b \\ 6c & -3d \end{bmatrix} = \begin{bmatrix} 24 & 21 \\ 18 & -15 \end{bmatrix}$

Calcula el producto o el cociente.

22. $(-6)\left(-\frac{3}{2}\right)(7)(-11)$

23. $-16.2 \div 6$

24. $(-4)\left(\frac{9}{10}\right)(-5)(-3)$

25. $-48 \div \left(\frac{6}{5}\right)$

Simplifica la expresión.

26. $(-4)(-x)(x^2)$

27. $(24)(-5x)(-x)$

28. $-x(4-x)$

29. $-4t(t+2)$

30. $b^2(4-b^2)$

31. $(c+3c^2)(-c^2)$

32. $3y - (6y+2)(-y)$

33. $(-7x+x^2)(-x) + x^2$

34. $\frac{3y}{2} \div \frac{3}{7}$

35. $-\frac{x}{4} \div \frac{6}{x}$

36. $\frac{-10x+3}{5}$

37. $\frac{17x-6}{2}$

38. Escoges al azar un entero entre el 0 y el 9. ¿Cuál es la probabilidad de ocurrencia de que el entero sea 3 o mayor?

39. Lanzas tres monedas. ¿Cuál es la probabilidad *P* de que todas salgan cara?

40. Escribe y simplifica una expresión para el perímetro de la figura.

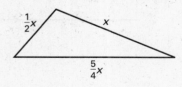

19.	Usa el espacio de la izquierda.
20.	
21.	
22.	
23.	
24.	
25.	
26.	
27.	
28.	
29.	
30.	
31.	
32.	
33.	
34.	
35.	
36.	
37.	
38.	
39.	
40.	

Chapter 2

NOMBRE_____ FECHA _____

Prueba del capítulo C

Para usar después del capítulo 2

Representa gráficamente los números sobre una recta numérica.

1. -2.75 y 6.3

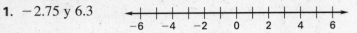

2. $\frac{6}{10}$ y $-1\frac{8}{9}$

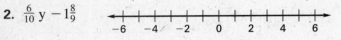

Escribe los números en orden creciente.

3. $3.6, -1.5, 0.1, -1.1, 1.99$

4. $3\frac{4}{9}, 3.5, -2.15, -2\frac{1}{5}, -2\frac{2}{7}$

Calcula el valor de la expresión.

5. $-\left|-\frac{2}{3}\right| + \frac{4}{5}$

6. $-1.7 + (-3.5) + 11.5$

7. $-7.3 - |-4.1| + 4.5$

8. $-|-14.5| + (-2.6) - 7.3$

9. $110.3 + 67.9 + (-49.2)$

10. $\left|\frac{2}{3} - \left(-\frac{1}{2}\right) + \frac{1}{3}\right|$

11. Una empresa de artículos deportivos obtuvo una ganancia de $7971.35 en abril, una pérdida de $3978.65 en mayo y una ganancia de $2867.45 en junio. ¿Obtuvo ganancias la empresa durante ese período de tres meses? Si es así, ¿cuánta ganancia obtuvo?

Evalúa la expresión para el valor dado de la variable.

12. $x + 4.2 + (-6.4) + (-1.1)$, para $x = 0.5$

13. $3x^2 - x + 5$, para $x = -3$

14. $|3a - 4| - 5b$, para $a = 2$ y $b = 3$

15. $|6x - 3y|$, para $x = \frac{2}{3}$ e $y = \frac{5}{6}$

16. $\dfrac{x - 3y}{4}$, para $x = 2$ e $y = \dfrac{1}{3}$

17. $\dfrac{a + 4b}{2} + 4$, para $a = -1$ y $b = 3$

Suma o resta las matrices.

18. $\begin{bmatrix} 4.3 & 5.7 \\ 7.9 & -10.9 \\ -4.1 & 14.8 \end{bmatrix} + \begin{bmatrix} -6.4 & -8.9 \\ 10.5 & 2.7 \\ 5.1 & 9.2 \end{bmatrix}$

Respuestas

1. Usa la recta numérica de la izquierda.

2. Usa la recta numérica de la izquierda.

3. _____

4. _____

5. _____

6. _____

7. _____

8. _____

9. _____

10. _____

11. _____

12. _____

13. _____

14. _____

15. _____

16. _____

17. _____

18. Usa el espacio de la izquierda.

Chapter 2

Prueba del capítulo C

Para usar después del capítulo 2

Resta las matrices.

19. $\begin{bmatrix} -6.1 & 3.5 \\ 11.7 & 20.1 \end{bmatrix} - \begin{bmatrix} -8.4 & 7.5 \\ -2.3 & 12.1 \end{bmatrix}$

Calcula los valores de *a, b, c* y *d.*

20. $\begin{bmatrix} 7a & b-4 \\ 2c-1 & 8d \end{bmatrix} = \begin{bmatrix} 35 & -3 \\ -5 & 48 \end{bmatrix}$

Calcula el producto o el cociente.

21. $\left(-\frac{4}{3}\right)\left(-\frac{6}{7}\right)\left(\frac{2}{3}\right)\left(\frac{14}{15}\right)$

22. $-58 \div \left(-\frac{2}{3}\right)$

23. $\left(-\frac{3}{4}\right)\left(-\frac{10}{9}\right)\left(\frac{4}{3}\right)\left(-\frac{9}{10}\right)$

24. $-36 \div \left(-\frac{9}{14}\right)$

Simplifica la expresión.

25. $(-6c^2)(2c^2 - 3c)$

26. $(-5d - 10d^2)(-6d^3)$

27. $x^3 - (4x + 3x^2)(x^2)$

28. $(-8y^2)(3y - 4) + 6y^2 - 5y^3$

29. $\dfrac{18m}{-4n} \div \left(-\dfrac{1}{4m}\right)$

30. $5x^2 \div \dfrac{2x}{15}$

31. $\dfrac{-16x + 9}{-4}$

32. $\dfrac{-32 - 4x}{-8}$

33. Escoges al azar un entero entre el 10 y el 20. ¿Cuál es la probabilidad de ocurrencia de que el entero sea 15 o menor?

34. Lanzas 15 veces un dado numérico de seis lados. En nueve de los lanzamientos salió 4 o mayor. ¿Cuál es la probabilidad experimental de que salga 4 ó mayor?

35. Escribe y simplifica una expresión para el área de la figura.

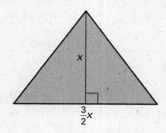

x

$\frac{3}{2}x$

Respuestas

19. Usa el espacio de la

izquierda.

20._____

21._____

22._____

23._____

24._____

25._____

26._____

27._____

28._____

29._____

30._____

31._____

32._____

33._____

34._____

35._____

Chapter 2

Prueba del capítulo SAT/ACT

Para usar después del capítulo 1

1. ¿Qué entero está entre $-\frac{36}{15}$ y $-\frac{69}{20}$?

   Ⓐ 3   Ⓑ 2

   Ⓒ -2 Ⓓ -3

2. ¿Cuál es el valor de la expresión?
   $(-2.6) + 11.7 - |-8.6|$?

   Ⓐ 0.5   Ⓑ 17.7

   Ⓒ -22.9 Ⓓ 5.7

3. ¿Cuál es el valor de $-5|-3x + 6|$, para
   $x = 7$?

   Ⓐ 75   Ⓑ -75

   Ⓒ -135 Ⓓ 135

4. ¿Cuál es el valor de $\dfrac{a - 2b + 3}{5}$, para $a = 3$

   y $b = -4$?

   Ⓐ $-\dfrac{2}{5}$ Ⓑ $-\dfrac{7}{5}$

   Ⓒ $\dfrac{14}{5}$ Ⓓ 1

En las preguntas 5 y 6, escoges una canica de una bolsa que contiene 10 canicas azules, 7 canicas verdes y 9 canicas rojas.

5. ¿Cuál es la probabilidad de que escojas una canica roja?

   Ⓐ aproximadamente 0.30

   Ⓑ aproximadamente 0.35

   Ⓒ aproximadamente 0.62

   Ⓓ aproximadamente 0.65

6. ¿Cuál es la probabilidad de ocurrencia de que escojas una canica azul?

   Ⓐ 5 a 8   Ⓑ 8 a 5

   Ⓒ 17 a 9   Ⓓ 9 a 17

7. Calcula la diferencia de las matrices.

   $$\begin{bmatrix} 11 & -5 & -6 \\ 7 & 0 & -2 \end{bmatrix} - \begin{bmatrix} -4 & -10 & 3 \\ -15 & 16 & 8 \end{bmatrix}$$

   Ⓐ $\begin{bmatrix} 7 & -15 & -3 \\ -8 & 16 & 6 \end{bmatrix}$

   Ⓑ $\begin{bmatrix} -15 & -5 & 9 \\ -22 & 16 & 10 \end{bmatrix}$

   Ⓒ $\begin{bmatrix} 15 & 5 & -9 \\ 22 & -16 & -10 \end{bmatrix}$

   Ⓓ $\begin{bmatrix} 15 & 15 & 3 \\ 22 & -16 & -6 \end{bmatrix}$

8. Simplifica $a^4 + 3a^2 - (5a - 3)(-7a)$.

   Ⓐ $a^4 + 3a^2 + 35a - 21$

   Ⓑ $a^4 + 3a^2 - 26a$

   Ⓒ $a^4 - 32a^2 - 21a$

   Ⓓ $a^4 + 38a^2 - 21a$

En la pregunta 9, escoge el enunciado verdadero acerca de las cantidades dadas.

   Ⓐ La cantidad de la columna A es mayor.

   Ⓑ La cantidad de la columna B es mayor.

   Ⓒ Las dos cantidades son iguales.

   Ⓓ La relación no puede determinarse a partir de la información dada.

9.

Columna A	Columna B
$(-8)\left(\frac{2}{3}\right)\left(\frac{49}{5}\right)\left(\frac{10}{3}\right)$	$\left(\frac{5}{7}\right)\left(-\frac{39}{10}\right)\left(-\frac{42}{9}\right)\left(\frac{2}{3}\right)$

   Ⓐ   Ⓑ   Ⓒ   Ⓓ

10. En enero, una tienda de tarjetas obtuvo una ganancia de \$4526.77. En febrero, la tienda obtuvo una ganancia de \$3987.56. ¿Cuál fue el cambio de ganancia de la tienda?

   Ⓐ $-\$539.21$ Ⓑ $-\$629.12$

   Ⓒ \$539.21   Ⓓ \$575.21

Chapter 2

Evaluación alternativa y diario de matemáticas

Para usar después del capítulo 2

DIARIO **1.** Desarrolla y simplifica las siguientes expresiones:

$-2^2, -2^3, -2^4, -2^5, -2^6, (-2)^2, (-2)^3, (-2)^4, (-2)^5,$ y $(-2)^6$.

(a) Explica cómo sabes el signo de cada resultado. (b) Si n es un entero positivo y a es un entero, escribe una regla para el signo de a^n. Asegúrate de incluir todos los casos.

PROBLEMA DE VARIOS PASOS **2.** El maestro te da las siguientes instrucciones: "Escoge cualquier entero. Multiplícalo por menos cuatro. Súmale diez. Divide el resultado por dos. Súmale el triple del número original. Réstale doce a ese resultado. Súmale menos diez. Después, súmale 32". El maestro te pregunta el número final. Respondes "18" y el maestro dice: "Tu entero era el 3". ¿Cómo supo el maestro el número original?

La siguiente expresión representa las instrucciones de tu maestro, donde el entero original está representado por x.

$$\frac{x \cdot (-4) + 10}{2} + 3x - 12 + (-10) + 32$$

a. Enuncia con tus propias palabras la definición de entero.

b. Escoge un entero positivo para x y evalúa la expresión, mostrando todo el trabajo.

c. Escoge un entero negativo para x y evalúa la expresión, mostrando todo tu trabajo.

d. Anticipa el valor de la expresión para $x = 40$. Verifica el resultado.

e. Simplifica la expresión que se muestra. Saca una conclusión en base a tu resultado. ¿Qué hizo el maestro para determinar el número original?

f. Crea una expresión algebraica. Escribe un conjunto de instrucciones que correspondan a la expresión. Muestra todo tu trabajo de simplificar la expresión y explica después cómo puedes hallar el número original basándote en la expresión.

3. *Razonamiento crítico* Supón que el maestro da las siguientes instrucciones: "Escoge un número. Réstale ocho. Multiplica el resultado por dos. Toma el opuesto del resultado. Réstale diecisiete. Suma cuatro veces tu número. Después, súmale menos cuatro". Escribe una expresión para ello y simplifica. Cuando un estudiante entrega un resultado al maestro, ¿qué debería hacer el maestro para hallar el número original del estudiante?

4. *Escritura* Crea una expresión algebraica para la cual un estudiante obtenga siempre igual resultado, sin importar el número que escoja.

Chapter 2

Pauta para la evaluación alternativa

Para usar después del capitulo 2

DIARIO
SOLUCIÓN

1. Las respuestas completas deberían considerar los siguientes puntos:

   a. • resultados: $-4, -8, -16, -32, -64, 4, -8, 16, -32, 64$.

   • El trabajo incluye la expresión desarrollada, por ejemplo:

   $$-2^2 = -(2 \cdot 2) = -4$$

   $$(-2)^2 = (-2) \cdot (-2) = 4$$

   • Explica cómo sabes el signo del resultado: Un producto es negativo si tiene un número *impar* de factores negativos. Un producto es positivo si tiene un número *par* de factores negativos.

   b. Explica que si a es positivo, entonces a^n es positivo. Si a es negativo, entonces a^n es positivo si n es par, y a^n es negativo si n es impar. Si a es cero, entonces $a^n = 0$.

PROBLEMA
DE VARIOS
PASOS
SOLUCIÓN

2. **a.** *Posible respuesta:* El conjunto de enteros consiste en el conjunto de números enteros y sus opuestos, más el cero.

   b. El resultado debería ser 15 más que el número original.

   c. El resultado debería ser 15 más que el número original.

   d. 55

   e. La expresión se simplifica a $x + 15$. El resultado siempre será 15 más que el número original. El maestro resta quince para calcular el número original.

   f. Las respuestas pueden variar.

3. La expresión es $-((x - 8) \cdot 2) - 17 + 4x + (-4)$, que se simplifica a $2x - 5$. El maestro debería sumar cinco al resultado del estudiante y después dividirlo por dos para obtener el número original.

4. Las respuestas pueden variar. La expresión debe simplificarse a una constante.

PROBLEMA
DE VARIOS
PASOS
PAUTA DE
EVALUACIÓN

4 Los estudiantes responden todas las partes del problema en forma exacta, mostrando el trabajo paso por paso. Los estudiantes tienen una definición correcta de entero. Se establece una conclusión válida y los estudiantes explican con exactitud cómo puede el maestro determinar el número original. Los estudiantes crean también una expresión algebraica con las instrucciones y la explicación correspondientes.

3 Los estudiantes completan las preguntas y explicaciones. Las soluciones pueden contener errores matemáticos menores o una definición incorrecta de entero. Si la expresión fue simplificada de manera incorrecta, la conclusión y la explicación dadas son correctas basadas en esa expresión incorrecta.

2 Los estudiantes completan las preguntas y explicaciones. Pueden ocurrir diversos errores matemáticos. La explicación no corresponde a la expresión. El trabajo está incompleto.

1 El trabajo del estudiante está muy incompleto. Las soluciones y razones están incorrectas. Se muestra poco o ningún trabajo para apoyar las respuestas. La explicación no corresponde a la expresión.

Refuerzo con práctica

Para usar con las páginas 132–137

OBJETIVO Resolver ecuaciones lineales usando suma y resta, y usar ecuaciones lineales para resolver problemas de la vida real

---

VOCABULARIO

Las **ecuaciones** equivalentes tienen iguales soluciones.

Las **operaciones inversas** son dos operaciones que se anulan mutuamente, como la suma y la resta.

Cada vez que aplicas una transformación a una ecuación, escribes un **paso para la solución.**

En una **ecuación lineal,** la variable está elevada a la *primera* potencia y no aparece bajo el símbolo de raíz cuadrada, ni dentro del símbolo de valor absoluto ni en un denominador.

EJEMPLO 1 *Sumar a cada lado*

Resuelve $y - 7 = -2$.

SOLUCIÓN

Para aislar y, debes deshacer la resta aplicando la operación inversa, sumar 7.

$y - 7 = -2$	Escribe la ecuación original.
$y - 7 + 7 = -2 + 7$	Suma 7 a cada lado.
$y = 5$	Simplifica.

La solución es 5. Verifica sustituyendo y por 5 en la ecuación original.

Ejercicios para el ejemplo 1

Resuelve la ecuación.

1. $t - 11 = 4$ **2.** $x - 2 = -3$ **3.** $5 = d - 8$

EJEMPLO 2 *Restar a cada lado*

Resuelve $q + 4 = -9$.

SOLUCIÓN

Para aislar q, debes deshacer la suma aplicando la operación inversa, restar 4.

$q + 4 = -9$	Escribe la ecuación original.
$q + 4 - 4 = -9 - 4$	Resta 4 a cada lado.
$q = -13$	Simplifica.

La solución es -13. Verifica sustituyendo -13 por q en la ecuación original.

Chapter 3

Refuerzo con práctica

Para usar con las páginas 132–137

Ejercicios para el ejemplo 2

Resuelve la ecuación.

4. $s + 1 = -8$ **5.** $-6 + b = 10$ **6.** $6 = w + 12$

EJEMPLO 3 *Simplificar primero*

Resuelve $x - (-3) = 10$.

SOLUCIÓN

$x - (-3) = 10$	Escribe la ecuación original.
$x + 3 = 10$	Simplifica.
$x + 3 - 3 = 10 - 3$	Resta 3 a cada lado.
$x = 7$	Simplifica.

La solución es 7. Verifica sustituyendo x por 7 en la ecuación original.

Ejercicios para el ejemplo 3

Resuelve la ecuación

7. $8 + z = 1$ **8.** $7 = k - 2$ **9.** $9 = a + (-5)$

EJEMPLO 4 *Representar un problema de la vida real*

El precio original de una bicicleta estaba marcado con una rebaja de $20, para quedar en un precio de liquidación de 85$. ¿Cuál era el precio original?

SOLUCIÓN

Precio original (p) − Rebaja (20) = Precio de liquidación (85)

Resuelve la ecuación $p - 20 = 85$.

$p - 20 = 85$	Escribe la ecuación de la vida real.
$p - 20 + 20 = 85 + 20$	Suma 20 a cada lado.
$p = 105$	Simplifica.

El precio original era de $105. Verifica esto en el enunciado del problema.

Ejercicio para el ejemplo 4

10. Después de una venta de liquidación, el precio de un estéreo quedó marcado con un aumento de $35, para quedar en un precio regular de $310. ¿Cuál era el precio de liquidación?

Chapter 3

NOMBRE_____ FECHA_____

Refuerzo con práctica

Para usar con las páginas 138–144

OBJETIVO **Resolver ecuaciones lineales usando multiplicación y división, y usar ecuaciones lineales para resolver problemas de la vida real**

VOCABULARIO

Las **propiedades de igualdad** son reglas del álgebra que pueden usarse para aislar una variable de una ecuación.

EJEMPLO 1 *Dividir cada lado de una ecuación*

Resuelve $7n = -35$.

SOLUCIÓN

Para aislar n, debes deshacer la multiplicación aplicando la operación inversa, dividir por 7.

$7n = -35$ Escribe la ecuación original.

$\dfrac{7n}{7} = \dfrac{-35}{7}$ Divide cada lado por 7.

$n = -5$ Simplifica.

La solución es -5. Verifica sustituyendo n por -5 en la ecuación original.

Ejercicios para el ejemplo 1

Resuelve la ecuación.

1. $-12x = 6$ **2.** $4 = 24y$ **3.** $-5z = -35$

EJEMPLO 2 *Multiplicar cada lado de una ecuación*

Resuelve $-\frac{3}{4}t = 9$.

SOLUCIÓN

Para aislar t, debes multiplicar por el recíproco de la fracción.

$-\frac{3}{4}t = 9$ Escribe la ecuación original.

$\left(-\frac{4}{3}\right)\left(-\frac{3}{4}\right)t = \left(-\frac{4}{3}\right)9$ Multiplica cada lado por $-\frac{4}{3}$.

$t = -12$ Simplifica.

La solución es -12. Verifica sustituyendo t por -12 en la ecuación original.

Ejercicios para el ejemplo 2

Resuelve la ecuación.

4. $\dfrac{1}{6}c = -2$ **5.** $\dfrac{f}{7} = 3$ **6.** $\dfrac{2}{3}q = 12$

Chapter 3

Refuerzo con práctica

Para usar con las páginas 138–144

EJEMPLO 3 *Representar un problema de la vida real*

Escribe y resuelve una ecuación para hallar la velocidad promedio s de un vuelo en avión. Volaste 525 millas en 1.75 horas.

SOLUCIÓN

Modelo verbal

$$\boxed{\text{Velocidad del jet}} \cdot \boxed{\text{Tiempo}} = \boxed{\text{Distancia}}$$

Rótulos

Velocidad del jet $= s$ (millas por hora)
Tiempo $= 1.75$ (horas)
Distancia $= 525$ (millas)

Modelo algebraico

$s(1.75) = 525$ Escribe un modelo algebraico.

$\dfrac{s(1.75)}{1.75} = \dfrac{525}{1.75}$ Divide cada lado por 1.75.

$s = 300$ Simplifica.

La velocidad s fue de 300 millas por hora. Verifica este resultado en el enunciado del problema.

Ejercicios para el ejemplo 3

7. Escribe y resuelve una ecuación para hallar la velocidad promedio de un avión, si volaste 800 millas en 2.5 horas.

8. Escribe y resuelve una ecuación para hallar el tiempo que demoró el avión si volaste 1530 millas a una velocidad de 340 millas por hora.

Algebra 1
Resources in Spanish

NOMBRE _____ FECHA _____

Refuerzo con práctica

Para usar con las páginas 145–152

OBJETIVO Usar dos o más transformaciones para resolver una ecuación y usar ecuaciones de varios pasos para resolver problemas de la vida real.

EJEMPLO 1 *Resolver una ecuación lineal*

Resuelve $-3x - 4 = 5$.

SOLUCIÓN

Para aislar la variable x, deshaz la resta y después la multiplicación.

$$-3x - 4 = 5 \qquad \text{Escribe la ecuación original.}$$
$$-3x - 4 + 4 = 5 + 4 \qquad \text{Suma 4 a cada lado.}$$
$$-3x = 9 \qquad \text{Simplifica.}$$
$$\frac{-3x}{-3} = \frac{9}{-3} \qquad \text{Divide cada lado por } -3.$$
$$x = -3 \qquad \text{Simplifica.}$$

La solución es -3. Verifica este resultado en la ecuación original.

Ejercicios para el ejemplo 1

Resuelve la ecuación.

1. $5y + 8 = -2$ **2.** $7 - 6m = 1$ **3.** $\frac{x}{4} - 1 = 5$

EJEMPLO 2 *Usar la propiedad distributiva y reducir términos semejantes*

Resuelve $y + 5(y + 3) = 33$.

SOLUCIÓN

$$y + 5(y + 3) = 33 \qquad \text{Escribe la ecuación original.}$$
$$y + 5y + 15 = 33 \qquad \text{Usa la propiedad distributiva.}$$
$$6y + 15 = 33 \qquad \text{Reduce términos semejantes.}$$
$$6y + 15 - 15 = 33 - 15 \qquad \text{Resta 15 a cada lado.}$$
$$6y = 18 \qquad \text{Simplifica.}$$
$$\frac{6y}{6} = \frac{18}{6} \qquad \text{Divide cada lado por 6.}$$
$$y = 3 \qquad \text{Simplifica.}$$

La solución es 3. Verifica este resultado en la ecuación original.

Chapter 3

Refuerzo con práctica

Para usar con las páginas 145–152

Ejercicios para el ejemplo 2

Resuelve la ecuación.

4. $4x - 8 + x = 2$ **5.** $6 - (b + 1) = 9$ **6.** $10(z - 2) = 1 + 4$

EJEMPLO 3 *Resolver un problema de la vida real*

La suma de las edades de dos hermanas es 25. La edad de la segunda hermana es 5 más que tres veces la edad n de la primera hermana. Halla las dos edades.

SOLUCIÓN

Edad de la primera hermana (n) + Edad de la segunda hermana $(3n + 5) = 25$

Resuelve $n + (3n + 5) = 25$.

$n + (3n + 5) = 25$	Escribe una ecuación de la vida real.
$4n + 5 = 25$	Reduce términos semejantes.
$4n + 5 - 5 = 25 - 5$	Resta 5 a cada lado.
$4n = 20$	Simplifica.
$\dfrac{4n}{4} = \dfrac{20}{4}$	Divide cada lado por 4.
$n = 5$	Simplifica.

La edad de la primera hermana es 5. La edad de la segunda hermana es $3(5) + 5 = 20$.

Ejercicios para el ejemplo 3

7. Un parque de estacionamiento cobra \$3 más \$1.50 por hora. Puedes gastar \$12 en estacionamiento. Escribe y resuelve una ecuación para hallar el número de horas que puedes estacionarte.

8. Como salvavidas ganas \$6 al día, más \$2.50 por hora. Escribe y resuelve una ecuación para determinar cuántas horas debes trabajar para ganar \$16 en un día.

Algebra 1
Resources in Spanish

NOMBRE_____ FECHA_____

Prueba parcial 1

Para usar después de las lecciones 3.1–3.3

Resuelve la ecuación. *(Lecciones 3.1–3.3)*

1. $15 = t + 23$

2. $a - (-4) = -35$

3. $12m = 4$

4. $-7 = -\dfrac{1}{6}x$

5. $\dfrac{3n}{4} + 16 = 19$

6. $-3(5 - y) = -60$

7. *Triángulos semejantes* Los dos triángulos son semejantes. ¿Cuánto mide el lado rotulado con x? *(Lección 3.2)*

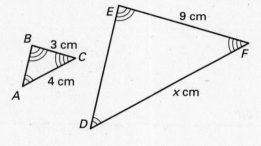

Respuesta

1._____

2._____

3._____

4._____

5._____

6._____

7._____

Chapter 3

Algebra 1
Resources in Spanish

Refuerzo con práctica

Para usar con las páginas 154–159

OBJETIVO **Agrupar variables a un lado de la ecuación y usar ecuaciones para resolver problemas de la vida real.**

VOCABULARIO

Una **identidad** es una ecuación lineal que se cumple para todos los valores de la variable.

EJEMPLO 1 *Agrupar variables a un lado*

Resuelve $20 - 3x = 2x$.

SOLUCIÓN

Piensa en $20 - 3x$ como $20 + (-3x)$. Como $2x$ es mayor que $-3x$, agrupa al lado derecho los términos con x.

$20 - 3x = 2x$	Escribe la ecuación original.
$20 - 3x + 3x = 2x + 3x$	Suma $3x$ a cada lado.
$20 = 5x$	Simplifica.
$\dfrac{20}{5} = \dfrac{5x}{5}$	Divide cada lado por 5.
$4 = x$	Simplifica.

Ejercicios para el ejemplo 1

Resuelve la ecuación.

1. $5q = -7q + 6$ **2.** $14d - 6 = 17d$ **3.** $-y + 7 = -8y$

EJEMPLO 2 *Muchas soluciones o ninguna solución*

a. Resuelve $2x + 3 = 2x + 4$.   **b.** Resuelve $-(t + 5) = -t - 5$.

SOLUCIÓN

a.

$2x + 3 = 2x + 4$	Escribe la ecuación original.
$2x + 3 - 3 = 2x + 4 - 3$	Resta 3 a cada lado.
$2x = 2x + 1$	Simplifica.
$0 = 1$	Resta $2x$ a cada lado.

La ecuación original no tiene solución, porque $0 \neq 1$ para cualquier valor de x.

b.

$-(t + 5) = -t - 5$	Escribe la ecuación original.
$-t - 5 = -t - 5$	Usa la propiedad distributiva.
$-5 = -5$	Suma t a cada lado.

Todos los valores de t son soluciones, porque $-5 = -5$ siempre se cumple. La ecuación original es una *identidad*.

Algebra 1
Resources in Spanish

Refuerzo con práctica

Para usar con las páginas 154–159

Ejercicios para el ejemplo 2

Resuelve la ecuación.

4. $9z - 3 = 9z$

5. $2(f - 7) = 2f - 14$

6. $n + 3 = -5n$

EJEMPLO 3 ## Resolver problemas de la vida real

Un gimnasio cobra \$2 diarios por nadar y \$5 diarios por clases de aerobics a los que no son miembros. Los miembros pagan una cuota anual de \$200 más \$3 diarios por clases de aeróbicos. Escribe y resuelve una ecuación para hallar el número de días que debes ir al gimnasio para justificar una membresía anual.

SOLUCIÓN

Sea n el número de días que vas al club. Calcula después el número de veces para el cual los dos planes costarían lo mismo.

$2n + 5n = 200 + 3n$	Escribe una ecuación de la vida real.
$7n = 200 + 3n$	Reduce términos semejantes.
$7n - 3n = 200 + 3n - 3n$	Resta $3n$ a cada lado.
$4n = 200$	Simplifica.
$\dfrac{4n}{4} = \dfrac{200}{4}$	Divide cada lado por 4.
$n = 50$	Simplifica.

Debes ir al gimnasio 50 días para justificar una membresía anual.

Ejercicios para el ejemplo 3

7. Formula nuevamente el ejemplo 3 si los que no son miembros pagan \$3 diarios por nadar.

8. Formula nuevamente el ejemplo 3 si los miembros pagan una cuota anual de \$220.

Chapter 3

Refuerzo con práctica

Para usar con las páginas 160–165

OBJETIVO Hacer un diagrama para comprender problemas de la vida real y usar una tabla para verificar resultados

EJEMPLO 1 *Hacer un diagrama*

La primera página del periódico de tu escuela mide $11\frac{1}{4}$ pulgadas de ancho. El margen izquierdo mide 1 pulgada y el margen derecho mide $1\frac{1}{2}$ pulgadas. El espacio entre las 4 columnas mide $\frac{1}{4}$ pulgada. Calcula el ancho de cada columna.

SOLUCIÓN

El diagrama muestra que la página está formada por el ancho del margen izquierdo, el ancho del margen derecho, los tres espacios entre las columnas y las cuatro columnas.

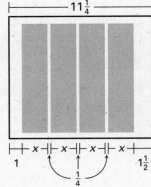

Modelo verbal

$$\boxed{\begin{array}{c}\text{Margen}\\\text{izquierdo}\end{array}} + \boxed{\begin{array}{c}\text{Margen}\\\text{derecho}\end{array}} + 3 \cdot \boxed{\begin{array}{c}\text{Espacio}\\\text{entre}\\\text{columnas}\end{array}} + 4 \cdot \boxed{\begin{array}{c}\text{Ancho de}\\\text{columna}\end{array}} =$$

$$\boxed{\begin{array}{c}\text{Ancho de}\\\text{página}\end{array}}$$

Rótulos

Margen izquierdo = 1   (pulgada)

Margen derecho = $1\frac{1}{2}$ (pulgadas)

Espacio entre columnas = $\frac{1}{4}$ (pulgada)

Ancho de columna = x (pulgadas)

Ancho de página = $11\frac{1}{4}$ (pulgadas)

Modelo algebraico $1 + 1\frac{1}{2} + 3\left(\frac{1}{4}\right) + 4x = 11\frac{1}{4}$

Al resolver para x, descubres que cada columna puede medir 2 pulgadas de ancho.

Ejercicio para el ejemplo 1

1. Formula nuevamente el ejemplo 1 si la primera página del periódico tiene tres columnas.

Refuerzo con práctica

Para usar con las páginas 160–165

EJEMPLO 2   *Usar una tabla para verificar*

Mientras trabajaba, tu mamá condujo 65 millas por hora en un automóvil y recorrió 260 millas por hora en avión. Ella condujo el doble de horas que voló y la cantidad total de millas del viaje fue de 780. ¿Cuántas horas condujo?

a. Usando el modelo verbal siguiente, escribe y resuelve una ecuación algebraica.

b. Haz una tabla para verificar el resultado.

| Velocidad de conducción | · | Tiempo de conducción | + | Velocidad de vuelo | · | Tiempo de vuelo | = | Distancia total |

SOLUCIÓN

a. $65 \cdot 2x + 260 \cdot x = 780$ Escribe el modelo algebraico.

$\quad\quad 130x + 260x = 780$ Simplifica.

$\quad\quad\quad\quad 390x = 780$ Reduce términos semejantes.

$\quad\quad\quad\quad\quad x = 2$ Divide cada lado por 390.

Calculas que $x = 2$ horas de tiempo de vuelo; por lo tanto, condujo $2x = 4$ horas.

b.

Tiempo de vuelo, x (en horas)	1	2	3	4
Distancia de vuelo (en millas)	260	520	780	1040
Tiempo de conducción, $2x$ (en horas)	2	4	6	8
Distancia de conducción (en millas)	130	260	390	520
Distancia total (en millas)	390	780	1170	1560

A partir de la tabla, puedes ver que la distancia total es de 780 millas para un tiempo de conducción de $2x = 4$ horas.

Ejercicio para el ejemplo 2

2. Formula nuevamente el ejemplo 2 si ella condujo tres veces la cantidad de horas que voló y la cantidad total de millas del viaje fue de 1365 millas.

Refuerzo con práctica

Para usar con las páginas 166–172

OBJETIVO **Calcular las soluciones exactas y estimadas de las ecuaciones que contienen decimales y resolver problemas de la vida real**

VOCABULARIO

Los **errores de redondeo** ocurren cuando debes usar soluciones que no son exactas.

EJEMPLO 1 *Redondear el resultado final*

Resuelve $4.12x - 16.40 = 2.38x - 0.12$. Redondea el resultado a la centésima más próxima.

SOLUCIÓN

$4.12x - 16.40 = 2.38x - 0.12$	Escribe la ecuación original.
$1.74x - 16.40 = -0.12$	Resta $2.38x$ a cada lado.
$1.74x = 16.28$	Suma 16.40 a cada lado.
$x = \dfrac{16.28}{1.74}$	Divide cada lado por 1.74.
$x = 9.35632. . .$	Usa la calculadora.
$x \approx 9.36$	Redondea a la centésima más próxima.

La solución es aproximadamente 9.36.

Ejercicios para el ejemplo 1

Resuelve la ecuación. Redondea el resultado a la centésima más próxima.

1. $7.23x + 16.51 = 47.89 - 2.55x$

2. $6.6(1.2 - 7.3x) = 16.4x + 5.8$

3. $-4(5.4y - 37.2) = 9.7$

4. $0.34b - 5.20 = 0.15b - 8.88$

EJEMPLO 2 *Cambiar coeficientes decimales a enteros*

Multiplica la ecuación por una potencia de 10 para escribir una ecuación equivalente con coeficientes enteros. Resuelve la ecuación equivalente y redondea a la centésima más próxima.

$3.11x - 17.64 = 2.02x - 5.89$

NOMBRE_____ FECHA_____

Refuerzo con práctica
Para usar con las páginas 166–172

SOLUCIÓN

$3.11x - 17.64 = 2.02x - 5.89$	Escribe la ecuación original.
$311x - 1764 = 202x - 589$	Multiplica cada lado por 100.
$109x - 1764 = -589$	Resta $202x$ a cada lado.
$109x = 1175$	Suma 1764 a cada lado.
$x = \frac{1175}{109}$	Divide cada lado por 109.
$x = 10.77981\ldots$	Usa la calculadora.
$x \approx 10.78$	Redondea a la centésima más próxima.

La solución es aproximadamente 10.78. Verifica este resultado en la ecuación original.

Ejercicios para el ejemplo 2

Multiplica la ecuación por una potencia de 10 para escribir una ecuación equivalente, con coeficientes enteros. Resuelve después la ecuación equivalente y redondea a la centésima más próxima.

5. $5.8 + 3.2x = 3.4x - 16.7$ **6.** $-0.83y + 0.17 = 0.72y$

EJEMPLO 3 *Usar un modelo verbal*

Al cenar en un restaurante, quieres dejar una propina del 15%. Puedes gastar un total de $14.00. ¿Cuál es el precio límite que puedes pagar por la cena, incluida la propina? Usando el modelo verbal siguiente, escribe y resuelve una ecuación algebraica.

$$\boxed{\text{Precio límite}} + \boxed{\text{Porcentaje de propina}} \cdot \boxed{\text{Precio límite}} = \boxed{\text{Precio total}}$$

SOLUCIÓN

Sea x tu precio límite.

$x + 0.15x = 14.00$	Escribe el modelo algebraico.
$1.15x = 14.00$	Reduce términos semejantes.
$x = \dfrac{14.00}{1.15}$	Divide cada lado por 1.15.
$x = 12.173913\ldots$	Usa la calculadora.
$x \approx 12.17$	Redondea hacia abajo.

El resultado se redondea *hacia abajo* a $12.17, porque puedes gastar una cantidad limitada.

Ejercicios para el ejemplo 3

7. Formula nuevamente el ejemplo 3 si puedes gastar $16.00.

8. Formula nuevamente el ejemplo 3 si quieres dejar un 20% de propina.

Chapter 3

Prueba parcial 2

Para usar después de las lecciones 3.4–3.6

Resuelve la ecuación. *(Lección 3.4)*

1. $11p + 2 = 2(p - 8)$

2. $\frac{1}{3}(6 + 9t) = 5t - 20$

3. $7 - 15s = 5s - 3$

4. *Comprar una bicicleta*: Estás planeando comprar una bicicleta y se ofrecen dos formas de pago. El Plan A exige un pago inicial de $120 más x dólares mensuales durante 4 meses. En el Plan B no hay pago inicial y se pagan $10 más mensuales que en el Plan A, durante 8 meses. ¿Cuánto es el monto mensual que se paga en cada plan? *(Lección 3.5)*

   a. Escribe una ecuación para representar el problema.

   b. Resuelve la ecuación y responde la pregunta.

Resuelve la ecuación. Redondea el resultado a la centésima más próxima. *(Lección 3.6)*

5. $5.61 - 8.94m = 3.76m + 4.86$

6. $2.1(4.6 + 1.3y) = 10.68y - 18.32$

Respuesta

1. _____

2. _____

3. _____

4a. _____

4b. _____

5. _____

6. _____

Refuerzo con práctica

Para usar con las páginas 174–179

OBJETIVO Resolver una fórmula o una ecuación literal para una de sus variables, y reescribir una ecuación en forma de función

---

VOCABULARIO

Una **fórmula** es una ecuación algebraica que relaciona dos o más cantidades de la vida real.

Una ecuación de dos variables está escrita en **forma de función** si una de sus variables está aislada a un lado de la ecuación.

EJEMPLO 1 *Resolver y usar una fórmula de área*

Usa la fórmula del área de un rectángulo, $A = lw$.

a. Resuelve la fórmula para el ancho w.

b. Usa la nueva fórmula para calcular el ancho de un rectángulo cuya área mide 72 pulgadas cuadradas y 9 pulgadas de longitud.

SOLUCIÓN

a. Resuelve para el ancho w.

$A = lw$ Escribe la fórmula original.

$\dfrac{A}{l} = \dfrac{lw}{l}$ Para aislar w, divide cada lado por l.

$\dfrac{A}{l} = w$ Simplifica.

b. Sustituye los valores dados en la nueva fórmula.

$$w = \frac{A}{l} = \frac{72}{9} = 8$$

El ancho del rectángulo mide 8 pulgadas.

Ejercicios para el ejemplo 1

Resuelve para la variable señalada.

1. Área del triángulo

Resuelve para h: $A = \frac{1}{2}bh$

2. Circunferencia del círculo

Resuelve para r: $C = 2\pi r$

3. Interés simple
Resuelve para P: $I = Prt$

4. Interés simple
Resuelve para r: $I = Prt$

Chapter 3

Refuerzo con práctica

Para usar con las páginas 174–179

EJEMPLO 2 *Reescribir una ecuación en forma de función*

a. Reescribir la ecuación $19 - 3y = 8x - 2x + 10$ de manera que y sea función de x.

b. Usa el resultado para calcular y si $x = -2, -1, 0,$ y 1.

SOLUCIÓN

a.

$19 - 3y = 8x - 2x + 10$	Escribe la ecuación original.
$19 - 3y = 6x + 10$	Reduce términos semejantes.
$19 - 19 - 3y = 6x + 10 - 19$	Resta 19 a cada lado.
$-3y = 6x - 9$	Simplifica.
$\dfrac{-3y}{-3} = \dfrac{6x - 9}{-3}$	Divide cada lado por -3.
$y = -2x + 3$	Simplifica.

La ecuación $y = -2x + 3$ representa la variable y como función de x.

b.

ENTRADA		SUSTITUYE		SALIDA
$x = -2$	Sustituye	$y = -2(-2) + 3$	Simplifica	$y = 7$
$x = -1$	Sustituye	$y = -2(-1) + 3$	Simplifica	$y = 5$
$x = 0$	Sustituye	$y = -2(0) + 3$	Simplifica	$y = 3$
$x = 1$	Sustituye	$y = -2(1) + 3$	Simplifica	$y = 1$

Ejercicios para el ejemplo 2

Reescribe cada ecuación de manera que *y* sea función de *x*. Usa después el resultado para calcular *y* si *x* = −2, −1, 0, y 1.

5. $-7x + y = 8$ **6.** $6y - 3x = 12$ **7.** $20x = 4y - 4$

Refuerzo con práctica

OBJETIVO Usar tasas, razones y porcentajes para representar y resolver problemas de la vida real.

VOCABULARIO

Si a y b son dos cantidades medidas en unidades diferentes, entonces

la tasa de a a b es $\dfrac{a}{b}$.

Una **tasa por unidad** es una tasa por una unidad dada.

EJEMPLO 1 *Calcular una tasa por unidad*

Mientras visitas Italia, quieres cambiar $120 a liras. La tasa de cambio de las monedas es de 1850 liras por cada dólar de los Estados Unidos. ¿Cuántas liras recibirás?

SOLUCIÓN

Puedes usar el análisis de unidades para escribir una ecuación.

$$\text{dólares} \cdot \frac{\text{liras}}{\text{dólares}} = \text{liras}$$

$$D \cdot \frac{1850}{1} = L \qquad \text{Escribe la ecuación.}$$

$$120 \cdot \frac{1850}{1} = L \qquad \text{Sustituye } D \text{ dólares por 120.}$$

$$222{,}000 = L \qquad \text{Simplifica.}$$

Recibirás 220,000 liras.

Ejercicios para el ejemplo 1

Convierte la moneda usando la tasa de cambio dada.

1. Convierte $150 dólares estadounidenses a marcos alemanes. (U$1 equivale a 1.8943 marcos)

2. Convierte $200 dólares estadounidenses a chelines austríacos. (U$1 equivale a 13.3272 chelines)

EJEMPLO 2 *Usar razones para escribir una ecuación*

Haces una encuesta entre tus compañeros de clase y descubres que 9 de 27 poseen tarjeta de la biblioteca pública. Usa los resultados para hacer una predicción que considere a los 855 estudiantes de la escuela.

Chapter 3

Refuerzo con práctica

Para usar con las páginas 180–185

SOLUCIÓN

Puedes responder la pregunta escribiendo una razón. Sea n el número de estudiantes de tu escuela que tienen tarjeta de la biblioteca pública.

$$\frac{\text{Tarjetas de la biblioteca en la encuesta}}{\text{Total de estudiantes en la encuesta}} = \frac{\text{Tarjetas de la biblioteca en la escuela}}{\text{Total de estudiantes en la escuela}}$$

$$\frac{9}{27} = \frac{n}{855} \qquad\qquad \text{Escribe la ecuación.}$$

$$855 \cdot \frac{9}{27} = n \qquad\qquad \text{Multiplica cada lado por 855.}$$

$$285 = n \qquad\qquad \text{Simplifica.}$$

De los 855 estudiantes de la escuela, aproximadamente 285 tendrán tarjeta de la biblioteca pública.

Ejercicios para el ejemplo 2

3. Formula nuevamente el ejemplo 2 si 6 de los 27 compañeros tienen tarjeta de la biblioteca pública.

4. Formula nuevamente el ejemplo 2 si hay 930 estudiantes en la escuela.

EJEMPLO 3 *Calcular porcentajes*

¿De qué porcentaje fue la propina del camarero, si recibió \$3.60 por una comida de \$20.00?

SOLUCIÓN

Para calcular el porcentaje, divide la cantidad de propina por el precio de la comida.

$$\frac{3.60}{20.00} = 0.18, \text{ así que la propina fue del 18\% del precio de la comida.}$$

Ejercicios para el ejemplo 3

Calcula el porcentaje. Redondea al porcentaje entero más próximo.

5. Un impuesto de \$2.88 sobre un artículo que vale \$36.

6. \$3 de propina sobre una comida que vale \$16.

Prueba del capítulo A

Para usar después del capítulo 3

Resuelve la ecuación.

1. $x - 12 = 13$

2. $-16 = 9 + x$

3. El precio de venta de un par de pantalones es de $34. Si la tienda pagó $8 menos por los pantalones, calcula el precio que pagó la tienda.

Di si las ecuaciones son equivalentes.

4. $17x = 85$ y $x = 5$

5. $-16x = 48$ y $x = 3$

Resuelve la ecuación.

6. $35a = -70$

7. $\dfrac{b}{2} = 14$

8. Estimas que gastas mensualmente $115 en abarrotes. ¿Cuánto dinero gastas semanalmente en abarrotes?

Resuelve la ecuación.

9. $\frac{1}{4}x - 5 = 27$

10. $14x + 3x - 40 = 11$

11. *Enteros consecutivos* son enteros que van seguidos en orden uno detrás del otro (por ejemplo: 5, 6 y 7). La suma de tres enteros consecutivos es 417. Sea n el primero. Escribe y resuelve una ecuación que determine los tres enteros.

Resuelve la ecuación.

12. $3x - 8 = -3x + 4$

13. $40 - 14y = 6y$

14. Un gimnasio local cobra $10 por hora por las canchas de tenis a los que no son miembros. Los miembros pagan una cuota anual de $300 y $4 por hora por usar las canchas. Escribe y resuelve una ecuación para calcular cuántas horas debes usar las canchas de tenis para justificar el hacerte miembro.

15. Estás diseñando una página web para el club de biología de la escuela. En una página que tiene un ancho de 640 pixels, quieres incluir fotografías de los miembros del club. Has decidido que los márgenes izquierdo y derecho deberían ser de 24 pixels cada uno y que el espacio entre cada fotografía debería ser de 16 pixels. ¿De qué ancho debe ser cada fotografía para que quepan cuatro a lo ancho de la página?

Desarrolla las operaciones indicadas. Redondea el resultado a la décima más próxima y después a la centésima más próxima.

16. $-49.256 + 17.197$

17. $14.357(-2.625)$

Respuestas

1. _____
2. _____
3. _____
4. _____
5. _____
6. _____
7. _____
8. _____
9. _____
10. _____
11. _____
12. _____
13. _____
14. _____
15. _____
16. _____
17. _____

Chapter 3

Resuelve la ecuación. Redondea el resultado a la centésima más próxima.

18. $-15x + 73 = 26$

19. $7y - 27 = 14$

20. $1.5x + 7.4 = -1.8x - 6.9$

21. $14.1 - 0.3x = 1.3x - 4.2$

Multiplica la ecuación por una potencia de 10 para escribir una ecuación equivalente con coeficientes enteros.

22. $6.2x + 4.5 = 3.8x + 7.9$

23. $4.603y - 1.842 = -3.651y$

Resuelve para la variable indicada.

24. Área de un trapezoide

Resuelve para b_1: $A = \frac{1}{2}h(b_1 + b_2)$

25. Fórmula de interés simple

Resuelve para t: $I = Prt$

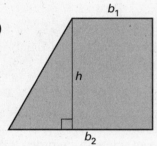

Reescribe la ecuación de manera que la variable *y* sea función de *x*.

26. $7x + y = 13$

27. $3x + 5y = 15$

28. Usa el resultado del ejercicio 26 para calcular *y* si $x = -1$, 0, y 2.

29. Usa el resultado del ejercicio 27 para calcular *y* si $x = -1$, 0, y 2.

Calcula la tasa por unidad.

30. 3 cucharadas por 1.5 porciones.

31. $10.99 por 12 trozos de pizza.

Convierte la medida. Redondea el resultado a la décima más próxima.

32. 15 cucharaditas de té a cucharadas
(1 cucharada = 3 cucharaditas de té)

Calcula el porcentaje. Redondea al porcentaje entero más próximo.

33. 159 personas a favor, de 350 personas entrevistadas.

18. _____

19. _____

20. _____

21. _____

22. _____

23. _____

24. _____

25. _____

26. _____

27. _____

28. _____

29. _____

30. _____

31. _____

32. _____

33. _____

Chapter 3

Algebra 1
Resources in Spanish

Prueba del capítulo B

Para usar después del capítulo 3

Resuelve la ecuación.

1. $14 = x - (-7)$

2. $3 - (-x) = 19$

3. Le debías $34 a tu hermana. Le devolviste x dólares y ahora le debes $12. ¿Cuánto le devolviste?

Di si las ecuaciones son equivalentes.

4. $\frac{4}{5}x = 50$ y $x = 32$

5. $\frac{2}{3}y = -48$ e $y = -72$

Resuelve la ecuación.

6. $\frac{3}{8}y = 12$

7. $-\frac{5}{7}t = -25$

8. Los dos triángulos son triángulos semejantes. Escribe y resuelve una ecuación para calcular cuánto mide el lado rotulado con x.

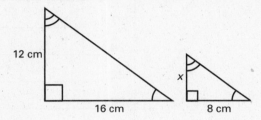

Resuelve la ecuación.

9. $5x + 7 - 2x = 22$

10. $12x - (4x + 10) = 54$

11. $8x - 10(3 - x) = 42$

12. $\frac{2}{3}(x + 4) = 8$

13. La suma de tres números es 137. El segundo número es 4 más que dos veces el primer número. El tercer número es 5 menos que tres veces el primer número. Calcula los tres números.

De ser posible, resuelve la ecuación.

14. $4(x - 5) = 4x - 20$

15. $6(x - 9) = -12x + 36$

16. Un gimnasio local cobra $8 diarios por usar las canchas de vólei-bol a los que no son miembros. Los miembros pagan una cuota anual de $150 y $2 diarios por usar las canchas de vóleibol. Escribe y resuelve una ecuación para calcular cuántos días debes usar las canchas de vóleibol para justificar el hacerte miembro.

Respuestas

1._____

2._____

3._____

4._____

5._____

6._____

7._____

8._____

9._____

10._____

11._____

12._____

13._____

14._____

15._____

16._____

Chapter 3

NOMBRE_____ FECHA_____

Prueba del capítulo B

Para usar después del capítulo 3

Desarrolla la operación indicada. Redondea el resultado a la décima más próxima y después a la centésima más próxima.

17. $-57.124 \div 10.104$ **18.** $-13.254(-3.145)$

Resuelve la ecuación. Redondea el resultado a la centésima más próxima.

19. $1.59x + 4.23 = 3.56x + 2.12$

20. $-3(1.25 - 2.48x) = 8.15x + 5.86$

Multiplica la ecuación por una potencia de 10 para escribir una ecuación equivalente con coeficientes enteros.

21. $4.15x + 3.01 = 10.9x + 1.29$ **22.** $1.596y - 3.08 = 0.9y$

Resuelve para la variable indicada.

23. Volumen de un cono

Resuelve para h: $V = \dfrac{\pi r^2 h}{3}$

24. Fórmula de la temperatura

Resuelve para C: $F = \frac{9}{5}C + 32$

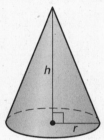

Reescribe la ecuación de manera que la variable *y* sea función de *x*.

25. $\frac{2}{3}y + 4 = 2x$ **26.** $\frac{1}{2}(y + 5) + 4x = 3x$

27. Usa el resultado del ejercicio 25 para calcular y si $x = -1, 0,$ y 2.

28. Usa el resultado del ejercicio 26 para calcular y si $x = -1, 0,$ y 2.

29. Una tienda vende 28 onzas de mantequilla de cacahuate en $2.24. La tienda también vende 32 onzas de la misma mantequilla en $2.40. ¿Cuál es la mejor opción de compra?

En la pregunta 30, convierte la medida. Redondea el resultado a la décima más próxima.

30. 147 millas a kilómetros (1 milla = 1.609 kilómetros)

31. Generalmente, un camarero recibe como propina aproximadamente un 15% de la cuenta total de la comida. Para ganar un total de $50 en propina, ¿aproximadamente cuánta comida debería vender el camarero?

17._____

18._____

19._____

20._____

21._____

22._____

23._____

24._____

25._____

26._____

27._____

28._____

29._____

30._____

31._____

Chapter 3

Prueba del capítulo C

Para usar después del capítulo 3

Resuelve la ecuación.

1. $5 = -x - 5$

2. $|-12| + x = -10$

Di si las ecuaciones son equivalentes.

3. $\dfrac{8}{9}x = \dfrac{2}{3}$ y $x = \dfrac{3}{4}$

4. $\dfrac{3}{10}y = 40$ e $y = 12$

Resuelve la ecuación.

5. $\dfrac{2}{3}z = -4\dfrac{1}{9}$

6. $\dfrac{-5}{6}b = -|-20|$

7. Los dos triángulos son triángulos semejantes. Escribe y resuelve una ecuación para calcular la longitud del lado rotulado con x.

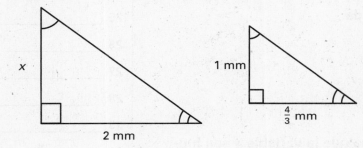

x

2 mm

1 mm

$\frac{4}{3}$ mm

Resuelve la ecuación.

8. $\dfrac{3}{2}(x + 12) = 27$

9. $-\dfrac{4}{5}(5x - 10) = 16$

10. $4x - 8(7 - x) = 16$

11. $45x - 4(12x - 3) = 12$

12. La suma de tres números es 301. El segundo número es 3 menos que doce veces el primer número. El tercer número es 4 más que siete veces el primer número. Halla los tres números.

De ser posible, resuelve la ecuación.

13. $5(2 - x) + 7x = -3(x + 5)$ **14.** $\dfrac{2}{3}(18x - 12) = 7 - 3(x - 3)$

15. Dos amigas viven a 15 millas de distancia una de la otra. Un día deciden salir a correr y encontrarse. Tania sale de casa y avanza hacia el este, corriendo a una velocidad de 2.5 millas por hora. En el mismo momento, Carolina sale de su casa y avanza hacia el oeste, corriendo a una velocidad de 3.5 millas por hora. ¿Cuánto tiempo demoran en encontrarse?

Respuestas

1. _____

2. _____

3. _____

4. _____

5. _____

6. _____

7. _____

8. _____

9. _____

10. _____

11. _____

12. _____

13. _____

14. _____

15. _____

Chapter 3

NOMBRE_____ FECHA_____

Prueba del capítulo C

Para usar después del capítulo 3

Realiza la operación indicada. Redondea el resultado a la décima más próxima y después a la centésima más próxima.

16. $18.653 \div (-9.849)$ **17.** $31.698(-4.107)$

Resuelve la ecuación. Redondea el resultado a la centésima más próxima.

18. $4.2(3.1 + 6.4x) = 17.5x - 2.3$

19. $-3(5.67 - 4.95x) = 15.06x + 4.15$

Multiplica la ecuación por una potencia de 10 para escribir una ecuación equivalente con coeficientes enteros.

20. $8.6x + 1.09 = 21.5x + 16.9$ **21.** $2.694y - 21.9 = 0.08y$

Resuelve para la variable indicada.

22. Fórmula de temperatura

Resuelve para F: $K = \frac{5}{9}(F - 32) + 273$

23. Tasa de interés anual

Resuelve para r: $A = P + Prt$

Reescribe la ecuación de manera que la variable *y* sea función de *x*.

24. $\frac{1}{7}(49 - 7y) = 5x - 3y + 14$ **25.** $4(2x - 3y) = -5(x + 3y)$

26. Usa el resultado del ejercicio 24 para calcular *y* si $x = -1, 0,$ y 2.

27. Usa el resultado del ejercicio 25 para calcular *y* si $x = -1, 0,$ y 2.

28. Una tienda vende 26 onzas de salsa para espagueti en $1.17. La tienda vende también 34 onzas de la misma salsa en $1.36. ¿Cuál es la mejor opción de compra?

29. Un automóvil gasta combustible a una tasa de 15 millas por galón. Predice cuántas millas puede recorrer el automóvil con 31.5 galones de combustible.

En la pregunta 30, convierte la medida. Redondea el resultado a la décima más próxima.

30. 151.5 millas a kilómetros (1 milla = 1.609 kilómetros)

31. Vas a un restaurante con tu familia. La cuenta es de $26.98, incluyendo $1.53 de impuesto. Calcula el porcentaje de impuesto.

16._____

17._____

18._____

19._____

20._____

21._____

22._____

23._____

24._____

25._____

26._____

27._____

28._____

29._____

30._____

31._____

Chapter 3

Prueba del capítulo SAT/ACT

Para usar después del capítulo 3

1. Resuelve $-7 = 4 - (-x)$.

   (A) -11 (B) -3

   (C) 3 (D) 11

2. ¿Cuál de estos pasos puedes usar para resolver la ecuación $14 = \frac{2}{3}x$?

   I. Multiply by $\frac{2}{3}$ **II.** Divide by $\frac{2}{3}$

   III. Multiply by $\frac{3}{2}$ **IV.** Divide by $\frac{3}{2}$

   (A) Sólo I   (B) Sólo III

   (C) I y IV   (D) II y III

3. Si $\frac{2}{5}x = -\frac{10}{13}$, entonces $x = $ _____?

   (A) $-\frac{4}{13}$ (B) $-\frac{13}{25}$

   (C) $-\frac{25}{13}$ (D) $-\frac{13}{4}$

4. Resuelve la ecuación $\frac{2}{3}x + 5 = 13$.

   (A) 6 (B) 8

   (C) 12 (D) 27

5. Si $2x - 4(3 - x) = 18$, entonces $x = $ _____?

   (A) -15 (B) -3

   (C) 1 (D) 5

6. Calcula el valor de x si $6(2 - x) + 4x = -5(x + 3)$.

   (A) $-\frac{9}{5}$ (B) $-\frac{7}{3}$

   (C) $-\frac{27}{7}$ (D) -9

7. ¿Qué ecuaciones son equivalentes?

   I. $8x - 3 = 12$ **II.** $-12 = 3 - 6x$

   III. $3(2x - 4) = 3 - 2x$

   A   I y III   B   II y III

   C   Todas   D   Ninguna

8. El impuesto de venta es del 6%. ¿Cuánto es la cuenta total por tu comida antes del impuesto, si el impuesto de venta resulta $0.51?

   (A) $1.18   (B) $8.50

   (C) $9.01   (D) $11.76

En las preguntas 9 y 10, escoge el enunciado que se cumple para los números dados.

   (A) El número de la columna A es mayor.

   (B) El número de la columna B es mayor.

   (C) Los dos números son iguales.

   (D) La relación no puede determinarse a partir de la información entregada.

9.

Columna A	Columna B
x si $7x - 5 = 12$	3

   (A)   (B)   (C)   (D)

10.

Columna A	Columna B
16	y si $\frac{1}{2}y - 3 = 5$

   (A)   (B)   (C)   (D)

11. Resuelve $1.69x + 14.75 = 4.21x - 5.87$.

   (A) 0.12 (B) 0.28

   (C) 3.52 (D) 8.18

12. Usa la ecuación $3(4x - 2y) = 5$. ¿Cuáles son los valores de y si $x = -2, 0, \frac{1}{3}$, and 3?

   (A) $-\frac{22}{3}, -\frac{10}{3}, -\frac{8}{3}, \frac{8}{3}$

   (B) $-\frac{7}{12}, \frac{5}{12}, \frac{7}{12}, \frac{23}{12}$

   (C) $-\frac{29}{6}, -\frac{5}{6}, -\frac{1}{6}, \frac{31}{6}$

   (D) $-\frac{58}{3}, -\frac{10}{3}, -\frac{2}{3}, \frac{62}{3}$

Evaluación alternativa y diario de matemáticas

Para usar después del capítulo 3

DIARIO

1. Un compañero de clases acaba de resolver una ecuación sin verificar el resultado. Lamentablemente, la solución tiene diversos errores. Sin rehacer completamente el problema, revisa cada paso y explica cómo se obtuvo el paso. Si el paso es incorrecto, explica por qué es un error y explica el procedimiento correcto que debería haberse seguido.

$$7 + \tfrac{1}{2}(6x + 4) = -2x + 4 \qquad \text{Ecuación original}$$

$$7 + 3x + 2 = -2x + 4$$

$$10x + 2 = -2x + 4$$

$$8x + 2 = 4$$

$$8x = 2$$

$$x = 4$$

PROBLEMA DE VARIOS PASOS

2. A Ronaldo, el corredor de bienes raíces, le ofrecen trabajo justo al salir de la escuela de bienes raíces. Él tiene la posibilidad de escoger la manera en que recibirá su salario durante el primer año.

Plan de salario 1: Recibiría un salario base mensual de $2000, más una comisión del 3% sobre cada venta.

Plan de salario 2: Sin salario base, pero con una comisión del 6% sobre cada venta.

a. Si Ronaldo vende un promedio de $45,000 mensuales, ¿cuánto ganaría bajo el primer plan? ¿Cuánto ganaría bajo el segundo plan? ¿Cuál es la mejor alternativa en este caso?

b. Escribe un modelo verbal para el plan de salario 1, que relacione salario base, salario total, venta mensual y porcentaje de comisión.

c. Escribe un modelo verbal para el plan de salario 2, que relacione venta mensual, porcentaje de comisión y salario total.

d. Escribe una ecuación que determine cuándo sería mejor cambiar del primer plan al segundo plan. Entrega una respuesta de una o dos oraciones que incluya las ventas de Ronaldo en un mes. De ser necesario, redondea a la unidad de dólar más cercana.

e. Ronaldo se fija la meta de vender $8000 al mes. Di que alternativa debería escoger y explica tu razonamiento. Usa el modelo verbal de (b) y (c) para formular una ecuación y determinar cuáles deberían ser sus ventas para alcanzar esa meta.

3. *Razonamiento crítico* Supón que la meta de salario de Ronaldo para el año es de $50,000. Si el precio promedio de una casa vendida por su empresa es de $60,000. ¿Cuántas casas tendría que vender Ronaldo durante un año para alcanzar su meta bajo cada plan?

Pauta para la evaluación alternativa

Para usar después del capítulo 3

DIARIO SOLUCIÓN

1. Las respuestas completas deberían incluir los siguientes puntos:

$7 + \frac{1}{2}(6x + 4) = -2x + 4$	Ecuación original.
$7 + 3x + 2 = -2x + 4$	Este paso está correcto.
$10x + 2 = -2x + 4$	Error: se sumó 7 más $3x$ para obtener $10x$; incorrecto porque 7 y $3x$ no son términos semejantes. El método correcto es sumar los términos semejantes 7 y 2, para obtener $3x + 9$.
$8x + 2 = 4$	Error: no es correcto sumar $10x$ más $-2x$ porque están a distinto lado de la ecuación. El método correcto es sumar $2x$ a *ambos* lados de la ecuación.
$8x = 2$	Este paso está correcto.
$x = 4$	Error: no se dividió por 8 a ambos lados para aislar la variable. El método correcto es dividir por 8 a *ambos* lados para aislar la variable.

PROBLEMA DE VARIOS PASOS SOLUCIÓN

2. **a.** $3350; $2700; Plan de pago 1

b. | pago total | = | pago base | + | comisión | · | ventas de un mes |

c. | pago total | = | porcentaje de comisión | · | ventas de un mes |

d. $2000 + 0.03x = 0.06x$; Las respuestas deberían incluir los siguientes puntos: Si las ventas mensuales de Ron son de $66,666 o menos, debería escoger el Plan 1. Si sus ventas mensuales son mayores que $66,666, debería escoger el Plan 2.

e. $0.06x = 8000$; Con el Plan de Pago 2, necesita ventas de aproximadamente $133,333 para obtener $8000.

3. 15 casas bajo el Plan 1; 14 casas bajo el Plan 2

PROBLEMA DE VARIOS PASOS PAUTA DE EVALUACIÓN

4 Los estudiantes calculan en forma exacta los salarios mensuales y escriben modelos verbales correctos. Formulan una hipótesis razonable basada en sus posibles salarios mensuales. Los estudiantes usan ecuaciones correctas para responder preguntas y después calculan el salario para los casos en que las opciones son equivalentes. Los estudiantes demuestran que comprenden cuándo usar cada opción y dan explicaciones claras.

3 Los estudiantes son capaces de formular modelos y ecuaciones en forma correcta; sin embargo, hay errores en el resultado. Su hipótesis es razonable, aún cuando se basa en salarios incorrectos. La explicación del razonamiento es incompleta o no se contestan todos los aspectos de cada pregunta.

2 Los estudiantes usan un modelo incorrecto para calcular salarios o formulan ecuaciones incorrectas. Los estudiantes no dan una explicación clara de cuándo usar cada opción y no responden todas las partes de cada pregunta.

1 El trabajo de los estudiantes es muy incompleto. No son capaces de crear modelos o formular ecuaciones y muestran poca comprensión de cómo calcular salarios. Entregan mínimas explicaciones.

NOMBRE_____ FECHA_____

Refuerzo con práctica

Para usar con las páginas 203–208

OBJETIVO **Marcar puntos sobre un plano de coordenadas, trazar un diagrama de dispersión y hacer predicciones acerca de situaciones de la vida real**

VOCABULARIO

Un **plano de coordenadas** está formado por dos rectas de números reales que se intersecan en ángulo recto.

Cada punto de un plano de coordenadas corresponde a un **par ordenado** de números reales. El primer número es la **coordenada x** y el segundo número es la **coordenada y**.

Un **diagrama de dispersión** es una gráfica que contiene diversos puntos que representan datos de la vida real.

EJEMPLO 1 *Marcar puntos sobre un plano de coordenada*

Marca y rotula los siguientes pares ordenados sobre un plano de coordenadas.

a. $(3, -2)$ **b.** $(-4, 3)$

SOLUCIÓN

Para marcar un punto, debes desplazarte sobre el plano de coordenadas a lo largo de las rectas vertical y horizontal, y marcar la ubicación que corresponda al par ordenado.

a. Para marcar el punto $(3, -2)$, comienza en el origen. Desplázate 3 unidades a la derecha y 2 unidades hacia abajo.

b. Para marcar el punto $(-4, 3)$, comienza en el origen. Desplázate 4 unidades a la izquierda y 3 unidades hacia arriba.

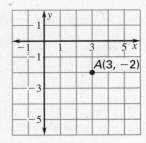

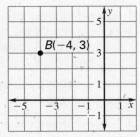

Ejercicios para el ejemplo 1

Marca y rotula los pares ordenados sobre un plano de coordenadas.

1. $A(5, 4), B(-3, 0), C(-1, -2)$ **2.** $A(-3, 2), B(0, 0), C(2, -2)$

3. $A(0, -4), B(3, 5), C(3, -1)$ **4.** $A(-1, -2), B(5, -2), C(-4, 0)$

5. $A(-1, 3), B(2, 0), C(3, -2)$ **6.** $A(2, 4), B(-2, 5), C(0, 3)$

Refuerzo con práctica

Para usar con las páginas 203–208

Esbozar un diagrama de dispersión

La tabla siguiente indica las tarifas postales de Estados Unidos (en centavos) para correspondencia de primera clase, en base al peso (en onzas) del paquete. Traza un diagrama de dispersión de los datos y predice la tarifa postal para un envío que pesa 8 onzas.

Peso (onzas)	1	2	3	4	5
Tarifa (centavos)	33	55	77	99	121

SOLUCIÓN

❶ Escribe nuevamente los datos de la tabla como lista de pares ordenados.

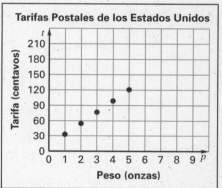

$(1, 33), (2, 55), (3, 77), (4, 99), (5, 121)$

❷ Traza un plano de coordenadas. Coloca el peso *p* sobre el eje horizontal y la tarifa *t* sobre el eje vertical.

❸ Marca los puntos.

❹ A partir del diagrama de dispersión, puedes ver que los puntos siguen un patrón. Extendiendo el patrón, puedes predecir que la tarifa postal para un envío de 8 onzas es de aproximadamente 187 centavos, es decir, $1.87.

Ejercicios para el ejemplo 2

En los ejercicios 7 y 8, haz un diagrama de dispersión de los datos. Usa el eje horizontal para representar el tiempo.

7.

Año	1997	1998	1999	2000
Miembros	74	81	89	95

8.

Mes	Ene.	Abr.	Ago.	Dic.
Adultos	22	30	15	42

En los ejercicios 9 y 10, usa un diagrama de dispersión para determinar si la información dada es correcta. Si no lo es, explica cómo deberían cambiarse los datos. Usa el eje horizontal para representar cuartos en el ejercicio 9 y horas en el ejercicio 10.

9.

Cuartos	3.0	4.0	5.0	6.0
Galones	0.75	1.0	1.3	1.5

10.

Horas	3	5	6	8
Precio del alquiler (dólares)	14	20	24	32

Chapter 4

Refuerzo con práctica

Para usar con las páginas 210–217

OBJETIVO Graficar una ecuación lineal usando una tabla o una lista de valores y graficar rectas horizontales y verticales

> ### VOCABULARIO
>
> Una **solución de una ecuación** de dos variables x e y es un par ordenado (x, y) que hace que la ecuación sea verdadera.
>
> La **gráfica de una ecuación** en x e y es el conjunto de todos los puntos (x, y) que son solución de la ecuación.

EJEMPLO 1 *Verificar soluciones de una ecuación*

Usa el álgebra para decidir si el punto $(10, 1)$ está ubicado sobre la gráfica de $x - 2y = 8$.

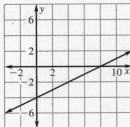

SOLUCIÓN

El punto $(10, 1)$ parece estar sobre la gráfica de $x - 2y = 8$. Puedes verificarlo algebraicamente.

$$x - 2y = 8 \qquad \text{Escribe la ecuación original.}$$
$$10 - 2(1) \stackrel{?}{=} 8 \qquad \text{Sustituye } x \text{ por 10 e } y \text{ por 1.}$$
$$8 = 8 \qquad \text{Simplifica. Enunciado verdadero.}$$

$(10, 1)$ es solución de la ecuación $x - 2y = 8$, por lo tanto, está sobre la gráfica.

Ejercicios para el ejemplo 1

Decide si el par ordenado dado es solución de la ecuación.

1. $-3x + 6y = 12,\ (-4, 0)$ **2.** $x + 5y = 11,\ (2, 1)$

3. $y = 1,\ (3, 1)$ **4.** $3y - 5x = 4,\ (-2, 2)$

EJEMPLO 2 *Graficar una ecuación lineal*

Usa una tabla de valores para graficar la ecuación $x - 2y = 4$.

SOLUCIÓN

Escribe nuevamente la ecuación en forma de función resolviendo para y.

$$x - 2y = 4 \qquad \text{Escribe la ecuación original.}$$
$$-2y = -x + 4 \qquad \text{Resta } x \text{ a cada lado.}$$
$$y = \frac{x}{2} - 2 \qquad \text{Divide a cada lado por } -2.$$

Algebra 1
Resources in Spanish

Refuerzo con práctica

Para usar con las páginas 210–217

Escoge diversos valores de x y crea una tabla de valores.

Escoge x.	-4	-2	0	2	4
Evalúa y.	-4	-3	-2	-1	0

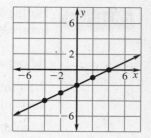

Usando la tabla de valores, puedes escribir cinco pares ordenados.

$$(-4, -4), (-2, -3), (0, -2), (2, -1), (4, 0)$$

Marca cada par ordenado. La recta que pasa por los puntos es la gráfica de la ecuación.

Ejercicios para el ejemplo 2

Usa una tabla de valores para graficar la ecuación.

5. $y = 3x - 4$ **6.** $3y - 3x = 6$ **7.** $y = -3(x - 1)$

EJEMPLO 3 *Graficar y = b*

Grafica la ecuación $y = -3$.

SOLUCIÓN

El valor de y es siempre -3, independientemente del valor de x. Los puntos $(-1, -3)$, $(0, -3)$, $(2, -3)$ son algunas soluciones de la ecuación. La gráfica de la ecuación es una recta horizontal ubicada 3 unidades bajo el eje x.

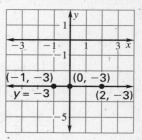

EJEMPLO 4 *Graficar x = a*

Grafica la ecuación $x = 5$.

SOLUCIÓN

El valor de x es siempre 5, independientemente del valor de y. Los puntos $(5, -2)$, $(5, 0)$, y $(5, 3)$ son algunas soluciones de la ecuación. La gráfica de la ecuación es una recta vertical ubicada 5 unidades a la derecha del eje y.

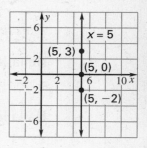

Ejercicios para los ejemplos 3 y 4

Grafica la ecuación.

8. $y = 0$ **9.** $x = -4$ **10.** $x = 0$

11. $y = 6$ **12.** $y = -5$ **13.** $x = 2$

Chapter 4

Algebra 1
Resources in Spanish

Refuerzo con práctica

Para usar con las páginas 218–224

OBJETIVO **Hallar las intercepciones de la gráfica de una ecuación lineal y usar las intercepciones para bosquejar una gráfica rápida de una ecuación lineal**

VOCABULARIO

Una **intercepción en** x es la coordenada x del punto en que una gráfica corta el eje x. La coordenada y de ese punto es 0.

Una **intercepción en** y es la coordenada y del punto en que una gráfica corta el eje y. La coordenada x de ese punto es 0.

EJEMPLO 1 *Hallar intercepciones*

Halla la intercepción en x y la intercepción en y de la gráfica de la ecuación $4x - 2y = 8$.

SOLUCIÓN

Para hallar la intercepción en x de $4x - 2y = 8$, toma $y = 0$.

$$4x - 2y = 8 \qquad \text{Escribe la ecuación original.}$$
$$4x - 2(0) = 8 \qquad \text{Sustituye } y \text{ por 0.}$$
$$x = 2 \qquad \text{Resuelve para } x.$$

La intercepción en x es 2. La recta corta el eje x en el punto $(2, 0)$.

Para hallar la intercepción en y de $4x - 2y = 8$, toma $x = 0$.

$$4x - 2y = 8 \qquad \text{Escribe la ecuación original.}$$
$$4(0) - 2y = 8 \qquad \text{Sustituye } x \text{ por 0.}$$
$$y = -4 \qquad \text{Resuelve para } y.$$

La intercepción en y es -4. La recta corta el eje x en el punto $(0, -4)$.

Ejercicios para el ejemplo 1

Halla la intercepción en x de la gráfica de la ecuación.

1. $x - y = 6$ **2.** $-2x + y = -4$ **3.** $3x - 2y = 6$

Halla la intercepción en y de la gráfica de la ecuación.

4. $x - y = 6$ **5.** $-2x + y = -4$ **6.** $3x - 2y = 6$

Algebra 1
Resources in Spanish

Chapter 4

Refuerzo con práctica

Para usar con las páginas 218–224

EJEMPLO 2 *Hacer una gráfica rápida*

Grafica la ecuación $2x - y = 8$.

SOLUCIÓN

Halla las intercepciones sustituyendo primero y por 0 y luego x por 0.

$$2x - y = 8$$
$$2x - 0 = 8$$
$$2x = 8$$
$$x = 4$$

$$2x - y = 8$$
$$2(0) - y = 8$$
$$-y = 8$$
$$y = -8$$

La intercepción en x es 4.   La intercepción en y es -8.

Dibuja un plano de coordenadas que incluya los puntos $(4, 0)$ y $(0, -8)$.
Marca los puntos $(4, 0)$ y $(0, -8)$ y traza una recta que pase por ellos. La gráfica se muestra a continuación.

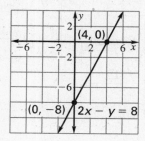

Ejercicios para el ejemplo 2

Halla la intercepción en *x* y la intercepción en *y* de la recta. Usa las intercepciones para bosquejar una gráfica rápida de la ecuación.

7. $y = -x + 6$

8. $x - 5y = 15$

9. $y = 4 - 2x$

10. $7x - y = 14$

11. $3x + 4y = 24$

12. $2y = 7x + 10$

Chapter 4

NOMBRE_____ FECHA_____

Prueba parcial 1

Para usar después de las lecciones 4.1–4.3

1. Marca y rotula los pares ordenados $A(-6, -2)$, $B(0, -8)$, $C(-3, 2)$, y $D(2, 0)$ sobre el plano de coordenadas. *(Lección 4.1)*

Para el ejercicio 1

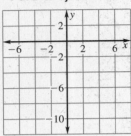

Para el ejercicio 2

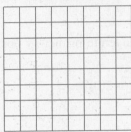

2. La tabla contiene el número de capítulos y el número de páginas para seis libros de texto. Construye un diagrama de dispersión para los datos. *(Lección 4.1)*

Libros de texto	Inglés	Mate-máticas	Ciencias	Salud	Estudios sociales	Español
Número de capítulos, x	11	14	12	16	23	17
Número de páginas, y	252	346	328	310	430	288

3. Halla dos soluciones de la ecuación $y = 3x - 5$. *(Lección 4.2)*

4. Escribe nuevamente la ecuación $2x - 4y = 4$ en forma de función. *(Lección 4.2)*

5. Escribe una ecuación de una recta horizontal. *(Lección 4.2)*

6. Usa la gráfica para hallar la intercepción en x y la intercepción en y de la recta. *(Lección 4.3)*

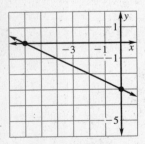

Para el ejercicio 6

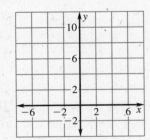

Para el ejercicio 7

7. Halla la intercepción en x y la intercepción en y de la ecuación $2x + y = 8$. Grafica la ecuación. Rotula los puntos en que la gráfica corta los ejes. *(Lección 4.3)*

Respuestas

1. Usa la cuadrícula de la izquierda.

2. Usa la cuadrícula de la izquierda.

3. _____

_____

4. _____

5. _____

6. _____

7. Usa la cuadrícula de la izquierda.

Chapter 4

NOMBRE_____ FECHA_____

Refuerzo con práctica

Para usar con las páginas 226–233

OBJETIVO Calcular la pendiente de una recta usando dos de sus puntos y aprender a interpretar la pendiente como una tasa de cambio en situaciones de la vida real

---

VOCABULARIO

La **pendiente** m de una recta no vertical es el número de unidades que sube o baja la recta por cada unidad de cambio horizontal de izquierda a derecha.

Una **tasa de cambio** compara dos cantidades diferentes que cambian.

EJEMPLO 1 *Calcular la pendiente de una recta*

Calcula la pendiente de la recta que pasa por $(-3, 2)$ y $(1, 5)$.

SOLUCIÓN

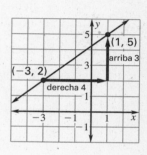

Sean $(x_1, y_1) = (-3, 2)$ y $(x_2, y_2) = (1, 5)$.

$m = \dfrac{y_2 - y_1}{x_2 - x_1}$ ← Distancia vertical: Diferencia en valores de y.
← Distancia horizontal: Diferencia en valores de x.

$= \dfrac{5 - 2}{1 - (-3)}$ Sustituye los valores.

$= \dfrac{3}{1 + 3} = \dfrac{3}{4}$ Simplifica. La pendiente es positiva.

....

Como en el ejemplo 1 la pendiente es positiva, la recta sube de izquierda a derecha. Si una recta tiene pendiente negativa, quiere decir que la recta baja de izquierda a derecha.

Ejercicios para el ejemplo 1

Marca los puntos y calcula la pendiente de la recta que pasa por ellos.

1. $(-4, 0), (3, 3)$ **2.** $(-1, -2), (2, -6)$ **3.** $(-3, -1), (1, 3)$

EJEMPLO 2 *Calcular la pendiente de una recta*

Calcula la pendiente de una recta que pasa por $(-4, 2)$ y $(1, 2)$.

SOLUCIÓN

Sean $(x_1, y_1) = (-4, 2)$ y $(x_2, y_2) = (1, 2)$.

$m = \dfrac{y_2 - y_1}{x_2 - x_1}$ ← Distancia vertical: Diferencia en valores de y.
← Distancia horizontal: Diferencia en valores de x.

$= \dfrac{2 - 2}{1 - (-4)}$ Sustituye los valores.

$= \dfrac{0}{5} = 0$ Simplifica. La pendiente es cero.

Chapter 4

Refuerzo con práctica

Para usar con las páginas 226–233

Como en el Ejemplo 2 la pendiente es cero, la recta es horizontal. Si la pendiente de una recta es indefinida, la recta es vertical.

Ejercicios para el ejemplo 2

Marca los puntos y calcula la pendiente de la recta que pasa por los puntos.

4. $(-4, 0), (-4, 3)$ **5.** $(1, -1), (1, 3)$ **6.** $(-3, 0), (1, 0)$

7. $(-4, 3), (1, 3)$ **8.** $(2, -2), (2, -6)$ **9.** $(-1, -6), (2, -6)$

EJEMPLO 3 *Interpretar la pendiente como una tasa de cambio*

En 1994, una tienda de video alquiló 23,500 películas. El año 2000, la tienda alquiló 28,540 películas. Calcula la tasa promedio de cambio de alquilres de la tienda en películas alquiladas por año.

SOLUCIÓN

Usa la fórmula para la pendiente para calcular la tasa promedio de cambio. El cambio en el número de alquileres es $28,540 - 23,500 = 5040$ alquileres. Resta en el mismo orden. El cambio en el tiempo es $2000 - 1994 = 6$ años.

MODELO VERBAL
$$\boxed{\text{Tasa promedio de cambio}} = \frac{\boxed{\text{Cambio en alquileres}}}{\boxed{\text{Cambio en el tiempo}}}$$

RÓTULOS
Tasa promedio de cambio $= m$ (alquileres por año)
Cambio en arrriendos $= 5040$ (alquileres)
Cambio en el tiempo $= 6$ (años)

MODELO ALGEBRAICO
$$m = \frac{5040}{6}$$

La tasa promedio de cambio es de 840 alquileres por año.

Ejercicios para el ejemplo 3

10. En 1992, la población de Seúl, Corea del Sur, era de 17,334,000 habitantes. En 1995, la población de Seúl era de 19,065,000 habitantes. Calcula la tasa promedio de cambio de la población en personas por año.

11. En 1990, el número de motocicletas registradas en Estados Unidos era de 4.3 millones. En 1996, el número de motocicletas registradas era de 3.8 millones. Calcula la tasa promedio de cambio de las motocicletas registradas en motocicletas por año.

Algebra 1
Resources in Spanish

LECCIÓN 4.5

Refuerzo con práctica

Para usar con las páginas 234–239

OBJETIVO Escribir ecuaciones lineales que representan variación directa y usar una razón para escribir una ecuación de variación
directa

VOCABULARIO

En el modelo de variación directa $y = kx$, el número k distinto de cero es
la **constante de variación.**

Dos cantidades que varían de manera directa se dice que tienen
variación directa.

EJEMPLO 1 *Escribir una ecuación de variación directa*

Las variables x e y varían de manera directa. Para $x = 4$, $y = 6$.

a. Escribe una ecuación que relacione x con y.

b. Calcula el valor de y para $x = 12$.

SOLUCIÓN

a. Como x e y varían de manera directa, la ecuación es de la forma
$y = kx$. Para hallar k puedes resolver de la siguiente manera.

$y = kx$	Escribe el modelo para variación directa.
$6 = k(4)$	Sustituye x por 4 e y por 6.
$1.5 = k$	Divide a cada lado por 4.

Una ecuación que relaciona x con y es $y = 1.5x$.

b.
$y = 1.5(12)$	Sustituye x por 12 en $y = 1.5x$.
$y = 18$	Simplifica.

Para $x = 12$, $y = 18$.

Ejercicios para el ejemplo 1

**En los ejercicios 1-6, las variables *x* e *y* varían de manera
directa. Usa los valores dados para escribir una ecuación
que relacione *x* con *y*.**

1. $x = 3, y = 15$ **2.** $x = 6, y = 3$ **3.** $x = -4, y = -4$

4. $x = 10, y = -2$ **5.** $x = 3.5, y = 7$ **6.** $x = -12, y = 4$

Chapter 4

Algebra 1
Resources in Spanish

Refuerzo con práctica

Para usar con las páginas 234–239

EJEMPLO 2 *Usar una razón para escribir un modelo*

El peso varía de manera directa con la gravedad. Una persona que pesa 150 libras en la Tierra, pesa 57 libras en Marte.

a. Escribe un modelo que relacione el peso T de una persona en la Tierra con el peso M de esa persona en Marte.

b. El peso de una persona en la Tierra es de 210 libras. Usa el modelo para estimar el peso de esa persona en Marte.

SOLUCIÓN

a. Escribe nuevamente el modelo para variación directa $T = kM$ como $k = \dfrac{T}{M}$.

Ésta es la forma de razón para un modelo de variación directa. Para $T = 150$ y

$M = 57$, $k = \dfrac{150}{57}$. El modelo de variación directa es $T = \dfrac{150}{57}M$.

b. Usa el modelo $T = \dfrac{150}{57}M$ para estimar el peso de la persona en Marte.

$210 = \dfrac{150}{57}M$ Sustituye T por 210.

$79.8 \approx M$ Multiplica a cada lado por $\dfrac{57}{150}$.

Tú estimas que el peso de la persona en Marte es de aproximadamente 79.8 libras.

Ejercicios para el ejemplo 2

7. Usa el modelo de razón $T = \frac{150}{57}M$ para estimar el peso de una persona en Marte que pesa 120 libras en la Tierra.

8. Usa el modelo de razón $T = \frac{150}{57}M$ para estimar el peso de una persona en la Tierra que pesa 62 libras en Marte.

9. Una persona que pesa 160 libras en la Tierra, pesa 139 libras en Venus.
    a. Escribe un modelo que relacione el peso T de una persona en la Tierra con su peso V en Venus.

    b. Una persona pesa 195 libras en la Tierra. Usa el modelo para estimar el peso de esa persona en Venus.

Algebra 1
Resources in Spanish

Chapter 4

Refuerzo con práctica

Para usar con las páginas 241–247

OBJETIVO Graficar una ecuación lineal en la forma de pendiente e inter-cepción e interpretar ecuaciones en la forma de pendiente e intercepción

---

VOCABULARIO

La ecuación lineal $y = mx + b$ está escrita en la **forma de pendiente e intercepción.** La pendiente de la recta es m. La intercepción en y es b.

Dos rectas diferentes sobre un mismo plano son **paralelas** si no se inter-secan. Cualquier par de rectas no verticales son paralelas si y sólo si tienen igual pendiente (todas las rectas verticales son paralelas).

EJEMPLO 1 *Escribir ecuaciones en la forma de pendiente e intercepción*

ECUACIÓN	FORMA DE PENDIENTE E INTERCEPCIÓN	PENDIENTE	INTERCEPCIÓN EN y
a. $y = 3x$	$y = 3x + 0$	$m = 3$	$b = 0$
b. $y = \dfrac{2x - 3}{5}$	$y = \dfrac{2}{5}x - \dfrac{3}{5}$	$m = \dfrac{2}{5}$	$b = -\dfrac{3}{5}$
c. $4x + 8y = 24$	$y = -0.5x + 3$	$m = -0.5$	$b = 3$

Ejercicios para el ejemplo 1

Escribe la ecuación en la forma de pendiente e intercepción. Calcula la pendiente y la intercepción en y.

1. $y = -3x$

2. $x + y - 5 = 0$

3. $3x + y = 5$

4. $y = \dfrac{-x + 7}{3}$

5. $y = 2$

6. $x + 4y - 4 = 0$

7. ¿Qué par de rectas de los ejercicios 1–6 son paralelas? Explica.

EJEMPLO 2 *Graficar usando la pendiente y la intercepción en y*

Grafica la ecuación $5x - y = 3$.

SOLUCIÓN

Escribe la ecuación en la forma de pendiente e intercepción: $y = 5x - 3$

Halla la pendiente y la intercepción en $m = 5$ y $b = -3$.

Marca el punto $(0, b)$. Dibuja un triángulo de la pendiente para ubicar un segundo punto sobre la recta.

$$m = \frac{5}{1} = \frac{\text{distancia vertical}}{\text{distancia horizontal}}$$

Traza una recta por los dos puntos.

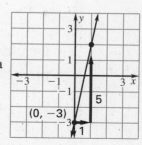

Chapter 4

NOMBRE_____ FECHA_____

Refuerzo con práctica

Para usar con las páginas 241–247

Ejercicios para el ejemplo 2

**Escribe la ecuación en la forma de pendiente e intercepción.
Grafica después la ecuación.**

8. $6x - y = 0$ **9.** $x + 3y - 3 = 0$ **10.** $5x + y = 4$

11. $x + 3y - 6 = 0$ **12.** $2x + y - 9 = 0$ **13.** $x + 2y + 8 = 0$

EJEMPLO 3 *Usar la forma de pendiente e intercepción para resolver problemas de la vida real*

Durante el verano trabajas para un servicio de jardinería. Te pagan $5 diarios, más una tarifa por hora de $1.50.

a. Usando *s* para representar el salario diario y *h* para representar el número de horas trabajadas diariamente, escribe una ecuación que represente tu salario total por el trabajo de un día.

b. Calcula la pendiente y la intercepción en *y* de la ecuación.

c. ¿Qué representa la pendiente?

d. Grafica la ecuación usando la pendiente y la intercepción en *y*.

SOLUCIÓN

a. Usando *s* para representar el salario diario y *h* para representar el número de horas trabajadas diariamente, la ecuación que representa tu salario total por el trabajo de un día es $s = 1.50h + 5$.

b. La pendiente de la ecuación es 1.50 y la intercepción en *y* es 5.

c. La pendiente representa la tarifa por hora.

d.

Ejercicios para el ejemplo 3

14. Reformula el ejemplo 3 si te pagan $4 diarios, más una tarifa por hora de $1.75.

15. Reformula el ejemplo 3 si te pagan $6 diarios, más una tarifa por hora de $1.25.

Algebra 1
Resources in Spanish

NOMBRE_____ FECHA_____

Prueba parcial 2

Para usar después de las lecciones 4.4–4.6

1. Calcula la pendiente de la recta que pasa por los puntos $(4, -4)$ y $(6, -5)$. *(Lección 4.4)*

2. Calcula el valor de y de manera que la recta que pasa por los puntos $(0, y)$ y $(3, 6)$ tenga una pendiente de $-\frac{1}{3}$. *(Lección 4.4)*

3. Completa la oración. La pendiente de una recta vertical es
_____. *(Lección 4.4)*

4. Las variables x e y varían de manera directa. Para $x = 12$, $y = 9$. Escribe una ecuación que relacione las variables. *(Lección 4.5)*

5. Grafica la ecuación $y = -\frac{1}{2}x$. Calcula la constante de variación y la pendiente del modelo de variación directa. *(Lección 4.5)*

Para el ejercicio 5

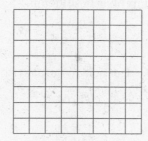

Para el ejercicio 6

6. Escribe la ecuación $-\frac{1}{2}x + \frac{1}{2}y = 5$ en la forma de pendiente e intercepción. Grafica después la ecuación. *(Lección 4.6)*

7. Decide si las gráficas de $3x - 6y = 12$ e $y = \dfrac{x + 4}{2}$ son rectas paralelas. Explica tu respuesta. *(Lección 4.6)*

Respuestas

1. _____

2. _____

3. _____

4. _____

5. Usa la cuadrícula de la izquierda.

6. Usa la cuadrícula de la izquierda.

7. _____

_____

_____

Chapter 4

LECCIÓN 4.7

Refuerzo con práctica

Para usar con las páginas 250–255

OBJETIVO **Resolver gráficamente una ecuación lineal y usar una gráfica para aproximar soluciones de problemas de la vida real**

El primer paso para resolver gráficamente una ecuación lineal es escribir la ecuación en la forma $ax + b = 0$. Luego se escribe la función relacionada $y = ax + b$. Finalmente, se grafica la ecuación $y = ax + b$. La solución de $ax + b = 0$ es la intercepción en x de $y = ax + b$.

EJEMPLO 1 *Resolver gráficamente una ecuación*

Resuelve gráficamente la ecuación $3x - 1 = 5$. Comprueba algebraicamente la solución.

SOLUCIÓN

❶ Escribe la ecuación en la forma $ax + b = 0$.

$3x - 1 = 5$ Escribe la ecuación original.

$3x - 6 = 0$ Resta 5 a cada lado.

❷ Escribe la función relacionada $y = 3x - 6$.

❸ Grafica la ecuación $y = 3x - 6$.
La intercepción en x parece ser 2.

❹ Usa la sustitución para comprobar la solución.

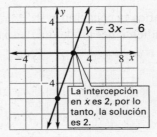

$3x - 1 = 5$

$3(2) - 1 \overset{?}{=} 5$

$6 - 1 = 5$ ← Enunciado verdadero

La solución de $3x - 1 = 5$ es 2.

Ejercicios para el ejemplo 1

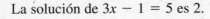

Resuelve gráficamente la ecuación. Comprueba algebraicamente la solución.

1. $5x + 2 = 7$ **2.** $-3x = 15$ **3.** $2 - x = 5$

4. $8 + 2x = -2x$ **5.** $0.5x + 1 = 3$ **6.** $3x + 6 = 11 - 2x$

Chapter 4

Refuerzo con práctica

Para usar con las páginas 250–255

EJEMPLO 2 *Aproximar una solución de la vida real*

Basado en datos de 1989 a 1995, un modelo para el número n (en millones) de mujeres trabajadoras de Estados Unidos es $n = 0.821t + 55.7$, donde t representa el número de años a partir de 1989. Según este modelo, ¿en qué año habrá 72 millones de mujeres trabajadoras en Estados Unidos? *(Fuente: Department of Labor, Bureau of Labor Statistics)*

SOLUCIÓN

Sustituye n por 72 en el modelo lineal. Para contestar la pregunta, resuelve la ecuación lineal resultante: $72 = 0.821t + 55.7$.

Escribe la ecuación en la forma $ax + b = 0$.

$$72 = 0.821t + 55.7$$

$$0 = 0.821t - 16.3$$

Grafica la función relacionada: $n = 0.821t - 16.3$

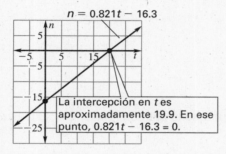

La intercepción en t es aproximadamente 19.9. En ese punto, $0.821t - 16.3 = 0$.

La intercepción en t es aproximadamente 19.9. Como t es el número de años a partir de 1989, puedes estimar que habrá 72 millones de mujeres trabajadoras aproximadamente 20 años después de 1989 o aproximadamente en el año 2009.

Ejercicios para el ejemplo 2

7. Basado en datos de 1992 a 1995, un modelo para el índice de precios al consumidor n de Estados Unidos es $n = 4t + 140.35$, donde t representa el número de años a partir de 1992. Según este modelo, ¿en qué año será de 180.4 el índice de precios al consumidor de Estados Unidos?

Algebra 1
Resources in Spanish

Chapter 4

NOMBRE_____ FECHA _____

Refuerzo con práctica

Para usar con las páginas 256–262

OBJETIVO **Identificar cuándo una relación es función y usar notación de función para representar situaciones de la vida real**

> ## VOCABULARIO
>
> Una **relación** es cualquier conjunto de pares ordenados. Una relación es función, si para cada entrada hay exactamente una salida.
>
> Usando **notación de función,** la ecuación $y = 3x - 4$ se transforma en $f(x) = 3x - 4$ (el símbolo $f(x)$ reemplaza a y). Tal como (x, y) es solución de $y = 3x - 4$, $(x, f(x))$ es solución de $f(x) = 3x - 4$.

EJEMPLO 1 *Identificar funciones*

Decide si la relación representada en el diagrama entrada-salida es función. Si lo es, di el dominio y el rango.

a. Entrada   Salida

1 ⟶ 4
2 ⟶ 6
3 ⟶ 8
4 ⟶ 10

b. Entrada   Salida

1 ⟶ 5
2 ⟶ 7
3 ⟶ 7
4 ⟶

SOLUCIÓN

a. La relación no es función, porque la entrada 3 tiene dos salidas: 8 y 10.

b. La relación es función. Para cada entrada hay exactamente una salida. El dominio de la función es el conjunto de valores 1, 2, 3 y 4. El rango es el conjunto de valores de salida 5 y 7.

Ejercicios para el ejemplo 1

Decide si la relación es función. Si lo es, di el dominio y el rango.

1. Entrada   Salida

2 ⟶ 1
4 ⟶ 3
     5
8 ⟶ 7

2. Entrada   Salida

1 ⟶ 1
2 ⟶ 4
3 ⟶ 9
4 ⟶ 16

3. Entrada   Salida

1 ⟶
2 ⟶ 4
3 ⟶ 6
4 ⟶ 8

Refuerzo con práctica

Para usar con las páginas 256–262

EJEMPLO 2 *Evaluar una función*

Evalúa la función $f(x) = -4x + 5$ para $x = -1$.

SOLUCIÓN

$f(x) = -4x + 5$	Escribe la función original.
$f(-1) = -4(-1) + 5$	Sustituye x por -1.
$= 9$	Simplifica.

Ejercicios para el ejemplo 2

Evalúa la función para $x = 3$, $x = 0$, y $x = -2$.

4. $f(x) = 9x + 2$ **5.** $f(x) = 0.5x + 4$ **6.** $f(x) = -7x + 3$

EJEMPLO 3 *Escribir y usar una función lineal*

Cuando estuvo de vacaciones, tu familia recorrió 1800 millas en 5 días.
Su velocidad promedio fue de 360 millas por día.

a. Escribe una función lineal que represente la distancia que recorrió tu
familia cada día.

b. Usa el modelo para calcular la distancia recorrida después de 1.5 días
de viaje.

SOLUCIÓN

a. **MODELO VERBAL** $\boxed{\text{Distancia recorrida}} = \boxed{\text{Velocidad promedio}} \cdot \boxed{\text{Tiempo}}$

↓

RÓTULOS
Tiempo $= t$ (días)
Velocidad promedio $= 360$ (millas por día)
↓   Distancia recorrida $= f(t)$ (millas)

ECUACIÓN $f(t) = 360t$

b. Para calcular la distancia recorrida después de 1.5 días, sustituye t por 1.5 en la función.

$f(t) = 360t$	Escribe la función lineal.
$f(1.5) = 360(1.5)$	Sustituye t por 1.5.
$= 540$	Simplifica.

Ejercicios para el ejemplo 3

7. Reformula el ejemplo 3 si tu familia
viajó 2040 millas en 6 días.

8. Reformula el ejemplo 3 si tu familia
viajó 2660 millas en 7 días.

Chapter 4

Prueba del capítulo A

Para usar después del capítulo 4

Escribe los pares ordenados que corresponden a los puntos rotulados *A, B, C* y *D* sobre el plano de coordenadas.

1.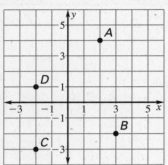

2.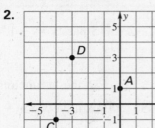

Respuestas

1. _____

2. _____

3. _____

4. _____

5. _____

6. _____

7. _____

8. _____

9. _____

10. _____

11. Usa la cuadrícula de la

izquierda. _____

Sin marcar el punto, di si está en el cuadrante I, en el cuadrante II, en el cuadrante III o en el cuadrante IV.

3. $(7, -10)$

4. $(-4, -8)$

Decide si el par ordenado dado es solución de la ecuación.

5. $y - x = 5, (2, 7)$

6. $y + 4 = -2x, (-3, 10)$

Calcula la intercepción en *x* de la gráfica de la ecuación.

7. $x + 6y = 7$

8. $4x + y = 3$

Calcula la intercepción en *y* de la gráfica de la ecuación.

9. $y - 3x = 4$

10. $2y + x = 8$

Bosqueja la recta que tiene las intercepciones dadas.

11. Intercepción en x: 1

Intercepción en y: 2

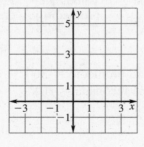

Algebra 1
Resources in Spanish

Calcula la pendiente de la recta que pasa por los puntos.

12. $(3, 4), (1, 3)$

13. $(2, 7), (5, 6)$

Calcula la pendiente de la recta.

14.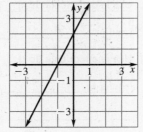

15.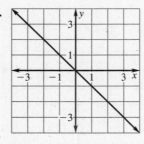

Las variables *x* e *y* varían de manera directa. Usa los valores dados para escribir una ecuación que relacione *x* con *y*.

16. $x = 3, y = 15$

17. $x = 4, y = -16$

Calcula la pendiente y la intercepción en *y* de la gráfica de la ecuación.

18. $y = 2x + 5$

19. $y = 5 - 3x$

Resuelve algebraicamente la ecuación.

20. $4x - 3 = 2$

21. $9 = 10 - x$

Decide si las gráficas de ambas ecuaciones son rectas paralelas.

22. $y = 2x + 1, \ 2y = 4x + 5$

23. $y = 4x - 3, \ y = -4x + 3$

Decide si la relación es función.

24. Entrada Salida

1 → 3
2 → 5
3 → 7
4 → 9

25. Entrada Salida

5 → 8
10 → 6
15 → 4
20 → 2

12._____

13._____

14._____

15._____

16._____

17._____

18._____

19._____

20._____

21._____

22._____

23._____

24._____

25._____

Chapter 4

Decide si el par ordenado dado es solución de la ecuación.

1. $5x + 3y = 2; \left(2, -\frac{4}{5}\right)$

2. $\frac{1}{2}x + 4 = 10y; \left(2, \frac{1}{2}\right)$

En las preguntas 3 y 4, usa la tabla de valores para graficar la ecuación.

3. $y = \frac{1}{4}x - 2$

x		
y		

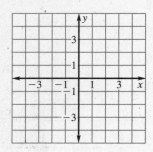

4. $y = 3x - \frac{1}{2}$

x		
y		

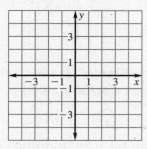

Calcula la intercepción en x de la gráfica de la ecuación.

5. $4x + 5y = 8$

6. $3y - 10x = 4$

Calcula la intercepción en y de la gráfica de la ecuación.

7. $7 - 12x = 3y$

8. $4y + 9 = 5x$

Calcula la pendiente de la recta que pasa por los puntos.

9. $(-4, 6), (-3, 2)$

10. $(-10, -7), (1, -2)$

Calcula el valor de y de manera que la recta que pasa por los dos puntos tenga la pendiente dada.

11. $(6, y), (3, 3), m = \frac{2}{3}$

12. $(8, y), (2, -3), m = \frac{1}{2}$

13. En 1992, una empresa de *software* tuvo unos beneficios de $30,000,000. En 1998, la empresa tuvo unos beneficios de $210,000,000. Calcula la tasa promedio de cambio en los beneficios de la empresa en dólares por año.

Respuestas

1. _____

2. _____

3. Usa la cuadrícula de la

izquierda._____

4. Usa la cuadrícula de la

izquierda._____

5. _____

6. _____

7. _____

8. _____

9. _____

10. _____

11. _____

12. _____

13. _____

Chapter 4

Las variables *x* e *y* varían de manera directa. Usa los valores dados para escribir una ecuación que relacione *x* con *y*.

14. $x = -6, y = 42$ **15.** $x = \frac{1}{2}, y = 18$

16. Patinas sobre hielo a una velocidad promedio de 8 millas por hora. El número de millas *m* que recorres durante *h* horas está representado por $m = 8h$. ¿Varían estas dos cantidades de manera directa?

Escribe la ecuación en la forma de pendiente e intercepción. Grafica después la ecuación.

17. $6x - 4y = 3$ **18.** $2y + 5x = 10$

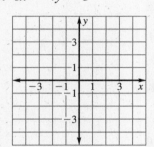 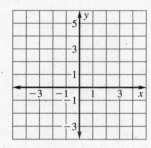

Resuelve algebraicamente la ecuación.

19. $7 - 4x = 5 + 6x$ **20.** $\frac{3}{5}x + 4 = 10$

Decide si las gráficas de ambas ecuaciones son rectas paralelas.

21. $y = 3x + 2, y = \frac{1}{3}x + 4$ **22.** $3y = 15x + 4, y = 5x + 1$

Evalúa la función para *x* = 3, *x* = 0, y *x* = −2.

23. $f(x) = -\frac{1}{2}x + 3$ **24.** $h(x) = 5.5x + 4$

25. $g(x) = \frac{1}{8}x - 4$ **26.** $k(x) = 14 - 4x$

27. Calcula la pendiente de la gráfica de la función lineal *f* en que $f(0) = 4$ and $f(3) = 13$.

14._____
15._____
16._____
17._____
18._____
19._____
20._____
21._____
22._____
23._____
24._____
25._____
26._____
27._____

Chapter 4

Prueba del capítulo C

Para usar después del capítulo 4

Decide si el par ordenado dado es solución de la ecuación.

1. $3y + 12x = -4; \left(\frac{1}{5}, -\frac{32}{15}\right)$ **2.** $8 - 3x + 24y = 0; \left(5, \frac{23}{24}\right)$

En las preguntas 3 y 4, usa la tabla de valores para graficar la ecuación.

3. $3x + 2y = 7$

x			
y			

4. $y = \frac{4}{5}x - \frac{1}{5}$

x			
y			

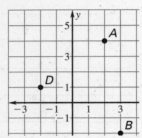

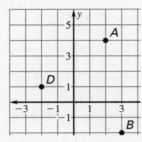

5. El club de biología de tu escuela está organizando un desayuno con panqueques para reunir $400 para un viaje al acuario. Deciden cobrar $2 por cada niño y $5 por cada adulto. Escribe una ecuación que represente la relación que hay entre el número de personas y la cantidad de dinero reunida.

Calcula la intercepción en *x* de la gráfica de la ecuación.

6. $13x + 24y = -5$ **7.** $-14 + 6y = 7x$

Calcula la intercepción en *y* de la gráfica de la ecuación.

8. $17x + 4y + 10 = 0$ **9.** $13 + 5y = 15x$

Calcula la pendiente de la recta que pasa por los puntos.

10. $(-5, 5), (-7, -6)$ **11.** $(7, 12), (4, -13)$

Calcula el valor de *y* de manera que la recta que pasa por los dos puntos tenga la pendiente dada.

12. $(6, y), \left(\frac{3}{2}, \frac{9}{5}\right), m = \frac{2}{3}$ **13.** $(12, y), \left(-6, \frac{9}{7}\right), m = -\frac{1}{6}$

Respuestas

1. _____

2. _____

3. Usa la cuadrícula de la

   izquierda._____

4. Usa la cuadrícula de la

   izquierda._____

5. _____

6. _____

7. _____

8. _____

9. _____

10. _____

11. _____

12. _____

13. _____

Chapter 4

NOMBRE_____ FECHA_____

Prueba del capítulo C

Para usar después del capítulo 4

14. En 1990, una cadena de restaurantes tuvo unos beneficios de $45,000. En 1998, la empresa tuvo unos beneficios de $2,605.000. Calcula la tasa promedio de cambio en los beneficios de la cadena de restaurantes en dólares por año.

15. Tu empresa de teléfonos cobra $0.05 por minuto por llamadas de larga distancia los fines de semana. Escribe un modelo de variación directa que relacione el costo total x con el número de minutos y que se usó el teléfono.

Escribe la ecuación en la forma de pendiente e intercepción. Grafica después la ecuación.

16. $18y + 2x - 9 = 0$ **17.** $3x - 4y = -8$

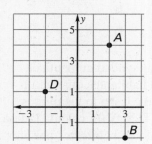
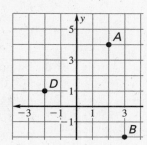

14. _____

15. _____

16. _____

17. _____

18. _____

19. _____

20. _____

21. _____

22. _____

23. _____

24. _____

25. _____

26. _____

Resuelve algebraicamente la ecuación.

18. $\frac{1}{2}x + \frac{2}{3} = \frac{1}{8}x - \frac{3}{2}$ **19.** $-4.3 + 5.1x = 5.3x + 7.1$

Decide si las gráficas de ambas ecuaciones son rectas paralelas.

20. $2x + 3y = 5,\ 9y + 6x - 1 = 0$

21. $15 + 3x - 10y = 0,\ 30x + 24 = 10y$

Evalúa la función para $x = 4$, $x = 0$, and $x = -3$.

22. $f(x) = 1.5x - 0.4$ **23.** $h(x) = \frac{3}{8}x + \frac{2}{3}$

24. $g(x) = -14x + 5$ **25.** $k(x) = 3.2 - 5x$

Calcula la pendiente de la gráfica de la función lineal *f*.

26. $f\left(\frac{5}{2}\right) = \frac{7}{2}, f(4) = 6$

Chapter 4

1. ¿Cuál es la intercepción en y de $3x + 2y = 21$?

  A $\frac{21}{2}$ **B** 14

  C $\frac{2}{21}$ **D** 7

2. ¿Cuál es la ecuación de la recta representada?

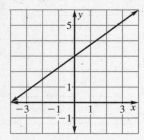

  A $y = -\frac{3}{4}x + 3$ **B** $y = \frac{3}{4}x + 3$

  C $y = -\frac{4}{3}x + 4$ **D** $y = \frac{4}{3}x - 4$

3. Calcula la pendiente de la recta que pasa por $(-3, -6)$ y $(7, -2)$.

  A -2 **B** 1

  C $\frac{4}{5}$ **D** $\frac{2}{5}$

4. Calcula el valor de y de manera que la recta que pasa por $(-3, y)$ y $(4, 4)$ tenga una pendiente de -2.

  A 18   **B** 10

  C 2   **D** -6

5. Las variables x e y varían de manera directa. Para $x = 13$, $y = 52$. ¿qué ecuación relaciona correctamente x con y?

  A $y = 13x$ **B** $y = \frac{1}{4}x$

  C $y = 52x$ **D** $y = 4x$

6. Calcula la pendiente y la intercepción en y de la gráfica de $y = \dfrac{5 - x}{10}$.

  A $m = 10$, intercepción en y: 5

  B $m = -1$, intercepción en y: 5

  C $m = -\frac{1}{10}$, intercepción en y: $\frac{1}{2}$

  D $m = -1$, intercepción en y: $\frac{1}{2}$

7. Calcula el valor de $f(x) = 2x - \frac{1}{6}$ para $x = 2$.

  A $f(2) = \frac{23}{6}$ **B** $f(2) = \frac{1}{2}$

  C $f(2) = \frac{25}{6}$ **D** $f(2) = -\frac{23}{6}$

8. La población de una ciudad aumenta de 100,000 a 226,000 habitantes durante un período de diez años. Usando los puntos $(0, 100,000)$ y $(10, 226,000)$, calcula la tasa promedio de cambio en habitantes por año.

  A 0.000079 habitantes por año

  B 12,600 habitantes por año

  C 0.4375 habitantes por año

  D 2.29 habitantes por año

Escoge el enunciado que sea verdadero para los números dados.

9.

Column A	*Column B*
La pendiente de la recta que pasa por $(-6, 2)$ y $(4, -2)$	La pendiente de la recta que pasa por $(5, 0)$ y $(0, 2)$

  A El número de la columna A es mayor.

  B El número de la columna B es mayor.

  C Los dos números son iguales.

  D La relación no puede determinarse a partir de la información dada.

Chapter 4

Evaluación alternativa y diario de matemáticas

Para usar después del capítulo 4

DIARIO

1. Tu compañero de clase Juan faltó a la lección acerca de las ecuaciones lineales usando la forma de pendiente e intercepción. Tú asististe a la clase y deseas ayudar a Juan a comprender lo que se perdió. Supón que Juan ya sabe cómo graficar $y = x$. (a) Escribe una explicación para Juan que describa la intercepción en y de una recta y lo que ocurre con la gráfica de $y = x$ a medida que cambias la intercepción en y. Sé específico y considera diversos casos. (b) Escribe una explicación para Juan que describa la pendiente m de una recta y lo que ocurre con la gráfica de $y = x$ a medida que cambias la pendiente. Sé específico y considera diversos casos.

PROBLEMA DE VARIOS PASOS

2. Un modelo para el número de miembros que hay en un gimnasio entre 1985 y 2000 es $n = 50t + 300$, donde n representa el número de miembros del gimnasio y t representa el número de años a partir de 1985.

   a. ¿Aumentó o disminuyó la membresía del gimnasio de 1985 al 2000? ¿Cuál fue la tasa de cambio (pendiente)? Describe en tus propias palabras el significado de la tasa de cambio.

   b. Determina la intercepción en n para este modelo y describe su significado en relación con la membresía del gimnasio.

   c. ¿En qué año tenía 1000 miembros? Resuelve gráfica y algebraicamente.

   d. Según el modelo, ¿cuántos miembros tenía el gimnasio en 1975? ¿Es razonable el resultado? Explica.

   e. Usa el modelo para predecir cuántos miembros tendrá el gimnasio en el año 2015. ¿Es razonable el resultado? Explica.

   f. ¿Cómo puedes usar el modelo para estimar el año en que se inauguró el gimnasio? ¿Qué parte de la gráfica representa ese año? Estima el año en que se inauguró el gimnasio.

3. *Razonamiento crítico* Un modelo para el número de miembros que hay en otro gimnasio entre 1985 y 2000 es $n = -50t + 300$, donde n representa el número de miembros del gimnasio y t representa el número de años a partir de 1985. Compara la membresía del segundo gimnasio con la membresía del primero en el tiempo. ¿Qué gimnasio logra atraer más miembros? Justifica tu preferencia.

Chapter 4

Pauta para la evaluación alternativa

Para usar después del capítulo 4

DIARIO
SOLUCIÓN

1 a, b Las respuestas completas deberían considerar los siguientes puntos:

  a. • Definir la intercepción en y.

     • Explicar que una gráfica de $y = x + k$ está $|k|$ unidades sobre o bajo la gráfica de $y = x$.

  b. • Definir pendiente.

     • Explicar que una gráfica de $y = mx$, $m > 0$, sube de izquierda a derecha y se hace más inclinada a medida que m aumenta.

     • Explicar que una gráfica de $y = mx$, $m < 0$, baja de izquierda a derecha y se hace más inclinada a medida que aumenta el valor absoluto de m.

PROBLEMA
DE VARIOS
PASOS
SOLUCIÓN

2. a. aumenta; 50 miembros por año; cada año hubo 50 nuevos miembros en el gimnasio.

  b. 300; en 1985 había 300 miembros.

  c. 1999

  d. -200 miembros; *Posible respuesta:* Esto no tiene sentido, porque no puede haber un número negativo de personas. Posiblemente el gimnasio no existía en 1975.

  e. 1800; *Posible respuesta:* El resultado puede o no ser razonable. La predicción está basada en un modelo que termina en el 2000, de manera que puede no resultar exacta para el 2015.

  f. Calcula el año en que el gimnasio no tenía miembros; la intercepción en t; 1979.

3. *Posible respuesta:* Ambos gimnasios tenían 300 miembros en 1985, porque ambas gráficas tienen intercepción vertical 300. El gimnasio del Ejercicio 2 está ganando miembros, porque la tasa de cambio es positiva. El otro gimnasio está perdiendo miembros, porque la tasa de cambio es negativa. Por lo tanto, el gimnasio del Ejercicio 2 atrae más miembros.

PROBLEMA
DE VARIOS
PASOS
PAUTA

4 Los estudiantes contestan con exactitud todas las partes de las preguntas. Las explicaciones son lógicas y claras y demuestran que se entienden las tasas de cambio. Los estudiantes incluyen un enunciado de que los datos son exactos sólo para las fechas incluidas. La gráfica está completamente correcta.

3 Los estudiantes contestan las preguntas y dan explicaciones. Las soluciones pueden contener pequeños errores matemáticos o de comprensión. No dan explicación sobre los límites de los datos. La gráfica está bosquejada de manera exacta.

2 Los estudiantes contestan las preguntas y dan explicaciones. Pueden ocurrir diversos errores matemáticos. Las explicaciones no corresponden con el modelo. La gráfica es incompleta o incorrecta.

1 El trabajo de los estudiantes es muy incompleto. Las soluciones o razonamientos son incorrectos. No hay gráfica o es completamente inexacta. Las explicaciones no siguen el modelo.

Chapter 4

Refuerzo con práctica

Para usar con las páginas 273–278

OBJETIVO Usar la forma de pendiente e intercepción para escribir la ecuación de una recta y representar una situación de la vida real mediante una función lineal

> **VOCABULARIO**
>
> En la **forma de pendiente e intercepción** de la ecuación de una recta, $y = mx + b$, la pendiente es m y la intercepción en y es b.

EJEMPLO 1 *Escribir la ecuación de una recta*

Escribe una ecuación de la recta cuya pendiente es 4 y cuya intercepción en y es -3.

SOLUCIÓN

$y = mx + b$	Escribe la forma de pendiente e intercepción.
$y = 4x + (-3)$	Sustituye m por 4 y b for -3.
$y = 4x - 3$	Simplifica.

Ejercicios para el ejemplo

Escribe una ecuación de la recta en la forma de pendiente e intercepción.

1. La pendiente es -2; la intercepción en y es 5.

2. La pendiente es 1; la intercepción en y es -4.

3. La pendiente es 0; la intercepción en y es 2.

4. La pendiente es 3; la intercepción en y es 6.

EJEMPLO 2 *Representar una situación de la vida real*

Una empresa de alquiler de automóviles cobra una cuota fija de $40 por el alquiler, más un valor adicional de $.20 por milla.

a. Escribe una ecuación para representar el precio total C (en dólares) en términos de n, el número de millas recorridas.

b. Completa la tabla usando la ecuación de la parte a.

Millas (n)	50	100	200	300
Precio total (C)	?	?	?	?

Refuerzo con práctica

SOLUCIÓN

a. **Modelo verbal**

| Precio total | = | Cuota fija | + | Tasa por milla | · | Número de millas |

Rótulos

Precio total $= C$ (dólares)

Cuota fija $= 40$ (dólares)

Tasa por milla $= 0.20$ (dólares por milla)

Número de millas $= n$ (millas)

Modelo algebraico $C = 40 + 0.20 \cdot n$ Modelo lineal

b.

Millas (n)	50	100	200	300
Precio total (C)	50	60	80	100

Ejercicios para el ejemplo 2

5. Formula nuevamente el ejemplo 2, si por arrendar un automóvil la empresa cobra una cuota fija de $50 y un valor adicional de $.30 por milla.

6. En 1996, la matrícula de tu escuela era de aproximadamente 1400 estudiantes. Durante los tres años siguientes, la matrícula aumentó en aproximadamente 30 estudiantes al año.

   a. Escribe una ecuación para modelar la matrícula E de la escuela en términos de t, el número de años desde 1996.

   b. Usa la ecuación para estimar la matrícula de la escuela en el año 2002.

NOMBRE_____ FECHA_____

Refuerzo con práctica

Para usar con las páginas 279–284

OBJETIVO Usar la pendiente y un punto cualquiera de la recta para escribir la ecuación de la recta, y usar un modelo lineal para hacer predicciones acerca de una situación de la vida real.

VOCABULARIO

Dos rectas no verticales son **paralelas** si y sólo si tienen igual pendiente.

EJEMPLO 1 *Escribir una ecuación de una recta*

Escribe una ecuación de la recta que pasa por el punto $(-2, 5)$ y que tiene una pendiente de 3.

SOLUCIÓN

Calcula la intercepción en y.

$y = mx + b$	Escribe la forma de pendiente e intercepción.
$5 = 3(-2) + b$	Sustituye m por 3, x por -2 e y por 5.
$5 = -6 + b$	Simplifica.
$11 = b$	Resuelve para b.

La intercepción en y es $b = 11$.

Escribe ahora una ecuación de la recta usando la forma de pendiente e intercepción.

$y = mx + b$	Escribe la forma de pendiente e intercepción.
$y = 3x + 11$	Sustituye m por 3 y b por 11.

Ejercicios para el ejemplo 1

Escribe una ecuación de la recta que pasa por el punto dado y tiene la pendiente dada. Escribe la ecuación en la forma de pendiente e intercepción.

1. $(1, -6), m = -2$ **2.** $(-3, -2), m = 4$ **3.** $(4, 5), m = -1$

EJEMPLO 2 *Escribir ecuaciones de rectas paralelas*

Escribe una ecuación de la recta paralela a la recta $y = 2x + 1$ y que pasa por el punto $(1, 5)$.

SOLUCIÓN

La recta dada tiene una pendiente $m = 2$. Una recta paralela que pasa por $(1, 5)$ debe tener también una pendiente $m = 2$. Usa esta información para hallar la intercepción en y.

Chapter 5

Refuerzo con práctica

Para usar con las páginas 279–284

$$y = mx + b \qquad \text{Escribe la forma de pendiente e intercepción.}$$

$$5 = 2(1) + b \qquad \text{Sustituye } m \text{ por 2, } x \text{ por 1 e } y \text{ por 5.}$$

$$5 = 2 + b \qquad \text{Simplifica.}$$

$$3 = b \qquad \text{Resuelve para } b.$$

La intercepción en y es $b = 3$.

Escribe una ecuación usando la forma de pendiente e intercepción.

$$y = mx + b \qquad \text{Escribe la forma de pendiente e intercepción.}$$

$$y = 2x + 3 \qquad \text{Sustituye } m \text{ por 2 y } b \text{ por 3.}$$

Ejercicios para el ejemplo 2

Escribe una ecuación de la recta que sea paralela a la recta dada y que pase por el punto dado.

4. $y = 4x - 1,\ (2, 3)$ **5.** $y = x + 6,\ (-3, 0)$ **6.** $y = -2x + 3,\ (1, -1)$

EJEMPLO 3   *Escribir y usar un modelo lineal*

El precio por estacionarse en un estacionamiento municipal corresponde a una cuota base más \$1.25 por cada hora de estacionamiento. El precio por 5 horas es de \$10.25. Escribe una ecuación lineal que represente el precio total y por estacionarse, en términos del número de horas x.

SOLUCIÓN

La pendiente es 1.25 y $(x, y) = (5, 10.25)$ es un punto sobre la recta.

$$y = mx + b \qquad \text{Escribe la forma de pendiente e intercepción.}$$

$$10.25 = (1.25)(5) + b \qquad \text{Sustituye } m \text{ por 1.25, } x \text{ por 5 e } y \text{ por 10.25.}$$

$$10.25 = 6.25 + b \qquad \text{Simplifica.}$$

$$4 = b \qquad \text{La intercepción en } y \text{ es } b = 4.$$

Escribe una ecuación de la recta para $m = 1.25$ y $b = 4$.

$$y = mx + b \qquad \text{Escribe la forma de pendiente e intercepción.}$$

$$y = 1.25x + 4 \qquad \text{Sustituye } m \text{ por 1.25 y } b \text{ por 4.}$$

Ejercicio para el ejemplo 3

7. Usa la ecuación lineal del ejemplo 3 para estimar el precio total y por estacionarse durante 7 horas.

Chapter 5

NOMBRE_____ FECHA_____

Refuerzo con práctica

Para usar con las páginas 285–291

OBJETIVO **Escribir una ecuación de una recta dados dos puntos de la recta y usar una ecuación lineal para representar un problema de la vida real**

VOCABULARIO

Dos rectas no verticales diferentes son **perpendiculares** si y sólo si la pendiente de una es el recíproco negativo de la pendiente de la otra.

EJEMPLO 1 *Escribir una ecuación dados dos puntos*

Escribe una ecuación de la recta que pasa por los puntos $(1, 5)$ y $(2, 3)$.

SOLUCIÓN

Halla la pendiente de la recta. Toma $(x_1, y_1) = (1, 5)$ y $(x_2, y_2) = (2, 3)$.

$m = \dfrac{y_2 - y_1}{x_2 - x_1}$ \qquad Escribe la fórmula para la pendiente.

$= \dfrac{3 - 5}{2 - 1}$ \qquad Sustituye.

$= \dfrac{-2}{1} = -2$ \qquad Simplifica.

Halla la intercepción en y. Toma $m = -2$, $x = 1$ e $y = 5$ y resuelve para b.

$y = mx + b$ \qquad Escribe la forma de pendiente e intercepción.

$5 = (-2)(1) + b$ \qquad Sustituye m por -2, x por 1 e y por 5.

$5 = -2 + b$ \qquad Simplifica.

$7 = b$ \qquad Resuelve para b.

Escribe una ecuación de la recta.

$y = mx + b$ \qquad Escribe la forma de pendiente e intercepción.

$y = -2x + 7$ \qquad Sustituye m por -2 y b por 7.

Ejercicios para el ejemplo 1

Escribe una ecuación de la forma de pendiente e intercepción para la recta que pasa por los puntos.

1. $(4, 9)$ y $(1, 6)$ \qquad\qquad **2.** $(0, 7)$ y $(1, -1)$ \qquad\qquad **3.** $(-2, -3)$ y $(0, 3)$

Refuerzo con práctica

Para usar con las páginas 285–291

EJEMPLO 2 *Escribir ecuaciones de rectas perpendiculares*

Escribe una ecuación de la recta perpendicular a la recta $y = -3x + 2$ y que pasa por el punto $(6, 5)$.

SOLUCIÓN

La recta dada tiene una pendiente $m = -3$. Una recta perpendicular que pasa por $(6, 5)$ debe tener una pendiente $m = \frac{1}{3}$. Usa esta información para hallar la intercepción en y.

$y = mx + b$ Escribe la forma de pendiente e intercepción.

$5 = \frac{1}{3}(6) + b$ Sustituye m por $\frac{1}{3}$, x por 6 e y por 5.

$5 = 2 + b$ Simplifica.

$3 = b$ Resuelve para b.

La intercepción en y es $b = 3$.

Escribe una ecuación usando la forma pendiente e intercepción.

$y = mx + b$ Escribe la forma de pendiente e intercepción.

$y = \frac{1}{3}x + 3$ Sustituye m por $\frac{1}{3}$ y b por 3.

Ejercicios para el ejemplo 2

Escribe una ecuación de la recta perpendicular a la recta dada y que pasa por el punto dado.

4. $y = 2x - 1$, $(2, 4)$ **5.** $y = -\frac{1}{3}x + 2$, $(5, 1)$ **6.** $y = -4x + 5$, $(4, 3)$

Chapter 5

Prueba parcial 1

Para usar después de las lecciones 5.1–5.3

1. Escribe una ecuación de la recta cuya pendiente es $m = -3$ y cuya intercepción en y es $b = 7$. *(Lección 5.1)*

Respuestas

1. _____

2. Escribe una ecuación de la recta representada en la gráfica. *(Lección 5.1)*

2. _____

3. _____

4. _____

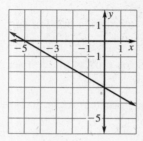

5. _____

6. _____

7. _____

3. Escribe una ecuación de la recta que pasa por $(-3, -9)$ y que tiene una pendiente $m = 4$. Escribe la ecuación en la forma de pendiente e intercepción. *(Lección 5.2)*

4. Escribe una ecuación de la recta representada en la gráfica. *(Lección 5.2)*

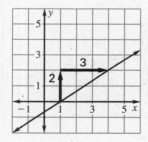

5. Escribe una ecuación de la recta paralela a $y = 2x - 5$ y que pasa por $(-4, 2)$. *(Lección 5.2)*

6. Escribe una ecuación en la forma de pendiente e intercepción de la recta que pasa por $(4, 6)$ y $(-8, 3)$. *(Lección 5.3)*

7. Escribe una ecuación de una recta perpendicular a $y = -5x + 2$ y que pasa por $(10, 8)$. *(Lección 5.3)*

Chapter 5

Refuerzo con práctica

Para usar con las páginas 292–298

OBJETIVO **Hallar una ecuación lineal que aproxime un conjunto de puntos y determinar la correlación de un conjunto de datos de la vida real**

VOCABULARIO

A la recta que mejor aproxima todos los puntos se le llama **recta de aproximación**.

Correlación positiva significa que todos los puntos pueden ser aproximados por una recta de pendiente positiva.

Correlación negativa significa que todos los puntos pueden ser aproximados por una recta de pendiente negativa.

Los puntos que no pueden ser aproximados por una recta no tienen relativamente **ninguna correlación**.

EJEMPLO 1 *Aproximar una recta de aproximación*

Haz un diagrama de dispersión de los datos. De ser posible, traza una recta que corresponda estrechamente a los datos y escribe una ecuación de la recta.

x	1	2	3	4	5	6
y	3	5	8	9	11	12

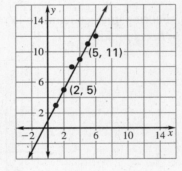

SOLUCIÓN

Marca los puntos dados por los pares ordenados (x, y).
Bosqueja la recta que más se acerca a los puntos.

A continuación, halla dos puntos que estén en la recta.
De la gráfica, escoge los puntos $(2, 5)$ y $(5, 11)$. Calcula
la pendiente de la recta que pasa por estos dos puntos.

$m = \dfrac{y_2 - y_1}{x_2 - x_1}$ Escribe la fórmula de la pendiente.

$m = \dfrac{11 - 5}{5 - 2}$ Sustituye.

$m = 2$ Simplifica.

Para calcular la intercepción en y de la recta, usa los valores $m = 2$,
$x = 2$, e $y = 5$ en la forma de pendiente e intercepción.

$y = mx + b$ Escribe la forma de pendiente e intercepción.

$5 = (2)(2) + b$ Sustituye m por 2, x por 2 e y por 5.

$5 = 4 + b$ Simplifica.

$1 = b$ Resuelve para b.

Una ecuación aproximada de la recta es $y = 2x + 1$.

Chapter 5

Refuerzo con práctica

Para usar con las páginas 292–298

EJEMPLO 2 *Ejercicios para el ejemplo 1*

En los Ejercicios 1 y 2, haz un diagrama de dispersión de los datos. De ser posible, traza una recta que corresponda estrechamente a los datos y escribe una ecuación de la recta.

1.

x	1	2	3	4	5	6
y	7	0	1	0	7	6

2.

x	1	2	3	4	5	6
y	1	0	-2	-2	-3	-4

EJEMPLO 2 *Determinar la correlación de x e y*

Establece si x e y tienen *correlación positiva*, *correlación negativa* o no tienen relativamente *ninguna correlación*.

SOLUCIÓN

Como los puntos pueden ser aproximados por una recta de pendiente positiva, x e y tienen correlación positiva.

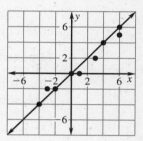

Ejercicios para el ejemplo 2

En los ejercicios 3 y 4, establece si *x* e *y* tienen *correlación positiva*, *correlación negativa* o no tienen relativamente *ninguna correlación*.

3.

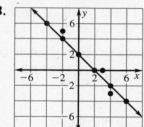

4.

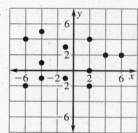

LECCIÓN 5.5

Refuerzo con práctica

Para usar con las páginas 300–306

OBJETIVO Usar la forma de punto y pendiente para escribir la ecuación de una recta, y usar la forma de punto y pendiente para representar una situación de la vida real

VOCABULARIO

Puedes usar la **forma de punto y pendiente**, $y - y_1 = m(x - x_1)$, cuando te dan la pendiente m y un punto (x_1, y_1) de la recta.

EJEMPLO 1 *Usar la forma de punto y pendiente*

Usa la forma de punto y pendiente de una recta para escribir una ecuación de la recta que pasa por los puntos $(3, -1)$ y $(-3, 5)$.

SOLUCIÓN

Usa los puntos $(x_1, y_1) = (3, -1)$ y $(x_2, y_2) = (-3, 5)$ para calcular la pendiente.

$$m = \frac{y_2 - y_1}{x_2 - x_1}$$

$$= \frac{5 - (-1)}{-3 - 3}$$

$$= \frac{6}{-6} = -1$$

Usa la pendiente y el punto $(3, -1)$ como (x_1, y_1) en la forma de punto y pendiente.

$y - y_1 = m(x - x_1)$	Escribe la forma de punto y pendiente.
$y - (-1) = -1(x - 3)$	Sustituye para m, x_1, e y_1.
$y + 1 = -1(x - 3)$	Simplifica.
$y + 1 = -x + 3$	Usa la propiedad distributiva.
$y = -x + 2$	Resta 1 a cada lado.

Nota: Puedes usar cualquier punto como (x_1, y_1).

Ejercicios para el ejemplo 1

Usa la forma de punto y pendiente de una recta para escribir una ecuación de la recta que pasa por los puntos dados.

1. $(4, 5), (6, 9)$ **2.** $(-1, 6), (0, 3)$ **3.** $(-2, 8), (2, -8)$

Refuerzo con práctica

Para usar con las páginas 300–306

EJEMPLO 2 *Escribir y usar un modelo lineal*

Estás participando en una carrera de 10 kilómetros. Comienzas la carrera a las 8:00 A.M. A las 8:30 A.M. estás a 4 kilómetros de la meta. Escribe un modelo lineal que represente la distancia d (en kilómetros) desde la línea de salida, en términos del tiempo t (en minutos). Sea t el número de minutos transcurridos desde las 8:00 A.M.

SOLUCIÓN

Un punto de la recta es $(t_1, d_1) = (0, 10)$. Otro punto de la recta es $(t_2, d_2) = (30, 4)$. Calcula la pendiente de la recta.

$$m = \frac{\text{cambio de distancia}}{\text{cambio de tiempo}} = \frac{4 - 10}{30 - 0} = \frac{-6}{30} = -0.2$$

Usa la forma de punto y pendiente para escribir el modelo. Usa $(0, 10)$ como (t_1, d_1).

$d - d_1 = m(t - t_1)$	Escribe la forma de punto y pendiente.
$d - 10 = -0.2(t - 0)$	Sustituye para m, d_1, y t_1.
$d - 10 = -0.2t + 0$	Usa la propiedad distributiva.
$d = -0.2t + 10$	Suma 10 a cada lado.

Ejercicios para el ejemplo 2

4. Usa el modelo lineal del ejemplo 2 para predecir el tiempo que demorarás en terminar la carrera.

5. Formula nuevamente el ejemplo 2 si a las 8:30 A.M. estás a 5 kilómetros de la meta.

NOMBRE_____ FECHA_____

Prueba parcial 2

Para usar después de las lecciones 5.4–5.5

1. Traza una recta de aproximación para el diagrama de dispersión.
   Escribe una ecuación de la recta. *(Lección 5.4)*

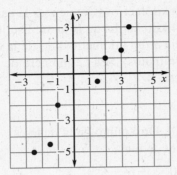

2. Haz un diagrama de dispersión de los datos. De ser posible, traza
   una recta de aproximación para el diagrama de dispersión y escribe
   una ecuación de la recta. Di si x e y tienen *correlación positiva*,
   correlación negativa o no tienen *ninguna correlación*. *(Lección 5.4)*

x	y
-2.5	4.4
3.5	-0.4
0.5	1
1.6	1.7
-2	3
-1.3	4

3. Escribe una ecuación de la recta en la forma de punto y pendiente.
   (Lección 5.5)

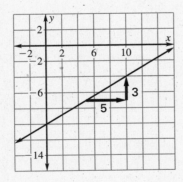

4. Escribe una ecuación en la forma de punto y pendiente de la recta
   que pasa por $(3, 7)$ y $(-5, 4)$. *(Lección 5.5)*

5. Escribe una ecuación en la forma de punto y pendiente de la recta
   que pasa por $(-7, 1)$ y que tiene una pendiente $m = \frac{1}{2}$. *(Lección 5.5)*

Algebra 1
Resources in Spanish

Chapter 5

Refuerzo con práctica

Para usar con las páginas 308–314

OBJETIVO Escribir una ecuación lineal en forma normal y usar la forma normal de una ecuación para representar situaciones de la vida real

---

VOCABULARIO

La **forma normal** de la ecuación de una recta es $Ax + By = C$, donde A, B y C representan números reales y A y B no son ambos cero.

EJEMPLO 1 *Escribir una ecuación en forma normal*

Escribe $y = -\frac{3}{4}x + 5$ en forma normal, con coeficientes enteros.

SOLUCIÓN

Para escribir la ecuación en forma normal, aísla los términos variables a la izquierda y el término constante a la derecha.

$$y = -\tfrac{3}{4}x + 5 \qquad \text{Escribe la ecuación original.}$$
$$4y = 4\left(-\tfrac{3}{4}x + 5\right) \qquad \text{Multiplica cada lado por 4.}$$
$$4y = -3x + 20 \qquad \text{Usa la propiedad distributiva.}$$
$$3x + 4y = 20 \qquad \text{Suma } 3x \text{ a cada lado.}$$

Ejercicios para el ejemplo 1

....

Escribe la ecuación en forma normal, con coeficientes enteros.

1. $y = \frac{2}{3}x - 7$

2. $y = 8 + 2x$

3. $y = 6 - \frac{1}{4}x$

EJEMPLO 1 *Escribir una ecuación lineal*

Escribe la forma normal de la ecuación que pasa por $(3, 7)$ con una pendiente de 2.

SOLUCIÓN

Escribe la forma normal de la ecuación de la recta.

$$y - y_1 = m(x - x_1) \qquad \text{Escribe la forma de punto y pendiente.}$$
$$y - 7 = 2(x - 3) \qquad \text{Sustituye } y_1, m \text{ y } x_1.$$
$$y - 7 = 2x - 6 \qquad \text{Usa la propiedad distributiva.}$$
$$-2x + y = 1 \qquad \text{Suma } -2x \text{ y 7 a cada lado.}$$

Chapter 5

NOMBRE_____ FECHA_____

Refuerzo con práctica

Para usar con las páginas 308–314

Ejercicios para el ejemplo 2

Escribe la forma normal de la ecuación de la recta que pasa por el punto dado y que tiene la pendiente dada.

4. $(1, 4)$, $m = -2$ **5.** $(-3, 1)$, $m = 3$ **6.** $(5, -2)$, $m = -1$

EJEMPLO 3 | *Escribir y usar un modelo lineal*

Tienes \$12 para comprar melocotones y moras para una ensalada de frutas. La libra de melocotones cuesta \$1.50 y la libra de moras cuesta \$4.00. Escribe una ecuación lineal que represente las diferentes cantidades x de melocotones e y de moras que puedes comprar.

SOLUCIÓN

Modelo verbal

Precio de los melocotones	$\cdot$	Peso de los melocotones	$+$	Precio de las moras	$\cdot$

Peso de las moras	$=$	Precio total

Rótulos

Precio de los melocotones $= 1.50$ (dólares por libra)

Peso de los melocotones $= x$ (libras)

Precio de las moras $= 4$ (dólares por libra)

Peso de las moras $= y$ (libras)

Precio total $= 12$ (dólares)

Modelo algebraico $1.50x + 4y = 12$ (Modelo lineal)

Ejercicios para el ejemplo 3

7. Copia y completa la tabla usando el modelo lineal del ejemplo 3.

Melocotone (lb), x	0	2	4	8
Mora (lb), y	?	?	?	?

Chapter 5

NOMBRE_____ FECHA_____

Refuerzo con práctica

Para usar con las páginas 316–322

OBJETIVO Determinar si el modelo lineal es adecuado y usar un modelo lineal para hacer una predicción de la vida real

VOCABULARIO

La **interpolación lineal** es un método para estimar las coordenadas de un punto ubicado entre dos puntos dados.

La **extrapolación lineal** es un método para estimar las coordenadas de un punto ubicado a la izquierda o a la derecha de todos los puntos dados.

EJEMPLO 1 *¿Es adecuado el modelo lineal?*

Di si es razonable representar los datos mediante un modelo lineal.

Años desde 1995	0	1	2	3
Depreciación (en dólares)	1000	740	520	250

SOLUCIÓN

Haz un diagrama de dispersión de los datos para decidir si pueden representarse mediante un modelo lineal. Del diagrama de dispersión de la derecha, puedes apreciar que los datos forman casi exactamente una recta. Un modelo lineal resulta adecuado.

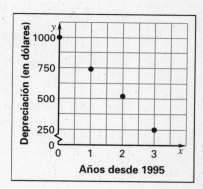

Ejercicios para el ejemplo 1

Di si es razonable representar la gráfica mediante un modelo lineal.

1.

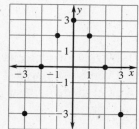

2.

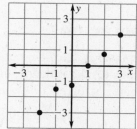

Refuerzo con práctica

Para usar con las páginas 316–322

EJEMPLO 2 *Escribir un modelo lineal*

Usa el diagrama de dispersión del Ejemplo 1 para escribir un modelo lineal para los datos.

SOLUCIÓN

Halla dos puntos en la recta de aproximación, como (0, 1000) y (3, 250). Usa estos puntos para calcular la pendiente de la recta de aproximación.

$$m = \frac{y_2 - y_1}{x_2 - x_1} = \frac{250 - 1000}{3 - 0} = \frac{-750}{3} = -250$$

Usando una intercepción en y $b = 1000$ y una pendiente $m = -250$, puedes escribir una ecuación de la recta.

$y = mx + b$	Escribe la forma de pendiente e intercepción.
$y = -250x + 1000$	Sustituye m por -250 y b por 1000.

Un modelo lineal de los datos es $y = -250x + 1000$.

Ejercicios para el ejemplo 2

3. Usa los datos de la tabla.

    a. Haz un diagrama de dispersión de los datos.

    b. Escribe un modelo lineal para los datos.

Año	1990	1992	1994	1996	1998
Gastos (en millones)	50	210	350	490	650

EJEMPLO 3 *Interpolación lineal y extrapolación lineal*

Usa el modelo que hallaste en el ejemplo 2 para estimar la depreciación en 1999.

SOLUCIÓN

Te dan los datos del período 1995–1998. Como 1999 está a la derecha de todos los datos dados, usarás extrapolación lineal. Puedes estimar la depreciación en 1999 sustituyendo el valor $x = 4$ en el modelo lineal.

$y = -250x + 1000$	Escribe el modelo lineal.
$y = -250(4) + 1000$	Sustituye x por 4.
$y = -1000 + 1000 = 0$	Simplifica.

El modelo predice que la depreciación en el año 1999 será $0.

Ejercicio para el ejemplo 3

4. Usa el modelo que hallaste en el ejercicio 3 para estimar los gastos en 1991.

Algebra 1
Resources in Spanish

Chapter 5

NOMBRE _____ FECHA _____

Prueba del capítulo A

Para usar después del capítulo 5

En las preguntas 1 y 2, escribe una ecuación de la recta en la forma de pendiente e intercepción.

1. La pendiente es -5; la intercepción en y es 7.

2. La pendiente es 10; la intercepción en y es -3.

Escribe una ecuación de la recta representada en la gráfica.

3.

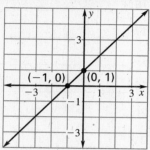

4.

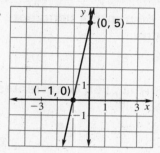

5. Escribe una ecuación lineal que represente la situación. Le pides prestados $70 a tu hermano. Para cancelar el préstamo, le devuelves $7 a la semana.

Escribe una ecuación de la recta que pasa por el punto y que tiene la pendiente dada. Escribe la ecuación en la forma de pendiente e intercepción.

6. $(3, 0)$, $m = -2$

7. $(1, 2)$, $m = 2$

Escribe una ecuación de la recta representada en la gráfica.

8.

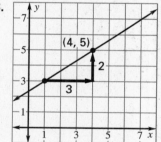

9.

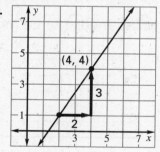

Escribe una ecuación de la recta paralela a la recta dada y que pasa por el punto dato.

10. $y = x + 3$, $(5, 0)$

11. $y = 2x + 3$, $(-4, 1)$

Respuestas

1. _____
2. _____
3. _____
4. _____
5. _____
6. _____
7. _____
8. _____
9. _____
10. _____
11. _____

Algebra 1
Resources in Spanish

Chapter 5

Prueba del capítulo A

Para usar después del capítulo 5

Escribe una ecuación en la forma de pendiente e intercepción de la recta que pasa por los puntos.

12. $(-4, 2), (1, -1)$

13. $(-2, -1), (3, 5)$

14. Escribe una ecuación de la recta perpendicular a $y = 2x + 3$ y que pasa por $(3, 4)$.

Escribe una ecuación en la forma de punto y pendiente de la recta que pasa por los puntos dados.

15. $(-3, -4), (3, 4)$

16. $(-5, -4), (7, -5)$

Escribe la ecuación en la forma normal, con coeficientes enteros.

17. $5x - y + 6 = 0$

18. $y = -3x + 9$

Escribe la ecuación en la forma normal para la recta horizontal y la recta vertical.

19.

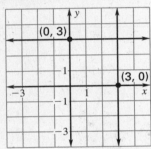

20.

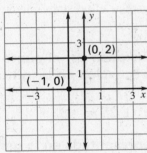

Di si es razonable representar la gráfica mediante un modelo lineal.

21.

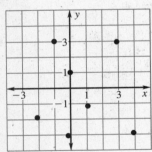

22.

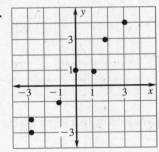

12._____

13._____

14._____

15._____

16._____

17._____

18._____

19._____

20._____

21._____

22._____

Algebra 1
Resources in Spanish

NOMBRE_____ FECHA _____

Prueba del capítulo B

Para usar después del capítulo 5

En las preguntas 1 y 2, escribe una ecuación de la recta en la forma de pendiente e intercepción.

1. La pendiente es -3; la intercepción en y es 5.

2. La pendiente es 4; la intercepción en y es 0.

Escribe una ecuación de la recta representada en la gráfica.

3.
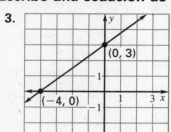

4.
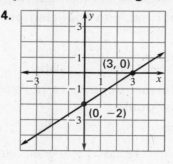

5. Escribe una ecuación lineal que represente la situación. Has caminado 4 millas siguiendo un sendero. Continúas caminando a una velocidad de 3 millas por hora durante 5 horas.

Escribe una ecuación de la recta que pasa por el punto y que tiene la pendiente dada. Escribe la ecuación en la forma de pendiente e intercepción.

6. $(3, 2), m = \frac{1}{2}$

7. $(-3, 2), m = \frac{1}{2}$

Escribe una ecuación de la recta representada en la gráfica.

8.
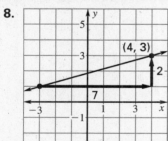

9.
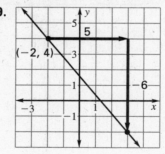

Escribe una ecuación de la recta paralela a la recta dada y que pasa por el punto dado.

10. $y = -3x + 2, (2, 3)$

11. $y = \frac{1}{2}x - 5, (-3, -1)$

Escribe una ecuación en la forma de pendiente e intercepción de la recta que pasa por los puntos.

12. $(-5, 3), (4, -5)$

13. $\left(-\frac{1}{2}, -1\right), \left(3, \frac{5}{2}\right)$

Respuestas

1. _____

2. _____

3. _____

4. _____

5. _____

6. _____

7. _____

8. _____

9. _____

10. _____

11. _____

12. _____

13. _____

Prueba del capítulo B

Para usar después del capítulo 5

14. Escribe una ecuación de una recta perpendicular a $y = -3x + 5$ y que pasa por $(4, 3)$.

Escribe una ecuación en la forma de punto y pendiente de la recta que pasa por los puntos dados.

15. $(5, -6), (1, -7)$ **16.** $(6, -3), (-1, 9)$

Escribe la ecuación en la forma normal, con coeficientes enteros.

17. $0.5x - 2y - 0.75 = 0$ **18.** $y = -\frac{1}{3}x - 5$

Escribe la ecuación en la forma normal de la recta horizontal y la recta vertical que pasan por el punto.

19. $(2, 4)$ **20.** $(-5, 4)$

21. Estás en la tienda de música buscando algunos discos compactos. La tienda tiene discos compactos a \$10 y a \$15. Puedes gastar \$55.00. Escribe una ecuación que represente las diferentes cantidades de discos compactos de \$10 y de \$15 que puedes comprar.

Di si es razonable representar la gráfica mediante un modelo lineal.

22.

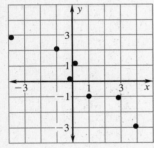

23.

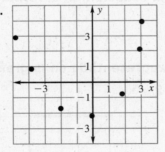

14. _____

15. _____

16. _____

17. _____

18. _____

19. _____

20. _____

21. _____

22. _____

23. _____

Algebra 1
Resources in Spanish

NOMBRE_____ FECHA _____

Prueba del capítulo C

Para usar después del capítulo 5

En las preguntas 1 y 2, escribe una ecuación de la recta en la forma de pendiente e intercepción.

1. La pendiente es $-\frac{4}{3}$; la intercepción en y es -2.

2. La pendiente es 0; la intercepción en y es -5.

3. Conduces a una velocidad de 55 millas por hora hasta la casa de tu hermana. A la 1 P.M. estás a 150 millas de distancia de su casa. Escribe una ecuación que represente la distancia a la casa de tu hermana en términos de las horas transcurridas desde la 1 P.M.

Escribe una ecuación de la recta que pasa por el punto y que tiene la pendiente dada. Escribe la ecuación en la forma pendiente intercepción.

4. $(4, -5), m = \frac{2}{3}$

5. $(-4, 3), m = -\frac{3}{4}$

Escribe una ecuación de la recta representada en la gráfica.

6.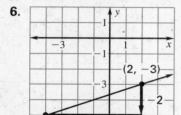

7.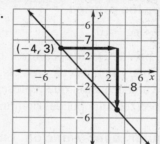

Escribe una ecuación de la recta paralela a la recta dada y que pasa por el punto dado.

8. $y = -4x - 7, (5, -3)$

9. $y = -\frac{2}{3}x + 4, (-5, 5)$

10. El agua se congela a los 32° Fahrenheit (o 0° Celsio) y hierve a los 212° Fahrenheit (o 100° Celsio). Escribe una ecuación lineal que represente la temperatura F en grados Fahrenheit en términos de la temperatura C en grados Celsio.

Respuestas

1. _____

2. _____

3. _____

4. _____

5. _____

6. _____

7. _____

8. _____

9. _____

10. _____

Algebra 1
Resources in Spanish

127

Chapter 5

Prueba del capítulo C

Para usar después del capítulo 5

Escribe una ecuación en la forma de pendiente e intercepción de la recta que pasa por los puntos.

11. $(-6, 1), (3, -7)$

12. $\left(-\frac{2}{3}, 4\right), \left(6, -\frac{1}{3}\right)$

13. Escribe una ecuación de una recta perpendicular a $y = -\frac{3}{4}x + 2$ y que pasa por $(-4, 1)$.

Escribe una ecuación en la forma de punto y pendiente de la recta que pasa por los puntos dados.

14. $(-2, 5), (4, -3)$

15. $\left(\frac{1}{2}, -1\right), \left(-\frac{2}{3}, 6\right)$

Escribe la ecuación en la forma normal, con coeficientes enteros.

16. $y = \frac{1}{2}x - \frac{3}{5}$

17. $y = -\frac{8}{3}x + \frac{4}{9}$

Escribe la ecuación en la forma normal para la recta horizontal y la recta vertical que pasan por los puntos.

18. $(-5, -7)$

19. $(6, -10)$

20. Estás a cargo de llevar bocadillos al picnic. Decides comprar uvas y pretzels. Las uvas cuestan \$2.39 la libra y la bolsa de pretzels cuesta \$1.89. Puedes gastar \$11. Escribe una ecuación que represente las diferentes cantidades de uvas y pretzels que puedes comprar.

En las preguntas 21–23, usa la siguiente información. La tabla representa las ganancias anuales de una empresa.

Año	1994	1995	1996	1997	1998
Ganancia (en miles de dólares)	\$250,000	\$280,000	\$240,000	\$320,000	\$310,000

21. Haz un diagrama de dispersión y aproxima una recta a los datos.

22. Escribe un modelo lineal para la cantidad de ganancia.

23. Usa el modelo lineal para estimar la ganancia en el 2002.

11._____

12._____

13._____

14._____

15._____

16._____

17._____

18._____

19._____

20._____

21._____

22._____

23._____

Algebra 1
Resources in Spanish

Chapter 5

1. ¿Cuál es la ecuación de la recta que pasa por los puntos $(-3, 4)$ y $(-9, 6)$?

   A $y = -\frac{1}{3}x - \frac{5}{3}$ **B** $y = -\frac{1}{3}x + 3$

   C $y = -3x - 5$ **D** $y = -3x + 12$

2. Una recta con una pendiente de -3 pasa por el punto $(4, -3)$. Si $(-3, p)$ es otro punto de la recta, ¿cuál es el valor de p?

   A -21 **B** 0

   C 18 **D** 24

3. Una ecuación de la recta paralela a la recta $y = \frac{1}{3}x - 2$ y que pasa por $(3, -5)$ es __?__ .

   A $y = -3x + 4$ **B** $y = \frac{1}{3}x + \frac{14}{3}$

   C $y = -3x - 12$ **D** $y = \frac{1}{3}x - 6$

4. Una ecuación de la recta perpendicular a la recta $y = -\frac{3}{4}x + 4$ con una intercepción en y de -5 es __?__ .

   A $y = -\frac{3}{4}x - 5$ **B** $y = \frac{3}{4}x - 5$

   C $y = \frac{4}{3}x - 5$ **D** $y = -\frac{4}{3}x + 5$

5. ¿Cuál es la ecuación de la recta que pasa por $(-6, 2)$ y que tiene una pendiente de $-\frac{2}{3}$?

   A $y = -\frac{2}{3}x - \frac{14}{3}$ **B** $y = -\frac{2}{3}x - 2$

   C $y = -\frac{2}{3}x + 6$ **D** $y = -\frac{2}{3}x - 6$

6. ¿Cuál es la ecuación de la recta representada en la gráfica?

   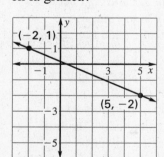

   A $y = -x - 1$
   B $y = -\frac{3}{7}x + 3$
   C $y = -x + 3$
   D $y = -\frac{3}{7}x + \frac{1}{7}$

En las preguntas 7 y 8, escoge el enunciado que se cumple para los números dados.

   A. El número de la columna A es mayor.
   B. El número de la columna B es mayor.
   C. Los dos números son iguales.
   D. La relación no puede determinarse a partir de la información dada.

7.
Columna A	Columna B
intercepción en x de $2x - 3y = 4$	intercepción en x de $3x - 7y = -6$

   A   **B**   **C**   **D**

8.
Columna A	Columna B
pendiente de $9x - 12y = 8$	pendiente de $4y - 3x = 16$

   A   **B**   **C**   **D**

9. ¿Cuál es la ecuación de la recta que mejor aproxima el diagrama de dispersión?

   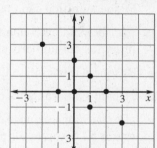

   A $y = -x + 1$
   B $y = -x - 1$
   C $y = x + 1$
   D $y = x - 1$

Algebra 1
Resources in Spanish

129

Chapter 5

Evaluación alternativa y diario de matemáticas

Para usar después del capítulo 5

DIARIO   **1.** En el capítulo 5 hemos estudiado cómo escribir ecuaciones de rectas, incluyendo el escribir ecuaciones de rectas de aproximación a partir de un diagrama de dispersión. ¿Por qué son importantes las rectas de aproximación? En este diario investigaremos el uso de los datos del mundo real. (a) Usa el conjunto de datos $(0, 2)$, $(1, 4)$, $(2, 7)$, $(3, 8)$, $(4, 10)$, y $(5, 12)$. Haz un diagrama de dispersión de los datos. (b) Escribe la ecuación de la recta de aproximación para los datos. Representa gráficamente la recta de aproximación en el diagrama de dispersión. Explica cómo hallar la recta de aproximación y qué objetivo tiene. (c) Escribe un párrafo para explicar las tendencias de los datos. Crea una situación posible para explicar las tendencias, si $x = 0$ representa el año 1990. (d) Haz una predicción de los resultados futuros usando tu ecuación. Escribe y entrega la respuesta a una pregunta acerca de un valor futuro de los datos. Explica claramente tu respuesta y di si es razonable.

PROBLEMA DE VARIOS PASOS   **2.** Tanto Zacarías como Jeremías tienen cuentas de ahorro en el banco local. Jeremías tiene trabajo y ha estado ahorrando dinero. Zacarías depende de su cuenta para gastar dinero.

- Jeremías tenía $500 en su cuenta después de 3 semanas y $800 después de 7 semanas.

- Zacarías retira de su cuenta $7.50 a la semana. Después de doce semanas, el balance de su cuenta era de $432.50.

   a. Calcula la tasa de cambio de las cuentas de Zacarías y Jeremías. Describe lo que significa cada tasa de cambio en términos de la cuenta específica.

   b. Escribe para cada una un modelo que dé el balance de cada cuenta, y, en términos del número x de semanas.

   c. Bosqueja una gráfica de cada modelo y rotula los ejes.

   d. ¿Cuánto dinero habrá en cada cuenta después de 20 semanas?

   e. ¿Después de cuántas semanas se acabará el dinero de Zacarías? ¿Puede retirar $7.50 en la última semana? Si es así, explica. De lo contrario, ¿cuánto puede retirar? Muestra tu trabajo y da una explicación que apoye tu respuesta.

   3. *Razonamiento crítico* Predice cuándo tendrán Jeremías y Zacarías igual cantidad en sus cuentas de ahorro. Muestra tres métodos diferentes que puedan usarse para resolver este problema. Muestra todo el trabajo y explica por qué puedes resolver el problema usando estos métodos. Explica por qué puede resultar útil el tener más de un método para resolver un problema específico.

Algebra 1
Resources in Spanish

Chapter 5

Pauta para la evaluación alternativa

Para usar después del capítulo 5

DIARIO
SOLUCIÓN

1. • Explica que las rectas de aproximación son importantes porque pueden usarse para predecir datos futuros y sirven para analizar las tendencias de los datos.

   a–d. Las respuestas completas deberían considerar estos puntos:

   a. Verifica las gráficas.

   b. Halla una ecuación de la recta que mejor aproxima, por ejemplo, $y = 1.97x + 2.24$. Para lograr una aproximación más precisa, los estudiantes deberían usar la calculadora de gráficas para hallar la ecuación de regresión.

   Explica un método (ya sea seleccionando puntos o usando la calculadora).

   c. Explica que los datos aumentan en el tiempo. Explica que se puede usar un método lineal para estimar puntos que no se dan.

   Crea una situación para explicar las tendencias de los datos. *Posible respuesta*: Las ventas en millones de dólares de una empresa entre 1990 y 1995. Cada año la empresa crece y las ventas aumentan.

   d. Para determinar un valor futuro de y, escoge un valor adicional de x para sustituirlo en la ecuación de la recta de aproximación. *Posible respuesta*: En 1996, $x = 6$, la empresa ganaría aproximadamente $14 millones.

   Explica si la respuesta es razonable basada en los datos específicos.

PROBLEMA
DE VARIOS
PASOS
SOLUCIÓN

2. **a.** 75; -7.5; Jeremías deposita $75 a la semana; Zacarías retira $7.50 a la semana.

   b. Jeremías: $y = 75x + 275$; Zacarías: $y = -7.50x + 522.50$

   c. Verifica las gráficas.

   d. Jeremías: $1775; Zacarías: $372.50

   e. 70 semanas; No; Zacarías puede retirar $5 en la última semana.

3. *Solución al razonamiento crítico* Tendrán aproximadamente la misma cantidad después de 3 semanas. *Posible respuesta*: Un método sería igualar las ecuaciones, $75x + 275 = -7.50x + 522.50$, y resolver para x. Otro método sería bosquejar la gráfica de ambas ecuaciones y hallar dónde tienen las dos ecuaciones el mismo valor de x. Esto ocurriría donde se intersecten las dos ecuaciones. Un tercer método sería usar una tabla de valores, ya sea con la calculadora o manualmente, y calcular los balances para diversas semanas para determinar la solución.

PROBLEMA
DE VARIOS
PASOS
PAUTA DE
EVALUACIÓN

4 Los estudiantes completan todas las partes de las preguntas en forma precisa. Las explicaciones son lógicas. Explican claramente dos métodos diferentes (o tres, usando extensión) para determinar cuándo se igualarían aproximadamente las cuentas. Las ecuaciones y las gráficas están enteramente correctas.

3 Los estudiantes completan las preguntas y las explicaciones. Las soluciones pueden contener errores matemáticos menores, pero los errores son arrastrados (es decir, si se entregan las ecuaciones incorrectas, estas ecuaciones incorrectas están graficadas de manera precisa). Las gráficas están correctas. Es posible que algunas explicaciones no estén completamente claras.

2 Los estudiantes completan las preguntas y explicaciones. Pueden ocurrir diversos errores matemáticos. Las explicaciones no son lógicas. La gráfica está incompleta o es incorrecta.

1 Los resultados están muy incompletos. Las soluciones y el razonamiento son incorrectos. Falta la gráfica o es completamente inexacta. Las explicaciones no son lógicas.

Refuerzo con práctica

Para usar con las páginas 334–339

OBJETIVO Representar gráficamente desigualdades lineales de una variable y resolver desigualdades lineales de un paso

---

VOCABULARIO

La **gráfica** de una desigualdad lineal de una variable es el conjunto de puntos de una recta numérica que representa todas las soluciones de la desigualdad.

Las **desigualdades equivalentes** son desigualdades que tienen iguales soluciones.

EJEMPLO 1 *Representar gráficamente una desigualdad lineal*

a. Representa gráficamente la desigualdad $3 > x$.

b. Representa gráficamente la desigualdad $x \geq 4$.

SOLUCIÓN

a. a. Usa un punto abierto para el símbolo de desigualdad $<$ o $>$.

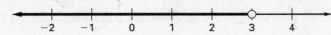

b. Usa un punto cerrado para el símbolo de desigualdad $\leq$ o $\geq$.

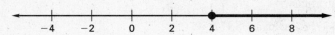

Ejercicios para el ejemplo 1

Haz una gráfica de la desigualdad.

1. $x \leq -1$ **2.** $x \geq 0$ **3.** $x < 0$

EJEMPLO 2 *Usar la suma y la resta para resolver una desigualdad*

Resuelve $x - 7 > -6$. Haz una gráfica de la solución.

SOLUCIÓN

$$x - 7 > -6 \qquad \text{Escribe la desigualdad original.}$$
$$x - 7 + 7 > -6 + 7 \qquad \text{Suma 7 a cada lado.}$$
$$x > 1 \qquad \text{Simplifica.}$$

La solución es todos los números reales mayores que 1. Comprueba la desigualdad original para diversos números mayores que 1.

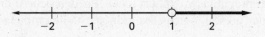

Refuerzo con práctica

Para usar con las páginas 334–339

Ejercicios para el ejemplo 2

Resuelve la desigualdad y representa gráficamente la solución.

4. $1 > y - 1$

5. $x + 3 \leq 0$

6. $k - 4 > -6$

EJEMPLO 3 | *Usar la multiplicación o la división para resolver una desigualdad*

a. Resuelve $-3x \geq -12$. **b.** Resuelve $\dfrac{n}{-2} < 5$. **c.** Resuelve $4y \leq -8$.

SOLUTION

a. $-3x \geq -12$ Escribe la desigualdad original.

$\dfrac{-3x}{-3} \leq \dfrac{-12}{-3}$ Divide cada lado por -3 e invierte el símbolo de la desigualdad.

$x \leq 4$ Simplifica.

La solución es todos los números reales menores o iguales que 4. Verifica en la desigualdad original para diversos números que sean menores o iguales que 4.

b. $\dfrac{n}{-2} < 5$ Escribe la desigualdad original.

$-2 \cdot \dfrac{n}{-2} > -2 \cdot 5$ Multiplica cada lado por -2 e invierte el símbolo de la desigualdad.

$n > -10$ Simplifica.

La solución es todos los números reales mayores que -10. Verifica en la desigualdad original para diversos números que sean mayores que -10.

c. $4y \leq -8$ Escribe la desigualdad original.

$\dfrac{4y}{4} \leq \dfrac{-8}{4}$ Divide cada lado por 4.

$y \leq -2$ Simplifica.

La solución es todos los números reales menores o iguales que -2. Verifica en la desigualdad original para diversos números que sean menores o iguales que -2.

Ejercicios para el ejemplo 3

Resuelve la desigualdad y representa gráficamente la solución.

7. $\dfrac{x}{4} < -1$

8. $-2a \geq -6$

9. $\dfrac{t}{-2} > 3$

Refuerzo con práctica

Para usar con las páginas 340–345

OBJETIVO Resolver desigualdades lineales de múltiples pasos y usar desigualdades lineales para representar y resolver problemas de la vida real

EJEMPLO 1 *Usar más de un paso*

Resuelve $3n + 2 \leq 14$.

SOLUCIÓN

$3n + 2 \leq 14$	Escribe la desigualdad original.
$3n \leq 12$	Resta 2 a cada lado.
$n \leq 4$	Divide cada lado por 3.

La solución es todos los números reales menores o iguales a 4.

Ejercicios para el ejemplo 1

Resuelve la desigualdad.

1. $5x - 7 > -2$ **2.** $9m + 2 \leq 20$ **3.** $13 + 4y \geq 9$

EJEMPLO 2 *Multiplicar o dividir por un número negativo*

Resuelve $11 - 2x \geq 3x + 16$.

SOLUCIÓN

$11 - 2x \geq 3x + 16$	Escribe la desigualdad original.
$-2x \geq 3x + 5$	Resta 11 a cada lado.
$-5x \geq 5$	Resta $3x$ a cada lado.
$x \leq -1$	Divide cada lado por -5 e invierte la desigualdad.

La solución es todos los números reales menores o iguales a -1.

Ejercicios para el ejemplo 2

Resuelve la desigualdad.

4. $8 > 5 - a$ **5.** $-4x + 2 \leq -22$ **6.** $-\dfrac{y}{2} + 3 \geq 0$

Refuerzo con práctica

Para usar con las páginas 340–345

EJEMPLO 3 *Escribir y usar un modelo real*

Lavas platos en un restaurante y ganas $5.15 por hora. ¿Cuántas horas debes trabajar para reunir por lo menos $200 para comprar un nuevo deslizador para la nieve?

SOLUCIÓN

Modelo verbal $\boxed{\text{Salario por hora}} \cdot \boxed{\text{Número de horas trabajadas}} \geq \boxed{\text{Ingreso deseado}}$

Rótulos
Salario por hora = 5.15 (dólares por hora)
Número de horas trabajadas = x (horas)
Ingreso deseado = 200 (dólares)

Modelo algebraico

$5.15x > 200$ Escribe el modelo algebraico.

$\dfrac{5.15x}{5.15} > \dfrac{200}{5.15}$ Divide cada lado por 5.15.

$x > 38.835\ldots$

Debes trabajar por lo menos 39 horas.

Ejercicios para el ejemplo 3

7. Formula nuevamente el ejemplo 3 si ganas $4.60 por hora.

8. Formula nuevamente el ejemplo 3 si necesitas reunir $240 para comprar un nuevo deslizador para la nieve.

Chapter 6

Refuerzo con práctica

Para usar con las páginas 346–352

OBJETIVO Escribir, resolver y representar gráficamente desigualdades compuestas y representar una situación de la vida real con una desigualdad compuesta

> ### VOCABULARIO
>
> Una **desigualdad compuesta** consiste en dos desigualdades conectadas por y u o.

EJEMPLO 1 *Escribir desigualdades compuestas*

a. Escribe una desigualdad que represente todos los números reales menores que 0 *o* mayores que 3. Representa gráficamente la desigualdad.

b. Escribe una desigualdad que represente todos los números reales mayores o iguales que -2 *y* menores que 1. Representa gráficamente la desigualdad.

SOLUCIÓN

a. $x < 0$ *or* $x > 3$
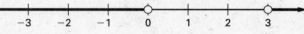

b. $-2 \leq x < 1$
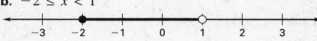

Ejercicios para el ejemplo 1

Escribe una desigualdad que represente el enunciado y representa gráficamente la desigualdad.

1. x es mayor que -4 y menor o igual que -2

2. x es mayor que 3 o menor que -1

EJEMPLO 2 *Resolver una desigualdad compuesta con y*

Resuelve $-9 \leq -4x - 5 < 3$. Representa gráficamente la solución.

SOLUCIÓN

Aísla la variable x entre los dos símbolos de la desigualdad.

$-9 \leq -4x - 5 < 3$	Escribe la ecuación original.
$-4 \leq -4x < 8$	Suma 5 a cada expresión.
$1 \geq x > -2$	Divide cada expresión por -4 e *invierte* ambos símbolos de la desigualdad.

La solución es todos los números reales menores o iguales que 1 y mayores que -2.

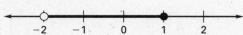

Refuerzo con práctica

Para usar con las páginas 346–352

Ejercicios para el ejemplo 2

Resuelve la desigualdad y haz una gráfica de la solución.

3. $-3 < 2x + 1 \leq 7$ **4.** $-6 < -3 + x < -4$ **5.** $2 \leq -3x + 8 < 17$

EJEMPLO 3 *Resolver una desigualdad compuesta con o*

Resuelve $5x + 1 < -4$ ó $6x - 2 \geq 10$. Haz una gráfica de la solución.

SOLUCIÓN

Puedes resolver cada parte por separado.

$$5x + 1 < -4 \quad ó \quad 6x - 2 \geq 10$$
$$5x < -5 \quad ó \quad 6x \geq 12$$
$$x < -1 \quad ó \quad x \geq 2$$

Las solución son todos los números reales menores que -1 ó mayores o iguales a 2.

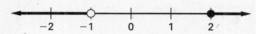

Ejercicios para el ejemplo 3

Resuelve la desigualdad y haz una gráfica de la solución.

6. $2x - 3 < 5$ ó $3x + 1 \geq 16$ **7.** $-4x + 2 < 6$ ó $2x \leq -6$

EJEMPLO 4 *Representar una desigualdad compuesta*

En 1985, se vendió una propiedad en \$145,000. La propiedad se vendió nuevamente en 1999 en \$211,000. Escribe una desigualdad compuesta que represente los diferentes valores que tuvo la propiedad entre 1985 y 1999.

SOLUCIÓN

Usa la variable v para representar el valor de la propiedad. Escribe una desigualdad compuesta con v para representar los diferentes valores de la propiedad.

$$145,000 \leq v \leq 211,000$$

Ejercicios para el ejemplo 4

8. Vuelve a formular el ejemplo 4 si en 1985 la propiedad se vendió en \$172,000 y en 1999 se vendió nuevamente en 226,000.

NOMBRE_____ FECHA_____

Prueba parcial 1

Para usar después de las lecciones 6.1–6.3

1. Resuelve $-11 + x \geq -3$ y representa gráficamente la solución. *(Lección 6.1)*

2. Resuelve $-\dfrac{x}{4} < 7$ y representa gráficamente la solución. *(Lección 6.1)*

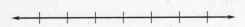

3. Las cataratas más alta del mundo son las cataratas Ángel en Venezuela, con 1000 metros. Escribe una desigualdad que describa la altura h (en metros) de todas las demás cataratas. Representa gráficamente la desigualdad. *(Lección 6.1)*

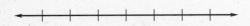

4. Resuelve $-4x - 3 > -5x + 8$. *(Lección 6.2)*

5. Escribe una desigualdad para el valor de x. *(Lección 6.2)*

Área ≤ 48 centímetros cuadrados

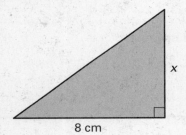

8 cm

6. Resuelve $-5 \leq 2x + 3 < 7$ y representa gráficamente la solución. *(Lección 6.3)*

7. Resuelve $2x + 3 \leq 5$ or $3x - 4 > 8$ y representa gráficamente la solución. *(Lección 6.3)*

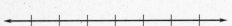

Respuestas

1. Usa la recta numérica de la izquierda.

2. Usa la recta numérica de la izquierda.

3. Usa la recta numérica de la izquierda.

4. _____

5. _____

6. Usa la recta numérica de la izquierda.

7. Usa la recta numérica de la izquierda.

Algebra 1
Resources in Spanish

LECCIÓN 6.4

Refuerzo con práctica

Para usar con las páginas 353–358

OBJETIVO Resolver ecuaciones de valor absoluto y resolver desigualdades de valor absoluto

---

EJEMPLO 1 *Resolver una ecuación de valor absoluto*

Resuelve $|4x + 2| = 18$.

SOLUCIÓN

Como $|4x + 2| = 18$, la expresión $4x + 2$ puede ser igual a 18 ó -18.

$4x + 2$ ES POSITIVO	$4x + 2$ ES NEGATIVO
$|4x + 2| = 18$	$|4x + 2| = 18$
$4x + 2 = +18$	$4x + 2 = -18$
$4x = 16$	$4x = -20$
$x = 4$	$x = -5$

La ecuación tiene dos soluciones: 4 y -5.

Ejercicios para el ejemplo 1

Resuelve la ecuación.

1. $|x| = 8$　　　　**2.** $|x - 3| = 4$　　　　**3.** $|2x - 3| = 9$

EJEMPLO 2 *Resolver una desigualdad de valor absoluto*

Resuelve $|x + 5| \leq 1$.

SOLUCIÓN

Cuando un valor absoluto es *menor que* un número, las desigualdades están relacionadas por *y*.

$x + 5$ ES POSITIVO	$x + 5$ ES NEGATIVO
$|x + 5| \leq 1$	$|x + 5| \leq 1$
$x + 5 \leq +1$	$x + 5 \geq -1$ ← Invierte el símbolo de la desigualdad.
$x \leq -4$	$x \geq -6$

La solución es todos los números reales mayores o iguales a -6 y menores o iguales a -4, lo que puede escribirse como $-6 \leq x \leq -4$.

Refuerzo con práctica

Para usar con las páginas 353–358

Ejercicios para el ejemplo 2

Resuelve la desigualdad.

4. $|x - 3| < 2$ **5.** $|8 + x| \leq 3$ **6.** $|x - 1.5| < 1$

EJEMPLO 3   *Resolver una desigualdad de valor absoluto*

Resuelve $|2x - 1| > 5$.

SOLUCIÓN

Cuando un valor absoluto es *mayor que* un número, las desigualdades están relacionadas por *o*.

$2x - 1$ ES POSITIVO $2x - 1$ ES NEGATIVO

$$|2x - 1| > 5 \qquad\qquad |2x - 1| > 5$$

$$2x - 1 > +5 \qquad\qquad 2x - 1 < -5 \;\longleftarrow\; \text{Invierte el símbolo de la}$$
$$\text{desigualdad.}$$

$$2x > 6 \qquad\qquad 2x < -4$$

$$x > 3 \qquad\qquad x < -2$$

La solución de $|2x - 1| > 5$ es todos los números reales mayores que 3 *o* menores que -2, lo que puede escribirse como la desigualdad compuesta $x < -2 \; ó \; x > 3$.

Ejercicios para el ejemplo

Resuelve la desigualdad.

7. $|x + 2| \geq 1$ **8.** $|x - 4| \geq 2$ **9.** $|2x + 1| > 3$

Algebra 1
Resources in Spanish

Refuerzo con práctica

Para usar con las páginas 360–366

OBJETIVO Representar gráficamente una desigualdad lineal de dos variables y representar una situación de la vida real usando una desigualdad lineal de dos variables

---

VOCABULARIO

Una **desigualdad lineal** en x e y es una desigualdad que puede escribirse como $ax + by < c$, $ax + by \leq c$, $ax + by > c$, ó $ax + by \geq c$.

Un par ordenado (x, y) es **solución** de una desigualdad lineal si se cumple la desigualdad al sustituir en ella los valores de x e y.

La **gráfica** de una desigualdad lineal de dos variables es la gráfica de las soluciones de la desigualdad.

EJEMPLO 1 *Verificar las soluciones de una desigualdad lineal*

Verifica si el par ordenado es solución de $3x - y \geq 2$.

a. $(0, 0)$ **b.** $(2, 0)$ **c.** $(2, 3)$

SOLUCIÓN

(x, y)	$3x - y \geq 2$	Conclusión
a. $(0, 0)$	$3(0) - 0 = 0 \ngeq 2$	$(0, 0)$ no es solución.
b. $(2, 0)$	$3(2) - 0 = 6 \geq 2$	$(2, 0)$ es solución.
c. $(2, 3)$	$3(2) - 3 = 3 \geq 2$	$(2, 3)$ es solución.

Ejercicios para el ejemplo 1

¿Es cada par ordenado una solución de la desigualdad?

1. $x + 2y < 0$; $(0, 0), (-1, -2)$ **2.** $2x + y > 3$; $(2, 2), (-2, 2)$

EJEMPLO 2 *Representar gráficamente una desigualdad lineal de dos variables*

Bosqueja la gráfica de $x - y < 2$.

SOLUCIÓN

La ecuación correspondiente es $x - y = 2$. Para graficar esta recta, escribe primero la ecuación en la forma de pendiente e intercepción: $y = x - 2$.

Representa gráficamente la recta que tiene pendiente 1 e intercepción -2 en y. Usa una línea punteada para indicar que los puntos de la recta no son soluciones.

El origen $(0, 0)$ es una solución y está ubicado más arriba de la recta. Por lo tanto, la gráfica de $x - y < 2$ son todos los puntos ubicados más arriba de la recta $y = x - 2$.

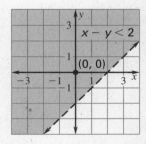

NOMBRE _____ FECHA _____

Refuerzo con práctica

Para usar con las páginas 360–366

Ejercicios para el ejemplo 2

Bosqueja la gráfica de la desigualdad.

3. $x \le 2$ **4.** $y > -1$ **5.** $y - x < 3$ **6.** $2x + y \ge 4$

EJEMPLO 3 *Representar una desigualdad lineal*

Puedes gastar \$16 en galletas saladas y queso para una fiesta. La onza de galletas cuesta \$2.50 y la onza de queso cuesta \$4. Sea x el número de libras de libras de galletas que puedes comprar. Sea y el número de libras de queso que puedes comprar. Escribe una desigualdad que represente las cantidades de galletas y queso que puedes comprar.

SOLUCIÓN

Modelo verbal					
$\boxed{\text{Precio de las galletas}}$ · $\boxed{\text{Peso de galletas}}$ + $\boxed{\text{Precio del queso}}$ · $\boxed{\text{Peso de queso}}$ $\le$ $\boxed{\text{Costo total.}}$

Rótulos
Precio de las galletas $= 2.50$ (dólares la libra)

Peso de galletas $= x$ (libras)

Precio del queso $= 4$ (dólares la libra)

Peso de queso $= y$ (libras)

Costo total $= 16$ (dólares)

Modelo algebraico $2.50x + 4y \le 16$ Escribe el modelo algebraico.

Ejercicios para el ejemplo 3

7. Representa gráficamente la desigualdad del ejemplo 3.

Algebra 1
Resources in Spanish

NOMBRE_____ FECHA _____

Prueba parcial 2

Para usar después de las lecciones 6.4–6.5

1. Resuelve $|3x - 8| = 14$. *(Lección 6.4)*

2. Resuelve $|7 - x| \geq 10$. *(Lección 6.4)*

3. ¿Es el par ordenado $(-4, 5)$ una solución de la desigualdad $3x + 2y > 11$? *(Lección 6.5)*

4. Bosqueja la gráfica de la desigualdad $-x - y < 9$. *(Lección 6.5)*

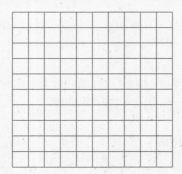

5. Escribe una desigualdad que tenga la solución representada en la gráfica *(Lección 6.5)*

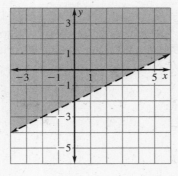

Respuestas

1. _____

2. _____

3. _____

4. Usa la cuadrícula

de la izquierda.

5. _____

Refuerzo con práctica

Para usar con las páginas 368–374

OBJETIVO **Hacer y usar un diagrama de tallo y hojas para representar datos en orden y hallar la media, la mediana y la moda de los datos**

VOCABULARIO

Un **diagrama de tallo y hojas** es una agrupación de dígitos usada para representar y ordenar datos numéricos.

Una **medida de tendencia central** es un número usado para representar un número típico de conjunto de datos.

La **media**, o **promedio**, de n números es la suma de los números dividida por n.

La **mediana** de n números es el número del medio cuando los números están escritos en orden. Si n es par, la mediana es el promedio de los dos números del medio.

La **moda** de n números es el número que ocurre con mayor frecuencia. Un conjunto de datos puede tener muchas modas o ninguna.

EJEMPLO 1 *Hacer un diagrama de tallo y hojas*

Haz un diagrama de tallo y hojas ordenado para los datos

16   8   35   2   22   10

31   50   13   35   56   28

SOLUCIÓN

Usa los dígitos que están en el lugar de las decenas para el tallo, y los dígitos que están en el lugar de las unidades para las hojas. Ordena las hojas para hacer un diagrama de tallo y hojas ordenado. La clave te muestra cómo interpretar los dígitos.

Diagrama de tallo y hojas ordenado

$$
\begin{array}{c|ccc}
0 & 2 & 8 & \\
1 & 0 & 3 & 6 \\
2 & 2 & 8 & \\
3 & 1 & 5 & 5 \\
4 & & & \\
5 & 0 & 6 & \\
\end{array}
$$

Tallo   (para el 3)   Hojas

Clave: $3|1 = 31$

Refuerzo con práctica

Para usar con las páginas 368–374

Ejercicios para el ejemplo 1

1. Usa el diagrama de tallo y hojas del ejemplo 1 para ordenar los datos en orden creciente.

2. Haz un diagrama de tallo y hojas ordenado para los datos, y usa el resultado para ordenar los datos en orden creciente.

16   7   38   19   11   26   2   33   27   39   2

EJEMPLO 2 | *Hallar la media, la mediana y la moda*

Halla la medida de tendencia central de los datos del ejemplo 1.

a. media   **b.** mediana   **c.** moda

SOLUCIÓN

a. Para hallar la media, suma los 12 números y divide por 12.

$$\text{Media} = \frac{2 + 8 + 10 + 13 + 16 + 22 + 28 + 31 + 35 + 35 + 50 + 56}{12}$$

$$= \frac{306}{12}$$

La media es 25.5.

b. Para hallar la mediana, escribe los números en orden y halla el número del medio. Para ordenar los números, usa el diagrama de tallo y hojas ordenado del ejemplo 1.

2   8   10   13   16   22   28   31   35   35   50   56

Como $n = 12$ es par, la mediana es el promedio de los dos números del medio. La mediana es:

$$\frac{22 + 28}{2} = 25.$$

c. Para hallar la moda, usa la lista ordenada de la parte (b). La moda es 35.

Ejercicio para el ejemplo 2

3. Halla la media, la mediana y la moda de los datos del ejercicio 2.

Refuerzo con práctica

Para usar con las página 375–381

OBJETIVO **Hacer una gráfica de frecuencias acumuladas para organizar datos de la vida real y leer e interpretar una gráfica de frecuencias acumuladas con datos de la vida real**

VOCABULARIO

Una **gráfica de frecuencias acumuladas** es una representación de datos que divide un conjunto de datos en cuatro partes.

La mediana, o **segundo cuartil**, separa el conjunto en dos mitades: los números que están bajo la mediana y los números que están sobre la mediana.

El **primer cuartil** es la mediana de la mitad inferior.

El **segundo cuartil** es la mediana de la mitad superior.

EJEMPLO 1 *Organizar datos*

A continuación se dan, como datos ordenados, las temperaturas mensuales promedio de tu ciudad durante 1998.

33   35   40   42   47   52   54   57   64   66   67   72

a. Usa los datos ordenados para hallar el primer cuartil.

b. Haz una gráfica de frecuencias acumuladas para los datos.

SOLUCIÓN

a. Segundo cuartil: $\dfrac{52 + 54}{2} = 53$

Primer cuartil: $\dfrac{40 + 42}{2} = 41$

Tercer cuartil: $\dfrac{64 + 66}{2} = 65$

b. Traza una recta numérica que incluya el número menor, 33, y el número mayor, 72, del conjunto de datos. Marca el número menor y el número mayor. Bajo la recta numérica, traza una recta que vaya desde el número menor hasta el número mayor. Marca los mismos puntos sobre esa recta.

La "caja" va desde el primer al tercer cuartil. Traza en la caja una recta vertical por el segundo cuartil. Los "bigotes" conectan la caja con los números menor y mayor.

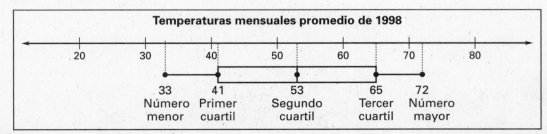

Temperaturas mensuales promedio de 1998

Refuerzo con práctica

Para usar con las páginas 375–381

Ejercicios para el ejemplo 1

1. Dibuja una gráfica de frecuencias acumuladas de los datos ordenados.

  1 7 9 12 14 22 24 25

EJEMPLO 2 **IInterpretar una gráfica de frecuencias acumulada**

La siguiente gráfica de frecuencias acumuladas representa el número (en millones) de computadoras personales que hubo en los Estados Unidos entre 1985 y 1995.

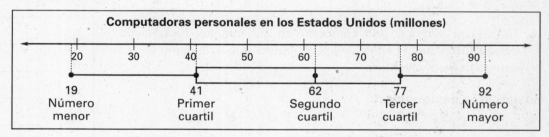

Computadoras personales en los Estados Unidos (millones)

| 19 | 41 | 62 | 77 | 92 |
| Número menor | Primer cuartil | Segundo cuartil | Tercer cuartil | Número mayor |

a. ¿Cuál es la mediana del número de computadoras personales que hubo en los Estados Unidos entre 1985 y 1995?

b. ¿Cuál es el menor número de computadoras personales que hubo en los Estados Unidos entre 1985 y 1995?

SOLUCIÓN

EJEMPLO 3 **a.** La mediana del número de computadoras personales que hubo en los Estados Unidos entre 1985 y 1995 es de aproximadamente 62 millones.

b. El menor número de computadoras personales que hubo en los Estados Unidos entre 1985 y 1995 es de aproximadamente 19 millones.

Ejercicios para el ejemplo 2

2. ¿Cuál es el mayor número de computadoras personales que hubo en los Estados Unidos entre 1985 y 1995?

NOMBRE_____ FECHA_____

Prueba del capítulo A

Para usar después del capítulo 6

Representa gráficamente la desigualdad.

1. $x \geq -3$

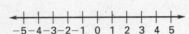

2. $x < 3.5$

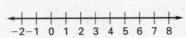

Resuelve la desigualdad. Representa gráficamente la solución sobre una recta numérica.

3. $x - 3 \leq 1$

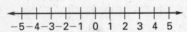

4. $a + 3 < 10$

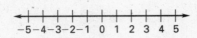

5. Corres una carrera de diez kilómetros en 45.5 minutos. Escribe una desigualdad para el tiempo de los corredores que terminaron la carrera después que tú.

Resuelve la desigualdad.

6. $3x + 2 \leq 17$

7. $2 - x > 5$

8. Estás en la tienda de música para comprar algunos discos compactos. Puedes gastar $45 y la tienda vende los discos compactos en $12.99 cada uno. Escribe una desigualdad que represente el número de discos compactos que puedes comprar sin gastar más dinero del que tienes.

Escribe una desigualdad que represente el enunciado y representa gráficamente la desigualdad.

9. x es menor que 4 y mayor que 1.

Resuelve la desigualdad y representa gráficamente la solución.

10. $6 < x + 4 \leq 11$

11. $x + 4 < 2$ or $x - 4 > -1$

Escribe una desigualdad compuesta que describa la gráfica.

12.

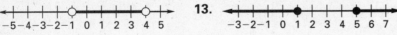

13.

Respuestas

1. _____
2. _____
3. _____
4. _____
5. _____
6. _____
7. _____
8. _____
9. _____
10. _____
11. _____
12. _____
13. _____

Prueba del capítulo A

Para usar después del capítulo 6

Resuelve la ecuación o la desigualdad.

14. $|x| = 5$

15. $|x + 2| < 5$

¿Es el par ordenado una solución de la desigualdad?

16. $x + y < 5; (3, 0)$

17. $x - y \geq 6; (2, 7)$

Bosqueja la gráfica de la desigualdad.

18. $x \leq 5$

19. $y > -3$

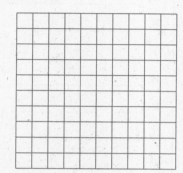
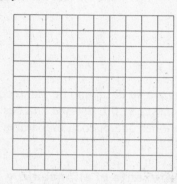

14.
15.
16.
17.
18.
19.
20.
21.
22.

Haz un diagrama de tallo y hojas para los datos.

20. 40, 33, 20, 22, 36, 54, 27, 42, 30

Tallo ┃ Hojas

Halla la media, la mediana y la moda de la colección de números.

21. 3, 1, 9, 5, 9, 6, 9

Halla el primer, el segundo y el tercer cuartil de los datos.

22. 6, 10, 1, 8, 3, 1, 4

NOMBRE_____ FECHA_____

Prueba del capítulo B

Para usar después del capítulo 6

Resuelve la desigualdad. Representa gráficamente la solución sobre una recta numérica.

1. $p - 2 \geq -4$

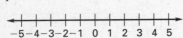

2. $-y < 4$

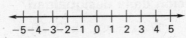

3. Terminaste una carrera de marcha de dos millas en 36.5 minutos. Escribe una desigualdad para la velocidad promedio de los competidores que llegaron después que tú. (velocidad promedio = distancia/tiempo)

Resuelve la desigualdad.

4. $4x - \frac{2}{3} \geq \frac{1}{3}$

5. $7 - 3x \leq 22$

6. El club de biología destinó $200 para su desayuno de panqueques. La preparación de cada porción cuesta $1.50. Escribe una desigualdad que represente el número de porciones que pueden prepararse sin superar el presupuesto.

Escribe una desigualdad que represente el enunciado y representa gráficamente la desigualdad.

7. x es mayor que 1 o es menor que -2

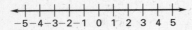

Resuelve la desigualdad y representa gráficamente la solución.

8. $-3 \leq 2x + 5 < 11$

9. $4x + 5 < 3$ or $3x - 2 \geq 1$

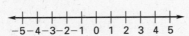

Escribe una desigualdad compuesta que describa la gráfica.

10.

11.

Resuelve la ecuación o la desigualdad.

12. $|x + 3| = 4$

13. $|x - 2| = 6$

14. $|x - 5| < 3$

15. $|2x + 3| \geq 17$

Respuestas

1. _____
2. _____
3. _____
4. _____
5. _____
6. _____
7. _____
8. _____
9. _____
10. _____
11. _____
12. _____
13. _____
14. _____
15. _____

CAPÍTULO

6

CONTINUACIÓN

NOMBRE_____ FECHA_____

Prueba del capítulo B

Para usar después del capítulo 6

¿Es el par ordenado solución de la desigualdad?

16. $3x + 2y \le 4$; $(4, 3)$

17. $5x - 3y > 4$; $(-1, -5)$

Bosqueja la gráfica de la desigualdad.

18. $x + 4 > 5$

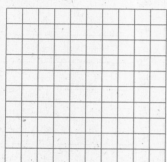

19. $y - 3 \le -4$

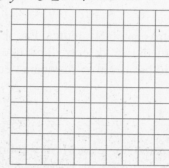

16._____

17._____

18._____

19._____

20._____

21._____

22._____

23._____

24._____

20. Puedes gastar $5 en fruta para un picnic. La libra de manzanas cuesta $0.99 y la libra de bananas cuesta $0.49. Escribe una desigualdad que represente las cantidades de manzanas y bananas que puedes comprar.

Haz un diagrama de tallo y hojas para los datos.

21. 54, 21, 34, 25, 51, 26, 45, 37, 31

Tallo | Hojas

Halla la media, la mediana y la moda de la colección de números.

22. 10, 7, 8, 7, 8, 8

Halla el primer, el segundo y el tercer cuartil de los datos.

23. 15, 6, 1, 13, 5, 11, 3, 8

Haz un gráfica de frecuencias acumuladas para los datos.

24. 24, 16, 12, 28, 19, 21, 15

Algebra 1
Resources in Spanish

151

NOMBRE_____ FECHA_____

Prueba del capítulo C

Para usar después del capítulo 6

Resuelve la desigualdad. Representa gráficamente la solución sobre una recta numérica.

1. $-\dfrac{x}{5} \geq 3$

2. $-12b \leq 48$

3. Corres una carrera de diez kilómetros en 50.5 minutos. Escribe una desigualdad para la velocidad promedio de los corredores que llegaron después que tú. (Velocidad promedio = distancia/tiempo)

Resuelve la desigualdad.

4. $2x + 5 < 3x - 7$

5. $-8x - 3 \geq -4x + 5$

6. Una tienda de helados vende un helado doble en $1.50 y cobra $0.70 por cada porción adicional. Puedes gastar $3.50. Escribe una desigualdad que represente el número de porciones de helado que puedes comprar sin gastar más de lo que tienes.

Escribe una desigualdad que represente el enunciado y representa gráficamente la desigualdad.

7. x es mayor o igual que 5 o es menor que 0.

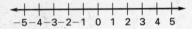

Resuelve la desigualdad y representa gráficamente la solución.

8. $-4 < 2x + 5 \leq 12$

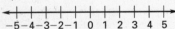

9. $10x - 4 \leq -24 \text{ ó } 5x + 3 > 18$

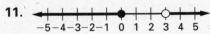

Escribe una desigualdad compuesta que describa la gráfica.

10.

11.

Resuelve la ecuación o la desigualdad

12. $|3x + 5| - 4 = 22$

13. $|2x - 7| - 2 \geq 11$

Respuestas

1. _____
2. _____
3. _____
4. _____
5. _____
6. _____
7. _____
8. _____
9. _____
10. _____
11. _____
12. _____
13. _____

Prueba del capítulo C

Para usar después del capítulo 6

¿Es el par ordenado una solución de la desigualdad?

14. $\frac{2}{3}x + \frac{1}{3}y < 2; (-3, 5)$ **15.** $0.6x - 0.5y \geq 4; (-1, -1)$

Bosqueja la gráfica de la desigualdad.

16. $2x + y \leq 4$

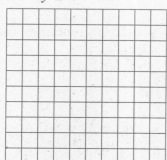

17. $4x + 2y > 6$

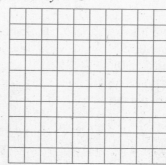

14._____

15._____

16._____

17._____

18._____

19._____

20._____

21._____

22._____

18. Una tienda de aparatos electrónicos tiene $1000 para adquirir reproductores de CD y reproductores personales de casetes. Los reproductores de CD cuestan $50 y los reproductores de casetes cuestan $20. Escribe una desigualdad que represente los diferentes números de reproductores de CD y reproductores de casetes que puede adquirir la tienda.

Haz un diagrama de tallo y hojas para los datos.

19. 23, 45, 55, 41, 23, 61, 57, 42, 22

Tallo	Hojas

Halla la media, la mediana y la moda de la colección de números.

20. 3.2, 1.5, 4.2, 2.5, 3.6, 4.8, 1.9

Halla el primer, el segundo y el tercer cuartil de los datos.

21. 6.4, 1.3, 3.9, 5.3, 4.2, 2.5, 3.6

Haz una gráfica de frecuencias acumuladas para los datos.

22. 32, 20, 36, 19, 36, 27, 22, 23

Prueba del capítulo SAT/ACT

Para usar después del capítulo 6

1. ¿Qué desigualdad es equivalente a
   $-5x + 4 \leq -2x + 7$?

   A $x \leq 1$ **B** $x \geq 1$

   C $x \leq -1$ **D** $x \geq -1$

2. Te encuentras en una liquidación de libros usados. Los de tapa rústica cuestan $0.75 cada uno y los de tapa dura cuestan $1.50. Si puedes gastar $6 y compras cuatro de tapa rústica, ¿cuántos libros de tapa dura puedes comprar?

   A 0   **B** 1

   C 2   **D** 3

3. ¿Cuál desigualdad representa el enunciado "x es menor que 5 y por lo menos -5"?

   A $-5 < x \leq 5$ **B** $-5 \leq x \leq 5$

   C $-5 < x < 5$ **D** $-5 \leq x < 5$

4. Resuelve $-23 \leq 3x - 2 < 13$.

   A $-7 \leq x < 5$ **B** $-\frac{25}{3} \leq x < \frac{11}{3}$

   C $-7 < x \leq 5$ **D** $-\frac{25}{3} < x \leq \frac{11}{3}$

5. ¿Qué gráfica representa la solución de $6x - 4 \geq 14$ ó $3x + 10 < 4$?

   A ◄─┼─┼─┼─┼─┼─○─┼─┼─┼─●─┼─┼─►
         $-5\,-4\,-3\,-2\,-1\ \ 0\ \ 1\ \ 2\ \ 3\ \ 4\ \ 5$

   B ◄─┼─┼─┼─┼─┼─○─┼─┼─┼─●─┼─┼─►
         $-5\,-4\,-3\,-2\,-1\ \ 0\ \ 1\ \ 2\ \ 3\ \ 4\ \ 5$

   C ◄─┼─┼─┼─●─┼─┼─┼─┼─┼─○─┼─┼─►
         $-5\,-4\,-3\,-2\,-1\ \ 0\ \ 1\ \ 2\ \ 3\ \ 4\ \ 5$

   D ◄─┼─┼─┼─●─┼─┼─┼─┼─┼─○─┼─┼─►
         $-5\,-4\,-3\,-2\,-1\ \ 0\ \ 1\ \ 2\ \ 3\ \ 4\ \ 5$

6. Resuelve $|8x + 2| - 4 = 18$.

   A $\frac{3}{2}$ y -2 **B** -2 y -3

   C -3 y $\frac{5}{2}$ **D** $-\frac{3}{2}$ y 2

7. ¿Cuál par ordenado *no* es solución de $5x + 4y < -12$?

   A $(1, -5)$ **B** $(-2, 4)$

   C $(-4, 0)$ **D** $(-3, -8)$

8. Escoge una desigualdad cuya solución sea la que aparece en la gráfica.

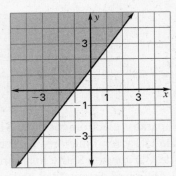

   A $3y - 4x \geq 4$ **B** $4x - 3y \geq 4$

   C $3y - 4x \leq 4$ **D** $4x - 3y \leq 4$

En la pregunta 9, escoge el enunciado que se cumpla para los números dados.

   A El número de la columna A es mayor.
   B El número de la columna B es mayor.
   C Los dos números son iguales.
   D La relación no puede determinarse a partir de la información dada.

9.

Columna A	Columna B
Media de 28, 16, 22, 13, 26	Media de 24, 10, 24, 30, 17

   A   **B**   **C**   **D**

Evaluación alternativa y diario de matemáticas

Para usar después del capítulo 6

DIARIO

1. Estás hablando con un amigo que comprende cómo resolver y representar gráficamente una ecuación lineal. Tú deseas explicarle las diferencias en resolver y representar gráficamente desigualdades lineales. (a) Explica en qué difiere el resolver una *desigualdad* lineal del resolver una *ecuación* lineal. (b) Explica en qué difiere el representar gráficamente una *desigualdad* lineal de dos variables del representar gráficamente una *ecuación* lineal de dos variables.

PROBLEMA DE VARIOS PASOS

2. Dos programas de televisión, A y B, toman una muestra aleatoria de 25 espectadores. A continuación aparece una gráfica de frecuencias acumuladas de las edades de los espectadores del programa A, y los datos para el programa B. Fíjate que una edad de 0 significa que el espectador tenía menos de un año de edad.

Programa de televisión A:

```
        10      12  13   14                              19
```

Programa de televisión B:
(edad de los espectadores): 11, 4, 7, 5, 15, 0, 3, 10, 4, 19, 6, 2, 5, 20, 6, 1, 12, 6, 14, 3, 0, 10, 15, 6, 4

a. Haz un diagrama de tallo y hojas ordenado para las edades de los espectadores del programa B.

b. Usa el diagrama de tallo y hojas de la parte (a) para ayudarte a hallar la media, la mediana y la moda de los datos. ¿Qué medida, o medidas, de tendencia central es(son) más representativa(s) de los datos? Explica por qué.

c. Haz una gráfica de frecuencias acumuladas del programa B. Copia debajo de esta misma recta numérica, la gráfica de frecuencias acumuladas del programa A.

d. Compara el número de espectadores mayores de 12 años para cada programa de televisión.

e. Escribe una desigualdad compuesta que represente las diferentes edades de los espectadores del programa B.

f. Supón que un departamento de márketing dirige su publicidad hacia adolescentes entre los 14 y 19 años. Observa que la edad de la gente que mira el programa A oscila entre los 10 y los 19 años. ¿Significa esto que la mitad de la audiencia del programa A cae dentro del mercado objetivo? ¿Por qué?

g. Analiza la diferencia entre los dos conjuntos de datos. Entrega detalles y sé específico. Por ejemplo: ¿Hacia qué tipo de mercado debería dirigirse el programa A? ¿Y el programa B?

3. *Razonamiento crítico* Supón que la edad media de un espectador del programa A es de 13.36 años. ¿Es ésta una buena medida representativa de tendencia central? ¿Por qué? Supón que se entrevista a un espectador más que resulta tener 45 años de edad. Halla la edad media de los espectadores del programa A. ¿Piensas que esta nueva media sería representativa de la medida de tendencia central? ¿Por qué?

Pauta para la evaluación alternativa
Para usar después del capítulo 6

DIARIO
SOLUCIÓN

1. Una respuesta completa debería incluir los siguientes puntos: **a.** Al resolver una desigualdad lineal, el signo de la desigualdad se invierte al dividir o multiplicar ambos lados por un número negativo. **b.** En una desigualdad lineal de dos variables, la recta aparece punteada para < o > y continua para ≤ o ≥. Además, se debe determinar hacia qué lado sombrear. La solución de una desigualdad es una región sombreada, en tanto la solución de una ecuación es simplemente una recta.

PROBLEMA
DE VARIOS
PASOS
SOLUCIÓN

2. a.

0	0 0 1 2 3 3 4 4 4 5 5 6 6 6 6 7
1	0 0 1 2 4 5 5 9
2	0

Clave 1 | 5 = 15

b. 7.52; 6; 6; mediana y moda; *explicación posible*: la mayoría de los datos parece estar encerrada en torno al 6.

c.

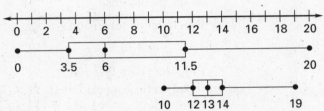

Programa de televisión B

Programa de televisión A

d. *Respuesta posible:* Menos del 25% de los espectadores del programa B tienen más de 12 años de edad, en tanto que el 75% de los espectadores del programa A, tienen más de 12 años.

e. $0 \leq x \leq 20$

f. no; el 75% de los espectadores están entre los 10 y los 14 años de edad.

g. *Respuesta posible:* Las edades de los espectadores del programa B está dispersa, mientras que la audiencia del programa A está más concentrada en el rango entre los 12 y los 14 años. El programa B sería mejor para un producto dirigido hacia un grupo específico de edad, mientras que el programa A estaría bien si la publicidad estuviera dirigida hacia un grupo más amplio de edad. La mediana de la edad de los espectadores del programa A es 13 años, pero para el programa B es 6 años.

3. Sí, está cerca de la mediana; 14.58 años; no; *respuesta posible:* 45 años no es representativo de los datos y afecta demasiado sobre la media.

PROBLEMA
DE VARIOS
PASOS
PAUTA DE
EVALUACIÓN

4 Los estudiantes completan todas las preguntas de manera precisa. El diagrama de tallo y hojas está ordenado, las gráficas de frecuencias acumuladas están hechas y espaciadas de manera precisa. Los estudiantes demuestran comprensión de que las gráficas de frecuencias acumuladas están divididas en cuartiles.

3 Los estudiantes completan las preguntas y las explicaciones. Las hojas del diagrama de tallo y hojas puede no estar en orden o las gráficas de frecuencias acumuladas pueden no estar a escala. La mayoría de las preguntas está respondida de manera correcta, pero las explicaciones pueden no estar completas.

2 Los estudiantes completan las preguntas y las explicaciones. Diversos errores pueden ocurrir. Los estudiantes no comprenden que las gráficas de frecuencias acumuladas están divididas en cuartiles y hacen comparaciones inexactas entre los dos conjuntos de datos.

1 El trabajo está incompleto. Las soluciones y explicaciones están incorrectas. Las gráficas faltan o están incorrectas. Los estudiantes no parecen comprender los datos.

Algebra 1
Resources in Spanish

NOMBRE_____ FECHA_____

Refuerzo con práctica

Para usar con las páginas 398–403

OBJETIVO Resolver un sistema de ecuaciones lineales mediante gráficas y representar un problema de la vida real usando un sistema lineal

---

VOCABULARIO

Dos ecuaciones de dos variables forman un **sistema de ecuaciones lineales** o simplemente un **sistema lineal**.

La **solución de un sistema de ecuaciones lineales** de dos variables es el par ordenado (x, y) que satisface cada ecuación del sistema.

EJEMPLO 1 *Usar el método de representación gráfica y verificación*

Resuelve en forma gráfica el sistema lineal. Verifica algebraicamente la solución:

$$-3x + y = -7 \qquad \text{Ecuación 1}$$

$$2x + 2y = 10 \qquad \text{Ecuación 2}$$

SOLUCIÓN

Escribe cada ecuación en la forma de pendiente e intercepción:

$y = 3x - 7$ Pendiente: 3, intercepción en y: -7

$y = -x + 5$ Pendiente: -1, intercepción en y: 5

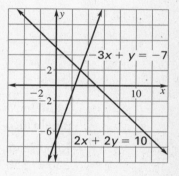

Representa gráficamente cada ecuación. Las rectas parecen intersecarse en $(3, 2)$.

Para verificar algebraicamente que $(3, 2)$ es una solución, sustituye x por 3 e y por 2 en cada ecuación original.

ECUACIÓN 1	ECUACIÓN 2
$-3x + y = -7$	$2x + 2y = 10$
$-3(3) + 2 \stackrel{?}{=} -7$	$2(3) + 2(2) \stackrel{?}{=} 10$
$-7 = -7$	$10 = 10$

Como $(3, 2)$ es una solución de cada ecuación del sistema lineal, es solución del sistema lineal.

Ejercicios para el ejemplo 1

Representa gráficamente y verifica para resolver cada sistema lineal.

1. $y = -x + 5$
$\quad\;\; y = x + 1$

2. $2x - y = 2$
$\qquad\;\; x = 4$

3. $2x + y = 2$
$\qquad\;\; x - y = 4$

Refuerzo con práctica

Para usar con las páginas 398–403

EJEMPLO 2 *Usar un sistema lineal para representar un problema de la vida real*

Los boletos para el teatro cuestan $5 para el balcón y $10 para la platea.
Si se vendieron 600 boletos y la recaudación total fue de $4750, ¿cuántos
boletos para platea se vendieron?

SOLUCIÓN

Modelo verbal

Cantidad de boletos para balcón	+	Cantidad de boletos para platea	=	Cantidad total de boletos

Precio de los boletos para balcón	·	Cantidad de boletos para balcón	+	Precio de los boletos para platea	·

Cantidad de boletos para platea	=	Recauda - ción total

Rótulos

Precio de los boletos para balcón = 5 (dólares)

Cantidad de boletos para balcón = x (boletos)

Precio de los boletos para platea = 10 (dólares)

Cantidad de boletos para platea = y (boletos)

Cantidad total de boletos = 600 (boletos)

Recaudación total = 4750 (dólares)

Boletos vendidos

(250, 350)

Boletos para platea

Boletos para balcón (cientos)

Modelo algebraico

$x + y = 600$ Ecuación 1 (boletos)

$5x + 10y = 4750$ Ecuación 2 (recaudación)

Representa gráficamente el sistema. Verifica la solución:
$250 + 350 = 600$ y $5(250) + 10(350) = 1250 + 3500 = 4750$.

Se vendieron 350 boletos para platea.

Ejercicios para el ejemplo 2

4. Verifica algebraicamente la solución del ejemplo 2.

5. Formula nuevamente el ejemplo 2 si se vendieron 800 boletos.

6. Formula nuevamente el ejemplo 2 si la recaudación total fue
de $3500.

Refuerzo con práctica

Para usar con las páginas 405–410

OBJETIVO Usar la sustitución para resolver un sistema lineal y representar una situación de la vida real usando un sistema lineal

EJEMPLO 1 *El método de sustitución*

Resuelve el sistema lineal. $x + y = 1$ Ecuación 1

$2x - 3y = 12$ Ecuación 2

SOLUCIÓN

Resuelve para y en la ecuación 1.

$y = -x + 1$ Ecuación 1 reordenada

Sustituye y por $-x + 1$ en la ecuación 2 y resuelve para x.

$2x - 3y = 12$	Escribe la ecuación 2.
$2x - 3(-x + 1) = 12$	Sustituye y por $-x + 1$
$2x + 3x - 3 = 12$	Distribuye el -3.
$5x - 3 = 12$	Simplifica.
$5x = 15$	Suma 3 a cada lado.
$x = 3$	Resuelve para x.

Para hallar el valor de y, sustituye x por 3 en la ecuación 1 reordenada.

$y = -x + 1$	Escribe la ecuación 1 reordenada.
$y = -3 + 1$	Sustituye x por 3.
$y = -2$	Resuelve para y.

La solución es $(3, -2)$.

Ejercicios para el ejemplo 1

Usa el método de sustitución para resolver el sistema lineal.

1. $x + 2y = -5$ **2.** $3x - 2y = 4$ **3.** $3x + y = -2$

$\quad 4x - 3y = 2$ $\quad x + 3y = 5$ $\quad x + 3y = 2$

Refuerzo con práctica

Para usar con las páginas 405–410

EJEMPLO 2 *Escribir y usar un sistema lineal*

Un inversionista compra 225 acciones de capital: las del capital A a $50 la acción y las del capital B a $75 la acción. Si compró $13,750 en acciones, ¿cuántas acciones de cada tipo compró el inversionista?

SOLUCIÓN

Modelo verbal

$$\boxed{\text{Cantidad de acciones A}} + \boxed{\text{Cantidad de acciones B}} = \boxed{\text{Cantidad total de acciones}}$$

$$\boxed{\text{Precio de la acción A}} \cdot \boxed{\text{Cantidad de acciones A}} + \boxed{\text{Precio de la acción B}} \cdot$$

$$\boxed{\text{Cantidad de acciones B}} = \boxed{\text{Inversión total}}$$

Rótulos

Cantidad de acciones A = x	(acciones)	
Cantidad de acciones B = y	(acciones)	
Cantidad total de acciones = 225	(acciones)	
Precio de la acción A = 50	(dólares la acción)	
Precio de la acción B = 75	(dólares la acción)	
Inversión total = 13,750	(dólares)	

Modelo algebraico

$x + y = 225$ Ecuación 1 (acciones)

$50x + 75y = 13,750$ Ecuación 2 (dólares)

Resuelve la ecuación 1 para y.

$y = -x + 225$ Ecuación 1 reordenada.

Sustituye y por $-x + 225$ en la ecuación 2 y resuelve para x.

$50x + 75y = 13,750$ Escribe la ecuación 2.

$50x + 75(-x + 225) = 13,750$ Sustituye y por $-x + 225$

$50x - 75x + 16,875 = 13,750$ Distribuye el 75.

$-25x = -3125$ Simplifica.

$x = 125$ Resuelve para x.

Para hallar el valor de y, sustituye x por 125 en la ecuación 1 reordenada.

$y = -x + 225$ Escribe la ecuación 1 reordenada.

$y = -125 + 225$ Sustituye x por 125.

$y = 100$ Resuelve para y.

La solución es (125, 100).

Ejercicios para el ejemplo 2

4. Formula nuevamente el ejemplo 2 si el inversionista compró 200 acciones.

5. Formula nuevamente el ejemplo 2 si se compraron $16,250 en acciones.

NOMBRE_____ FECHA_____

Refuerzo con práctica

Para usar con las páginas 411–417

OBJETIVO Usar combinaciones lineales para resolver un sistema de ecuaciones lineales, y representar un problema de la vida real usando un sistema de ecuaciones lineales

VOCABULARIO

La **combinación lineal** de dos ecuaciones es la ecuación que se obtiene al sumar una de las ecuaciones (o un múltiplo de una de las ecuaciones) a la otra ecuación.

EJEMPLO 1 *Usar primero la multiplicación*

Resuelve el sistema lineal. $4x - 3y = 11$ Ecuación 1

$3x + 2y = -13$ Ecuación 2

SOLUCIÓN

Las ecuaciones están ordenadas con los términos semejantes en columnas. Puedes lograr que los coeficientes de y sean opuestos, multiplicando la primera ecuación por 2 y la segunda ecuación por 3.

$4x - 3y = 11$ Multiplica por 2. $8x - 6y = 22$

$3x + 2y = -13$ Multiplica por 3. $\underline{9x + 6y = -39}$

$17x = -17$ Suma las ecuaciones.

$x = -1$ Resuelve para x.

Sustituye x por -1 en la segunda ecuación y resuelve para y.

$3x + 2y = -13$ Escribe la ecuación 2.

$3(-1) + 2y = -13$ Sustituye x por -1.

$-3 + 2y = -13$ Simplifica.

$y = -5$ Resuelve para y.

La solución es $(-1, -5)$.

Ejercicios para el ejemplo 1

Usa combinaciones lineales para resolver el sistema de ecuaciones lineales.

1. $x + 2y = 5$ **2.** $x + y = 1$ **3.** $x - y = -4$

    $3x - 2y = 7$ $2x - 3y = 12$ $x + 2y = 5$

Refuerzo con práctica

Para usar con las páginas 411–417

EJEMPLO 2 *Escribir y usar un sistema lineal*

Una farmacia envió 300 anuncios publicitarios por correo. Los sellos para
los más pequeños cuestan $.33 y los sellos para los más grandes cuestan
$.55. Si el precio total de los sellos fue de $121, calcula la cantidad de
anuncios enviados de cada valor.

SOLUCIÓN

Modelo verbal

| Cantidad de anuncios pequeños | + | Cantidad de anuncios grandes | = | Cantidad total de anuncios |

| Sellos para anuncios pequeños | · | Cantidad de anuncios pequeños | + | Sellos para anuncios grandes | · |

| Cantidad de anuncios grandes | = | Precio total de los sellos |

Rótulos

Cantidad de anuncios pequeños $= x$ (anuncios)

Cantidad de anuncios grandes $= y$ (anuncios)

Cantidad total de anuncios $= 300$ (anuncios)

Sellos para anuncios pequeños $= 0.33$ (dólares por anuncio)

Sellos para anuncios grandes $= 0.55$ (dólares por anuncio)

Precio total de los sellos $= 121$ (dólares)

Modelo algebraico

$x + y = 300$ Ecuación 1 (anuncios)

$0.33x + 0.55y = 121$ Ecuación 2 (dólares)

Usa combinaciones lineales para resolver para y.

$-0.33x - 0.33y = -99$ Multiplica la ecuación 1 por -0.33.

$\underline{0.33x + 0.55y = 121}$ Escribe la ecuación 2.

$0.22y = 22$ Suma las ecuaciones.

$y = 100$ Resuelve para y.

Sustituye y por 100 en la ecuación 1 y resuelve para x.

$x + y = 300$ Escribe la ecuación 1.

$x + 100 = 300$ Sustituye y por 100.

$x = 200$ Resuelve para x.

La solución es (200, 100). La farmacia envió 200 anuncios pequeños y
100 anuncios grandes.

Ejercicios para el ejemplo 2

4. Formula nuevamente el ejemplo 2 si el precio total de los sellos fue de
$154.

5. Formula nuevamente el ejemplo 2 si la farmacia envió 320 anuncios.

Chapter 7

Prueba parcial 1

Para usar después de las lecciones 7.1–7.3

1. Decide si $(-4, 2)$ es una solución del sistema. *(Lección 7.1)*

$$3x + 2y = -8$$

$$2x - y = -6$$

2. Representa gráficamente y verifica para resolver el sistema lineal. *(Lección 7.1)*

$$5x - 2y = 4$$

$$-x + 4y = -8$$

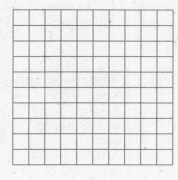

3. Usa el método de sustitución para resolver el sistema lineal. *(Lección 7.2)*

$$2x - 2y = 12$$

$$x - 5y = 2$$

4. Usa combinaciones lineales para resolver el sistema lineal. *(Lección 7.3)*

$$x = -\tfrac{1}{4}y + 2$$

$$5y - 4x = 16$$

5. Tienes $160 y ahorras $7 a la semana. Tu amigo tiene $210 y ahorra $5 a la semana. ¿Después de cuántas semanas habrá ahorrado cada uno de ustedes la misma cantidad de dinero? *(Lecciones 7.1–7.3)*

Respuestas

1. _____

2. Usa la cuadrícula

de la izquierda. ___

3. _____

4. _____

5. _____

Chapter 7

Refuerzo con práctica

Para usar con las páginas 418–424

OBJETIVO **Escoger el mejor método para resolver un sistema lineal y usar un sistema lineal para representar problemas de la vida real**

EJEMPLO 1 *Escoger un método de solución*

Tu prima pidió un préstamo de $6000, una parte como crédito hipotecario, a una tasa de interés del 9.5%, y el resto como crédito de consumo, a una tasa de interés del 11%. El interés total que pagó fue de $645. ¿Cuánto pidió prestado a cada tasa?

SOLUCIÓN

Modelo verbal

| Monto de crédito hipotecario | + | Monto de crédito de consumo | = | Préstamo total |

| Tasa del crédito hipotecario | · | Monto de crédito hipotecario | + | Tasa del crédito de consumo | · |

| Monto de crédito de consumo | = | Interés total pagado |

Rótulos

Monto de crédito hipotecario $= x$ (dólares)

Monto de crédito de consumo $= y$ (dólares)

Préstamo total $= 6000$ (dólares)

Tasa del crédito hipotecario $= 0.095$ (porcentaje en forma decimal)

Tasa del crédito de consumo $= 0.11$ (porcentaje en forma decimal)

Interés total pagado $= 645$ (dólares)

Modelo algebraico

$x + y = 6000$ Ecuación 1 (préstamo)

$0.095x + 0.11y = 645$ Ecuación 2 (interés)

Como los coeficientes de x e y en la ecuación 1 son 1, usa el método de sustitución. Puedes resolver la ecuación 1 para x y sustituir el resultado en la ecuación 2. Obtendrás 5000 para y. Sustituye 5000 en la ecuación 1 y resuelve para x. Obtendrás 1000 para x.

La solución es $1000 pedidos al 9.5% y $5000 pedidos al 11%.

Ejercicios para el ejemplo 1

1. Escoge un método para resolver el sistema lineal. Explica tu preferencia.

a. $2x - y = 3$
$x + 3y = 5$

b. $4x + 4y = 16$
$-2x + 5y = 9$

c. $x - 3y = 3$
$5x + 2y = 14$

Refuerzo con práctica

Para usar con las páginas 418–424

EJEMPLO 2   *Resolver un problema de costos*

Compraste 12 libras de azúcar y 15 libras de harina para una venta de pasteles de la comunidad. El precio total fue de $9.30. Al día siguiente, compraste 4 libras de azúcar y 10 libras de harina, a los mismos precios. El precio total del segundo día fue de $4.60. Calcula el precio por libra del azúcar y la harina.

SOLUCIÓN

Modelo verbal

| Cantidad de azúcar día 1 | · | Precio del azúcar | + | Cantidad de harina día 1 | · | Precio de la harina | = |

| Precio total día 1 |

| Cantidad de azúcar día 2 | · | Precio del azúcar | + | Cantidad de harina día 2 | · | Precio de la harina | = |

| Precio total día 2 |

Rótulos

Cantidad de azúcar día 1 = 12	(libras)
Cantidad de harina día 1 = 15	(libras)
Cantidad de azúcar día 2 = 4	(libras)
Cantidad de harina día 2 = 10	(libras)
Precio del azúcar = x	(dólares la libra)
Precio del harina = y	(dólares la libra)
Precio total día 1 = 9.30	(dólares)
Precio total día 2 = 4.60	(dólares)

Modelo algebraico

$12x + 15y = 9.30$ Ecuación 1 (Compras día 1)
$4x + 10y = 4.60$ Ecuación 2 (Compras día 2)

Usa combinaciones lineales para resolver este sistema lineal, porque ninguna de las variables tiene coeficiente 1 ó −1. Puedes lograr que los coeficientes de x sean opuestos multiplicando la ecuación 2 por −3. Obtendrás 0.30 para y. Sustituye y por 0.30 en la ecuación 1 y resuelve para x. Obtendrás 0.40 para x.

La solución del sistema lineal es (0.40, 0.30). Concluyes que el azúcar cuesta $.40 la libra y que la harina cuesta $.30 la libra.

Ejercicios para el ejemplo 2

2. Formula nuevamente el ejemplo 2 si el precio de la primera compra fue de $7.95 y el precio de la segunda compra fue de $3.90.

LECCIÓN 7.5

Refuerzo con práctica

Para usar con las páginas 426–431

OBJETIVO **Identificar si los sistemas lineales tienen una solución, ninguna solución o infinitas soluciones y representar problemas de la vida real usando un sistema lineal**

EJEMPLO 1 — *Sistema lineal sin soluciones*

Muestra que el sistema lineal no tiene solución.

$3x - y = 1$ Ecuación 1

$3x - y = -2$ Ecuación 2

$y = 3x + 2$ $y = 3x - 1$

SOLUCIÓN

Método 1:   GRÁFICA Escribe nuevamente cada ecuación en la forma de pendiente e intercepción. Después, representa gráficamente el sistema lineal.

$y = 3x - 1$ Ecuación 1 reordenada

$y = 3x + 2$ Ecuación 2 reordenada

Las rectas son paralelas, pues tienen la misma pendiente pero diferentes intercepciones en y. Las rectas paralelas nunca se intersecan, por lo cual, el sistema no tiene solución.

Método 2:   SUSTITUCIÓN Como la ecuación 2 se puede reordenar como $y = 3x + 2$, puedes sustituir y por $3x + 2$ en la ecuación 1.

$3x - y = 1$ Escribe la ecuación 1.

$3x - (3x + 2) = 1$ Sustituye y por $3x + 2$.

$-2 = 1$ Simplifica. Enunciado falso.

Las variables se eliminan y obtienes un enunciado que no es verdadero, independientemente de los valores de x e y. El sistema no tiene solución.

Ejercicios para el ejemplo 1

Escoge un método para resolver el sistema lineal y di cuántas soluciones tiene el sistema.

1. $2x - y = 1$
$6x - 3y = 12$

2. $x + y = 5$
$3x + 3y = 7$

3. $2x + 6y = 6$
$x + 3y = -3$

EJEMPLO 2 — *Sistema lineal con muchas soluciones*

Usa combinaciones lineales para mostrar que el sistema lineal tiene infinitas soluciones.

$3x + y = 4$ Ecuación 1

$6x + 2y = 8$ Ecuación 2

Refuerzo con práctica

Para usar con las páginas 426–431

SOLUCIÓN

Puedes multiplicar la ecuación 1 por -2.

$-6x - 2y = -8$ Multiplica la ecuación 1 por -2.

$\underline{6x + 2y = 8}$ Escribe la ecuación 2.

$0 = 0$ Suma las ecuaciones.

Las variables se eliminan y obtienes un enunciado que es verdadero, independientemente de los valores de x e y. El sistema tiene infinitas soluciones.

Ejercicios para el ejemplo 2

Escoge un método para resolver el sistema lineal y di cuántas soluciones tiene el sistema.

4. $2x + 3y = 6$
$6x + 9y = 18$

5. $4x + 6y = 12$
$6x + 9y = 18$

6. $4x - 2y = 6$
$2x - y = 3$

EJEMPLO 3 *Representar un problema de la vida real*

Una artista está comprando artículos de arte. Compra 4 cuadernos de bocetos y 2 paletas. Paga $16 por los artículos. A la semana siguiente compra, a los mismos precios, 2 cuadernos de bocetos y una paleta y paga $8. ¿Puedes calcular el precio de un cuaderno de bocetos? Explica.

SOLUCIÓN

Sea x el precio de un cuaderno de bocetos y sea y el precio de una paleta. Determina la cantidad de soluciones del sistema lineal.

$4x + 2y = 16$ Ecuación 1

$2x + y = 8$ Ecuación 2

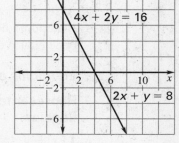

Usa el método de representar gráficamente para identificar el número de soluciones del sistema lineal. Formula nuevamente cada ecuación en la forma de pendiente e intercepción, y representa gráficamente el sistema lineal.

$y = -2x + 8$ Ecuación 1 reordenada

$y = -2x + 8$ Ecuación 2 reordenada

Las ecuaciones representan la misma recta. Cualquier punto de la recta es una solución. No se puede calcular el precio de un cuaderno de bocetos.

Ejercicios para el ejemplo 3

7. Formula nuevamente el ejemplo 3, si el precio de la segunda compra fue de $5 por un cuaderno de bocetos y una paleta.

Refuerzo con práctica

Para usar con las páginas 432–438

OBJETIVO Resolver un sistema de desigualdades lineales mediante representaciones gráficas y usar un sistema de desigualdades lineales para representar una situación de la vida real

---

VOCABULARIO

Dos o más desigualdades lineales forman un **sistema de desigualdades lineales** o simplemente un **sistema de desigualdades**.

La **solución** de un sistema de desigualdades lineales es un par ordenado que es una solución de cada desigualdad del sistema.

La **gráfica** de un sistema de desigualdades lineales es la gráfica de todas las soluciones del sistema.

EJEMPLO 1 *Región de solución triangular o cuadrilátera*

Representa gráficamente el sistema de desigualdades lineales.

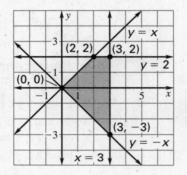

$x - y \geq 0$	Desigualdad 1
$x + y \geq 0$	Desigualdad 2
$x \leq 3$	Desigualdad 3
$y \leq 2$	Desigualdad 4

SOLUCIÓN

Representa gráficamente las cuatro desigualdades en el mismo sistema de coordenadas. La gráfica del sistema es la superposición, o intersección, de los cuatro semiplanos que se muestran.

Al representar gráficamente un sistema de desigualdades lineales, halla cada punto de la esquina (o vértice). La gráfica del sistema del ejemplo 1 tiene cuatro esquinas: $(0, 0)$, $(2, 2)$, $(3, 2)$, y $(3, -3)$.

Ejercicios para el ejemplo 1

Representa gráficamente el sistema de desigualdades lineales.

1. $x + y \leq 5$
  $x > 1$
  $y > -1$

2. $2x + 3y < 6$
  $2x + y \leq 2$

3. $y \geq x - 1$
  $y \leq -x + 1$
  $y \geq -1$
  $x \geq -1$

Algebra 1
Resources in Spanish

Refuerzo con práctica

Para usar con las páginas 432–438

EJEMPLO 2 *Escribir un sistema de desigualdades lineales*

Supón que puedes gastar hasta $72 en discos compactos y videos. Los discos cuestan $18 cada uno y los videos cuestan $9 cada uno. Escribe un sistema de desigualdades lineales que muestra las diferentes cantidades de discos y videos que puedes comprar.

SOLUCIÓN

Modelo verbal

| Cantidad de discos | ≥ 0 |

| Cantidad de videos | ≥ 0 |

| Cantidad de discos | $\cdot$ | Precio de un disco | $+$ | cantidad de videos | $\cdot$ | Precio de un video | ≤ 72 |

Rótulos

Cantidad de discos $= x$ (sin unidades)

Cantidad de videos $= y$ (sin unidades)

Precio de un disco $= 18$ (dólares)

Precio de un video $= 9$ (dólares)

Modelo algebraico

$x \geq 0$ Desigualdad 1

$y \geq 0$ Desigualdad 2

$18x + 9y \leq 72$ Desigualdad 3

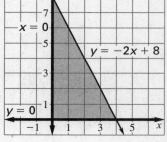

A la derecha se muestra la gráfica del sistema de desigualdades. Cualquier punto de la región sombreada es una solución del sistema. Como no puedes comprar una parte de un disco o video, sólo los pares ordenados de enteros que hay en la región sombreada serán soluciones del problema.

Ejercicios para el ejemplo 2

4. Formula nuevamente el ejemplo 3 si puedes gastar hasta $90.

5. Formula nuevamente el ejemplo 3 si los discos cuestan $16 cada uno y los videos cuestan $8 cada uno.

Prueba parcial 2

Para usar después de las lecciones 7.4–7.6

1. Resuelve el sistema lineal mediante cualquier método. *(Lección 7.4)*

$2x + y = 6$

$2x + 3y = 10$

2. Usa el método de representar gráficamente para resolver el sistema lineal y di cuántas soluciones tiene el sistema. *(Lección 7.5)*

$2x + 4y = 8$

$3x + 6y = 12$

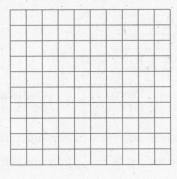

3. Usa el método de sustitución o de combinaciones lineales para resolver el sistema lineal y di cuántas soluciones tiene el sistema. *(Lección 7.5)*

$y = 6x + 5$

$6x - y = 7$

4. Representa gráficamente el sistema de desigualdades lineales. *(Lección 7.6)*

$x + y > 7$

$3x + y \leq 6$

5. Marca los puntos $(-6, 3)$, $(0, 3)$, $(-6, 0)$ y dibuja los segmentos de recta que unen los puntos para formar el polígono. Escribe después un sistema de desigualdades lineales que defina la región poligonal. *(Lección 7.6)*

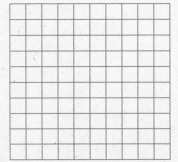

Respuestas

1. _____

2. _____

3. _____

4. _____

5. Usa la cuadrícula

de la izquierda.

Chapter 7

NOMBRE_____ FECHA_____

Prueba del capítulo A

Para usar después del capítulo 7

¿Es el par ordenado una solución del sistema de ecuaciones lineales?

1. $x + y = 5$ $\qquad (0, 5)$
$-5x + 2y = 10$

2. $-x + y = -3$ $\qquad (4, 1)$
$x + 3y = 6$

Representa gráficamente y verifica para resolver el sistema lineal.

3. $-x + y = 3$
$x + y = 5$

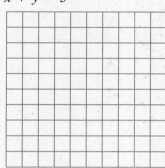

4. $x = 4$
$y = 2$

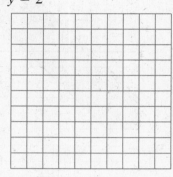

Usa el método de sustitución para resolver el sistema lineal.

5. $y = x + 2$
$3x + 2y = 9$

6. $y = 3 - x$
$-2x + y = 6$

7. Estás vendiendo boletos para un juego de baloncesto de la secundaria. Los boletos para estudiantes cuestan $3 y los boletos de admisión general cuestan $5. Vendes 350 boletos y reúnes $1450. ¿Cuántos boletos de cada tipo vendiste?

Usa combinaciones lineales para resolver el sistema lineal.

8. $x + y = 5$
$x - y = 3$

9. $x + y = 5$
$2x + y = 6$

10. Una tienda de música vende discos compactos a $11.50 y $7.50. Compras 12 discos y gastas un total de $110. ¿Cuántos discos compactos de $11.50 compraste?

Resuelve el sistema usando el método de tu preferencia y di cuántas soluciones tiene el sistema.

11. $x + 2y = 5$
$2x - 2y = 4$

12. $x + y = 1$
$x + y = 3$

Respuestas

1. _____

2. _____

3. Usa la cuadrícula de la

izquierda.

4. Usa la cuadrícula de la

izquierda.

5. _____

6. _____

7. _____

8. _____

9. _____

10. _____

11. _____

12. _____

Chapter 7

Algebra 1
Resources in Spanish

Prueba del capítulo A

Para usar después del capítulo 7

Chapter 7

En las preguntas 13–16, asocia el sistema de desigualdades lineales con su gráfica.

A. $-x + y < 2$
$-x + y \geq -2$

B. $-x + y > 2$
$x + y \leq -2$

C. $-x + y > -2$
$x + y \leq 2$

D. $-x + y \leq 2$
$x + y < 2$

Respuestas

13._____

14._____

15._____

16._____

17._____

18._____

13.

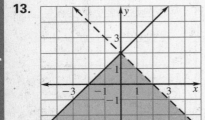

14.

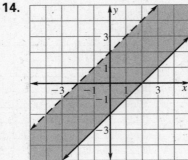

15.

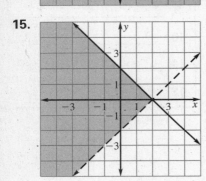

16.

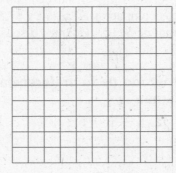

Representa gráficamente el sistema de desigualdades lineales.

17. $y \geq -2$
$x < 2$

18. $y < x + 1$
$y \geq 3$

Prueba del capítulo B

Para usar después del capítulo 7

¿Es el par ordenado una solución del sistema de ecuaciones lineales?

1. $-2x + 3y = 5$ $(2, 3)$
   $3x + 2y = 12$

2. $2x + 5y = 23$ $(-1, 5)$
   $-2x + 3y = 1$

Representa gráficamente y verifica para resolver el sistema lineal.

3. $-2x + y = 1$
   $2x + 3y = 11$

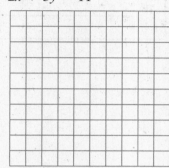

4. $-x + y = 4$
   $2x + y = 7$

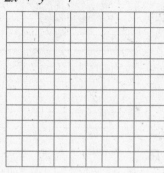

Usa el método de sustitución para resolver el sistema lineal.

5. $x + y = 4$
   $-5x + 2y = -6$

6. $3x = 9$
   $-x + 2y = 9$

7. Estás vendiendo boletos para un concierto de la secundaria. Los boletos para estudiantes cuestan $4 y los boletos de admisión general cuestan $6. Vendes 450 boletos y reúnes $2340. ¿Cuántos boletos de cada tipo vendiste?

Usa combinaciones lineales para resolver el sistema lineal.

8. $x + y = 3$
   $x + 2y = 6$

9. $x + y = 7$
   $y = -2x + 8$

10. Una tienda de música vende discos compactos a $11.50 y $7.50. Compras 12 discos y gastas un total de $106. ¿Cuántos discos compactos de $11.50 compraste?

Resuelve el sistema usando el método de tu preferencia y di cuántas soluciones tiene el sistema.

11. $2x + y = 5$
   $3y = 4x - 5$

12. $4y = x + 4$
   $3x - 12y = -12$

Respuestas

1. _____
2. _____
3. _____
4. _____
5. _____
6. _____
7. _____
8. _____
9. _____
10. _____
11. _____
12. _____

Chapter 7

Algebra 1
Resources in Spanish

En las preguntas 13–16, asocia el sistema de desigualdades lineales con su gráfica.

A. $2x + 3y < 2$
$-3x + 2y \leq -2$

B. $2x + 3y < 8$
$-3x + 2y \leq 1$

C. $-3x + 2y > 1$
$2x + 3y \geq 2$

D. $2x + 3y \geq 8$
$-3x + 2y > -3$

Respuestas

13._____

14._____

15._____

16._____

17._____

18._____

13.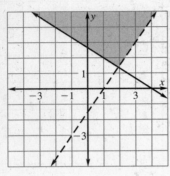

14.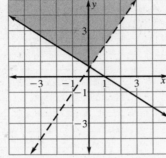

15.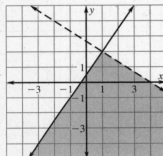

16.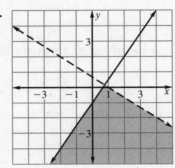

Representa gráficamente el sistema de desigualdades lineales.

17. $y > x - 3$
$y \leq x + 1$

18. $y \leq 2x + 3$
$y > -x + 5$

Prueba del capítulo C

Para usar después del capítulo 7

Representa gráficamente y verifica para resolver el sistema lineal.

1. $-x + 5y = -11$
$3x + 2y = -18$

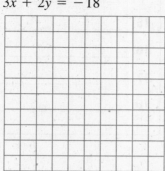

2. $2.4x + 0.8y = 0.8$
$-0.5x + 0.25y = -1$

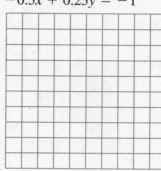

Usa el método de sustitución para resolver el sistema lineal.

3. $-10x + y = 40$
$-5x + 3y = -5$

4. $3x + 5y = -3$
$-3x + y = -15$

5. Una acción del capital A vale $3\frac{1}{2}$ acciones del capital B. Si el valor total de las acciones es de $9000, ¿cuánto se invirtió en cada empresa?

Usa combinaciones lineales para resolver el sistema lineal.

6. $4x + 5y = -2$
$5x = 5 - 10y$

7. $3y = 16 - 2x$
$3x + 2y = 14$

8. Llamas a dos empresas de arrendamiento de autos para saber sus precios. La empresa A cobra $75 más $.25 por milla, y la empresa B cobra $80 más $.30 por milla. Si viajas 300 millas, ¿qué empresa es la que ofrece el mejor precio?

Resuelve el sistema usando el método de tu preferencia y di cuántas soluciones tiene el sistema.

9. $7x + 3y = -9$
$3y = x + 15$

10. $6x - 18y = -27$
$6y = 2x + 9$

11. $9x + y = 5$
$-4x + 3y = -16$

12. $5y = -6x + 15$
$12x + 10y = -5$

Prueba del capítulo C

Para usar después del capítulo 7

En las preguntas 13–16, asocia el sistema de desigualdades lineales con su gráfica.

A. $4x + 3y \le 13$
$-3x + 4y > 9$

B. $-3x + 4y < 5$
$4x + 3y \ge 10$

C. $-3x + 4y \le 9$
$4x + 3y > 13$

D. $4x + 3y < 10$
$-3x + 4y \ge 5$

Respuestas

13._____

14._____

15._____

16._____

17._____

18._____

13.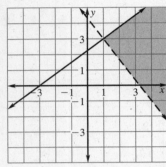

14.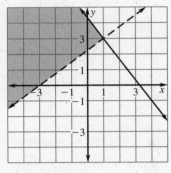

15.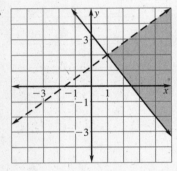

16.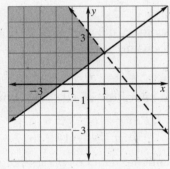

Representa gráficamente el sistema de desigualdades lineales.

17. $y \le \frac{1}{2}x + \frac{5}{2}$
$y > -2x - 3$

18. $y > \frac{3}{4}x + \frac{5}{4}$
$y \le -3x + \frac{5}{2}$

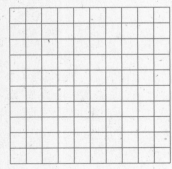

Prueba del capítulo SAT/ACT

Para usar después del capítulo 7

1. ¿Qué par ordenado es solución del sistema lineal $4x + 3y = 5$
$-2x + 5y = 17$

   A $(2, -1)$ **B** $(-1, 3)$
   C $(4, 5)$ **D** $(-4, 7)$

2. Si $x + 2y = 8$ y $-2x + 3y = 5$, entonces $x = \underline{\ ?\ }$.

   A 2 **B** $\frac{13}{5}$
   C 3 **D** 5

3. Si $4y = x + 13$ y $x + 2y = 5$, entonces $x + y = \underline{\ ?\ }$.

   A -1 **B** 2
   C 3 **D** 4

4. Tu maestro da una prueba que vale 200 puntos. Hay un total de 30 preguntas de cinco puntos y de diez puntos. ¿Cuántas preguntas de cinco puntos hay en la prueba?

   A 10 **B** 15
   C 20 **D** 25

5. ¿Cuántas soluciones tiene el sistema lineal?
$2x - 6y = -14;\ -2x + 3y = 7$

   A ninguna   **B** una exactamente
   C dos exactamente   **D** infinitas

6. ¿En qué punto se intersecan las rectas $5x + y = 19$ y $-x + 2y = -6$?

   A $(0, -3)$ **B** $(2, 0)$
   C $(3, 4)$ **D** $(4, -1)$

7. ¿Qué punto es una solución del sistema lineal?

   $2x + y = -8$
   $-3x + 2y = 5$

   A $(-3, -2)$ **B** $(-1, -6)$
   C $(3, 7)$ **D** $(21, -50)$

8. Resuelve el sistema lineal. Escoge después el enunciado que se cumple acerca de la solución del sistema.

   $-4x + 5y = 0$
   $3x + 2y = 23$

   A El valor de x es mayor.
   B El valor de y es mayor.
   C Los valores de x e y son iguales.
   D La relación no se puede determinar a partir de la información dada.

9. ¿Qué sistema de desigualdades lineales representa la gráfica?

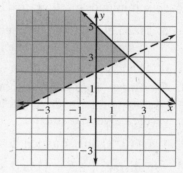

   A $y < -x + 5$ **B** $y > -x + 5$
         $y \geq \frac{1}{2}x + 2$ $y \leq \frac{1}{2}x + 2$
   C $y \leq -x + 5$ **D** $y \geq -x + 5$
         $y > \frac{1}{2}x + 2$ $y < \frac{1}{2}x + 2$

Evaluación alternativa y diario de matemáticas

Para usar después del Capítulo 7

DIARIO 1. En este capítulo has aprendido tres métodos para resolver sistemas de ecuaciones. Deberías ser capaz de usar los tres procedimientos y saber cuándo escoger el mejor método para un problema específico. En este diario compararás los métodos. (a) Escribe un sistema que se resuelva mejor (es decir, más rápida y fácilmente) mediante representación gráfica. (b) Escribe un sistema que se resuelva mejor mediante sustitución. (c) Escribe un sistema que se resuelva mejor mediante combinaciones lineales. (d) Explica cómo decidir qué método es mejor para resolver un sistema específico. Incluye en tu explicación un enunciado acerca de por qué el método sería mejor que los otros. Usa como apoyo los ejemplos que escribiste en las partes (a)–(c).

PROBLEMA DE VARIOS PASOS 2. Consulta el sistema de desigualdades para hacer lo siguiente:

$$\begin{cases} y \geq -3x + 5 & \text{Desigualdad 1} \\ 2x - 4y > 12 & \text{Desigualdad 2} \end{cases}$$

a. Bosqueja una gráfica de la primera desigualdad y rotúlala como desigualdad 1.

b. En el mismo conjunto de ejes que usaste en la parte (a), bosqueja una gráfica de la segunda desigualdad y rotúlala como desigualdad 2.

c. ¿Qué representa la superposición (o intercepción) de los dos semiplanos en tu gráfica?

d. Halla el punto de intersección de $y = -3x + 5$ y $2x - 4y = 12$. ¿Es este punto una solución del sistema de desigualdades? Explica por qué.

3. *Escritura:* Para las preguntas siguientes, halla la respuesta a cada pregunta observando la gráfica. Explica tu razonamiento. Finalmente, verifica algebraicamente.

- ¿Es $(6, 3)$ una solución de la desigualdad 1?

- ¿Satisface $(-2, -4)$ la desigualdad 2?

- ¿Es $(3, 0)$ una solución del sistema de desigualdades?

Describe los dos métodos para verificar la solución de un sistema de desigualdades lineales.

Pauta para la evaluación alternativa

Para usar después del capítulo 7

DIARIO
SOLUCIÓN

Posibles respuestas:

a. $\begin{cases} y = -2x + 6 \\ y = \frac{1}{3}x - 1 \end{cases}$ **b.** $\begin{cases} x = 3y - 1 \\ 2x + 4y = 18 \end{cases}$ **c.** $\begin{cases} 3x - 8 = 28 \\ 2x + 4y = 18 \end{cases}$

d. Las explicaciones completas deberían incluir los siguientes puntos: Un sistema es más fácil de resolver mediante representación gráfica si las ecuaciones están en una forma fácil de representar gráficamente, como la forma de pendiente e intercepción. En el ejemplo anterior, sería difícil usar sustitución o combinaciones lineales porque hay fracciones en el problema. La sustitución es mejor cuando una de las ecuaciones tiene una variable aislada. Las combinaciones son mejores si ambas ecuaciones están escritas en forma normal.

PROBLEMA DE VARIOS PASOS SOLUCIÓN

2. a, b. Verifica la gráfica.

c. La superposición representa las soluciones del sistema de desigualdades.

d. $\left(\frac{16}{7}, -\frac{13}{7}\right)$, no, el punto no está en la región de solución del sistema de desigualdades.

3. Las respuestas completas deberían considerar los siguientes puntos:

- (6, 3) es una solución, porque el punto está en el área sombreada para la desigualdad 1. Verificación: $3 > -13$ es verdadero.

- $(-2, -4)$ no es una solución, porque el punto no está en la región de solución de la gráfica de la desigualdad 2. Verificación: $12 > 12$ es falso.

- (3, 0) no es una solución, porque sólo está en la región sombreada de la desigualdad 1. Verificación: $0 > -4$ es verdadero, $6 > 12$ es falso.

En el caso de una gráfica, si un punto está en el área sombreada o sobre una recta continua, el punto es una solución del sistema de desigualdades. Al verificar algebraicamente, el punto debe satisfacer todas las desigualdades del sistema.

PROBLEMA DE VARIOS PASOS PAUTA DE EVALUACIÓN

4 Los estudiantes completan en forma exacta todas las partes de las preguntas. Demuestran que comprenden que si un punto está sombreado o sobre una recta continua de la gráfica, hará verdadera la desigualdad correspondiente al sustituirlo en ella. Los estudiantes hallan en forma correcta el punto de intersección.

3 Los estudiantes completan las preguntas y explicaciones. Las soluciones pueden contener errores matemáticos menores, como la verificación incorrecta de un punto o solución de prueba. Las explicaciones pueden ser vagas.

2 Los estudiantes completan las preguntas y explicaciones pero pueden cometer diversos errores matemáticos. No hallan el punto de intersección o pueden no sombrear adecuadamente la gráfica.

1 El trabajo de los estudiantes está muy incompleto. Las soluciones y el razonamiento son incorrectos. Falta la gráfica o es totalmente inexacta.

Chapter 7

Refuerzo con práctica

Para usar con las páginas 450–455

OBJETIVO **Usar las propiedades de los exponentes para multiplicar expresiones exponenciales y usar potencias para representar problemas de la vida real**

VOCABULARIO

Sean a y b números y sean m y n enteros positivos.

Propiedad del producto de potencias
Para multiplicar potencias de igual base, suma los exponentes.
$a^m \cdot a^n = a^{m+n}$ Ejemplo: $3^2 \cdot 3^7 = 3^{2+7} = 3^9$

Propiedad de la potencia de una potencia
Para calcular una potencia de una potencia, multiplica los exponentes.
$(a^m)^n = a^{m \cdot n}$ Ejemplo: $(5^2)^4 = 5^{2 \cdot 4} = 5^8$

Propiedad de la potencia de un producto
Para calcular una potencia de un producto, calcula la potencia de cada factor y multiplica.
$(a \cdot b)^m = a^m \cdot b^m$ Ejemplo: $(2 \cdot 3)^6 = 2^6 \cdot 3^6$

EJEMPLO 1 *Usar la propiedad del producto de potencias*

a. $4^3 \cdot 4^5$

b. $(-x)(-x)^2$

SOLUCIÓN

Para multiplicar potencias de igual base, suma los exponentes.

a. $4^3 \cdot 4^5 = 4^{3+5}$
    $= 4^8$

b. $(-x)(-x)^2 = (-x)^1(-x)^2$
    $= (-x)^{1+2}$
    $= (-x)^3$

Ejercicios para el ejemplo 1

Usa la propiedad del producto de potencias para simplificar la expresión.

1. $m \cdot m$

2. $6^2 \cdot 6^3$

3. $y^4 \cdot y^3$

4. $3 \cdot 3^5$

EJEMPLO 2 *Usar la propiedad de la potencia de una potencia*

a. $(z^4)^5$

b. $(2^3)^2$

SOLUCIÓN

Para calcular la potencia de una potencia, multiplica los exponentes.

a. $(z^4)^5 = z^{4 \cdot 5}$
    $= z^{20}$

b. $(2^3)^2 = 2^{3 \cdot 2}$
    $= 2^6$

NOMBRE_____ FECHA_____

Refuerzo con práctica

Para usar con las páginas 450–455

Ejercicios para el ejemplo 2

Usa la propiedad de la potencia de una potencia para simplificar la expresión.

5. $(w^7)^3$ **6.** $(7^3)^5$ **7.** $(t^2)^6$ **8.** $[(-2)^3]^2$

EJEMPLO 3   *Usar la propiedad de la potencia de un producto*

Simplifica $(-4mn)^2$.

SOLUCIÓN

Para calcular la potencia de un producto, calcula la potencia de cada factor y multiplica.

$$(-4mn)^2 = (-4 \cdot m \cdot n)^2 \qquad \text{Identifica los factores.}$$
$$= (-4)^2 \cdot m^2 \cdot n^2 \qquad \text{Eleva cada factor a una potencia.}$$
$$= 16m^2n^2 \qquad \text{Simplifica.}$$

Ejercicios para el ejemplo 3

Usar la propiedad de la potencia de un producto para simplificar la expresión.

9. $(5x)^3$ **10.** $(10s)^2$ **11.** $(-x)^4$ **12.** $(-3y)^3$

EJEMPLO 4   *Usar potencias para representar problemas de la vida real*

Estás plantando dos huertas cuadradas de vegetales. La longitud del costado de la huerta más grande mide dos veces la longitud del costado de la huerta más pequeña. Calcula la razón del área de la huerta más grande al área de la huerta más pequeña.

SOLUCIÓN

$$\text{Razón} = \frac{(2x)^2}{x^2} = \frac{2^2 \cdot x^2}{x^2} = \frac{4x^2}{x^2} = \frac{4}{1}$$

Ejercicio para el ejemplo 4

13. Formula nuevamente el ejemplo 4, si el costado de la huerta más grande mide tres veces la longitud de la huerta más pequeña.

Refuerzo con práctica

Para usar con las páginas 456–461

OBJETIVO Evaluar potencias de exponente cero y exponente negativo, y representar gráficamente funciones exponenciales

---

VOCABULARIO

Sea a un número distinto de cero y sea n un entero positivo.

- Un número distinto de cero a la potencia cero es 1: $a^0 = 1$, $a \neq 0$.

- a^{-n} es el recíproco de a^n: $a^{-n} = \dfrac{1}{a^n}$, $a \neq 0$.

Una **función exponencial** es una función de la forma $y = ab^x$, donde $b > 0$ y $b \neq 1$.

EJEMPLO 1 *Potencias de exponente cero y exponente negativo*

Evalúa la expresión exponencial. Escribe el resultado como fracción en su mínima expresión.

a. $(-8)^0$ 　　　　　　　　　　　　　　　**b.** 4^{-2}

SOLUCIÓN

a. $(-8)^0 = 1$ 　　　　　Un número distinto de cero a la potencia cero es 1.

b. $4^{-2} = \dfrac{1}{4^2} = \dfrac{1}{16}$ 　4^{-2} es el recíproco de 4^2.

Ejercicios para el ejemplo 1

Evalúa la expresión exponencial. Escribe el resultado como fracción en su mínima expresión.

1. 73^0 　　　　　　　**2.** $\left(\frac{1}{2}\right)^{-1}$ 　　　　　　　**3.** 13^{-x}

EJEMPLO 2 *Simplificar expresiones exponenciales*

Escribe nuevamente la expresión con exponentes positivos.

a. $5y^{-1}z^{-2}$ 　　　　　　　　　　　　**b.** $(2x)^{-3}$

SOLUCIÓN

a. $5y^{-1}z^{-2} = 5 \cdot \dfrac{1}{y} \cdot \dfrac{1}{z^2} = \dfrac{5}{yz^2}$

b. $(2x)^{-3} = 2^{-3} \cdot x^{-3}$ 　　　Usa la propiedad de la potencia de un producto.

　　$= \dfrac{1}{2^3} \cdot \dfrac{1}{x^3}$ 　　　Escribe los recíprocos de 2^3 y x^3.

　　$= \dfrac{1}{8x^3}$ 　　　Multiplica las fracciones.

Chapter 8

NOMBRE _____ FECHA _____

Refuerzo con práctica

Para usar con las páginas 456–461

Ejercicios para el ejemplo 2

Escribe nuevamente la expresión con exponentes positivos.

4. $(13y)^{-1}$

5. $\dfrac{1}{(2x)^{-4}}$

6. $(2c)^{-4}d$

EJEMPLO 3 *Evaluar expresiones exponenciales*

Evalúa la expresión.

$(3^{-2})^{-3}$

SOLUCIÓN

$(3^{-2})^{-3} = 3^{-2 \cdot (-3)}$ Usa la propiedad de la potencia de una potencia.

$\quad\quad\quad\quad = 3^6$ Multiplica los exponentes.

$\quad\quad\quad\quad = 729$ Evalúa.

Ejercicios para el ejemplo 3

Evalúa la expresión.

7. $8^{-1} \cdot 8^1$

8. $4^6 \cdot 4^{-4}$

9. $(5^{-2})^2$

EJEMPLO 4 *Representar gráficamente una función exponencial*

Bosqueja la gráfica de $y = 3^x$.

SOLUCIÓN

Haz una tabla que incluya valores negativos de x.

x	-2	-1	0	1	2
3^x	$3^{-2} = \frac{1}{9}$	$3^{-1} = \frac{1}{3}$	$3^0 = 1$	3	9

Dibuja un plano de coordenadas y marca los cinco puntos indicados en la tabla. Dibuja una curva suave que pase por los puntos.

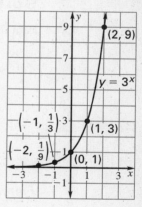

Ejercicios para el ejemplo 4

10. Bosqueja la gráfica de $y = 4^x$.

Refuerzo con práctica

Para usar con las páginas 463–469

OBJETIVO Usar las propiedades de los exponentes para la división, para evaluar potencias y simplificar expresiones, y usar las propiedades de los exponentes para la división para calcular una probabilidad

---

VOCABULARIO

Sean a y b números y sean m y n enteros.

Propiedad del cociente de potencias

Para dividir potencias de igual base, resta los exponentes.

$$\frac{a^m}{a^n} = a^{m-n}, \; a \neq 0 \qquad \text{Ejemplo: } \frac{3^7}{3^5} = 3^{7-5} = 3^2$$

Propiedad de la potencia de un cociente

Para calcular una potencia de un cociente, calcula la potencia del numerador y la potencia del denominador y divide.

$$\left(\frac{a}{b}\right)^m = \frac{a^m}{b^m}, \; b \neq 0 \qquad \text{Ejemplo: } \left(\frac{4}{5}\right)^3 = \frac{4^3}{5^3}$$

EJEMPLO 1 *Usar la propiedad del cociente de potencias*

Usa la propiedad del cociente de potencias para simplificar la expresión.

a. $\dfrac{8^2 \cdot 8^4}{8^3}$

b. $z^7 \cdot \dfrac{1}{z^8}$

SOLUCIÓN

Para dividir potencias de igual base, resta los exponentes.

a. $\dfrac{8^2 \cdot 8^4}{8^3} = \dfrac{8^6}{8^3}$

$= 8^{6-3}$

$= 8^3$

b. $z^7 \cdot \dfrac{1}{z^8} = \dfrac{z^7}{z^8}$

$= z^{7-8}$

$= z^{-1}$

$= \dfrac{1}{z}$

Ejercicios para el ejemplo 1

Usa la propiedad del cociente de potencias para simplificar la expresión.

1. $\dfrac{10^4}{10}$

2. $\dfrac{3^2}{3^3}$

3. $\dfrac{1}{y^2} \cdot y^8$

Refuerzo con práctica

Para usar con las páginas s 463–469

EJEMPLO 2 *Simplificar una expresión*

Simplifica la expresión. $\left(\dfrac{7a}{b^2}\right)^3$

SOLUCIÓN

$$\left(\frac{7a}{b^2}\right)^3 = \frac{(7a)^3}{(b^2)^3} \qquad \text{Potencia de un cociente}$$

$$= \frac{7^3 \cdot a^3}{b^6} \qquad \text{Potencia de un producto y potencia de una potencia}$$

$$= \frac{343a^3}{b^6} \qquad \text{Simplifica.}$$

Ejercicios para el ejemplo 2

Simplifica la expresión. La expresión simplificada no debería tener exponentes negativos.

4. $\left(\dfrac{2}{x^3}\right)^4$ **5.** $\dfrac{z \cdot z^5}{z^2}$ **6.** $\left(\dfrac{5y^2}{w}\right)^2$

EJEMPLO 3 *Usar la propiedad de la potencia de un cociente*

Lanzas cuatro veces una moneda imparcial. Muestra que la probabilidad de que salgan cuatro cruces es 0.0625.

SOLUCIÓN

Probabilidad de que los cuatro lanzamientos sean cruz: $\left(\dfrac{1}{2}\right)^4$

Usa la propiedad de la potencia de un cociente para evaluar.

$$\left(\frac{1}{2}\right)^4 = \frac{1}{2^4} = \frac{1}{16} = 0.0625.$$

La probabilidad de que salgan cuatro cruces es 0.0625.

Ejercicio para el ejemplo 3

7. Lanzas seis veces una moneda imparcial. Muestra que la probabilidad de que salgan cuatro caras es aproximadamente 0.0156.

Chapter 8

Prueba parcial 1
Para usar después de las lecciones 8.1–8.3

1. Simplifica $(2x^2y)^3(-3xy^2)^2$. *(Lección 8.1)*

2. ¿Cuál es mayor, 4^3 ó 3^4? *(Lección 8.1)*

3. Resuelve la ecuación para x. *(Lección 8.1)*

$(4^2)^5 = 4^x$

4. Evalúa la expresión $6^{-7} \cdot 6^{10}$. *(Lección 8.2)*

5. Escribe nuevamente la expresión usando exponentes positivos. *(Lección 8.2)*

$(-5y)^{-3}$

6. Evalúa $(4y)(7^0)$. *(Lección 8.2)*

7. Evalúa la expresión $\left(-\frac{2}{5}\right)^3$. *(Lección 8.3)*

8. Simplifica $\dfrac{2xy^4}{5xy^2} \cdot \dfrac{-30xy}{2x^2y}$. *(Lección 8.3)*

Respuestas

1. _____
2. _____
3. _____
4. _____
5. _____
6. _____
7. _____
8. _____

Refuerzo con práctica

Para usar con las páginas 470–475

OBJETIVO Usar notación científica para representar números y para describir situaciones de la vida real

---

VOCABULARIO

Un número está escrito en **notación científica** si está en la forma $c \times 10^n$, donde $1 \leq c < 10$ y n es entero.

EJEMPLO 1 *Escribir nuevamente en forma decimal*

Escribe nuevamente cada número en forma decimal.

a. 2.23×10^4 **b.** 8.5×10^{-3}

SOLUCIÓN

a. $2.23 \times 10^4 = 22{,}300$ Mueve el punto decimal 4 lugares a la derecha.

b. $8.5 \times 10^{-3} = 0.0085$ Mueve el punto decimal 3 lugares a la izquierda.

Ejercicios para el ejemplo 1

Escribe nuevamente cada número en forma decimal.

1. 9.332×10^6 **2.** 2.78×10^{-1} **3.** 4.5×10^5

EJEMPLO 2 *Escribir nuevamente en notación científica*

Escribe nuevamente cada número en notación científica.

a. 0.0729 **b.** $26{,}645$

SOLUCIÓN

a. $0.0729 = 7.29 \times 10^{-2}$ Mueve el punto decimal 2 lugares a la derecha.

b. $26{,}645 = 2.6645 \times 10^4$ Mueve el punto decimal 4 lugares a la izquierda.

Ejercicios para el ejemplo 2

Escribe nuevamente cada número en notación científica.

4. 75.2 **5.** $135{,}667$ **6.** 0.00088

Chapter 8

Refuerzo con práctica

Para usar con las páginas 470–475

EJEMPLO 3 *Calcular con notación científica*

Evalúa la expresión y escribe el resultado en notación científica.

$(7.0 \times 10^4)^2$

SOLUCIÓN

Para multiplicar, dividir o calcular potencias de números en notación científica, usa las propiedades de los exponentes.

$$(7.0 \times 10^4)^2 = 7.0^2 \times (10^4)^2 \qquad \text{Potencia de un producto}$$

$$= 49 \times 10^8 \qquad\qquad \text{Potencia de una potencia}$$

$$= 4.9 \times 10^9 \qquad\qquad \text{Escribe en notación científica.}$$

Ejercicios para el ejemplo 3

Evalúa la expresión y escribe el resultado en notación científica.

7. $(2.3 \times 10^{-1})(5.5 \times 10^3)$

8. $(2.0 \times 10^{-1})^3$

EJEMPLO 4 *Dividir con notación científica*

La masa del Sol es de aproximadamente 1.99×10^{30} kilogramos. La masa de la Luna es de aproximadamente 7.36×10^{22} kilogramos. ¿Aproximadamente cuántas veces la masa de la Luna es la masa del Sol?

SOLUCIÓN

Calcula la razón de la masa del Sol a la masa de la Luna.

$$\frac{1.99 \times 10^{30}}{7.36 \times 10^{22}} \approx 0.27 \times 10^8$$

$$= 2.7 \times 10^7$$

La masa del Sol es aproximadamente 27,000,000 veces la masa de la Luna.

Ejercicio para el ejemplo 4

9. El océano Pacífico cubre aproximadamente 1.66241×10^8 kilómetros cuadrados. El mar Báltico cubre aproximadamente 4.144×10^5 kilómetros cuadrados. ¿Aproximadamente cuántas veces más grande que el mar Báltico es el océano Pacífico?

Algebra 1
Resources in Spanish

Refuerzo con práctica

Para usar con las páginas 477–482

OBJETIVO **Escribir y usar modelos de crecimiento exponencial y representar gráficamente modelos de crecimiento exponencial**

VOCABULARIO

El **crecimiento exponencial** ocurre cuando una cantidad aumenta el mismo porcentaje en cada unidad de período de tiempo *t*.

C es la cantidad inicial. ⟶   ⟶ *t* es el período de tiempo.

$$y = C(1 + r)^t$$

El porcentaje de crecimiento es 100*r*. $(1 + r)$ es el factor de crecimiento, *r* es la tasa de crecimiento.

EJEMPLO 1 *Calcular el balance de una cuenta*

Se deposita un capital de $600 en una cuenta que paga un interés compuesto del 3.5% anual. Calcula el balance de la cuenta después de 4 años.

SOLUCIÓN

Usa el modelo de crecimiento exponencial para calcular el balance de la cuenta *A*. La tasa de crecimiento es de 0.035. El valor inicial es 600.

$A = P(1 + r)^t$	Modelo de crecimiento exponencial
$= 600(1 + 0.035)^4$	Sustituyer *P* por 600, *r* por 0.035 y *t* por 4.
$= 600(1.035)^4$	Simplifica.
≈ 688.514	Evalúa.

El balance después de 4 años será de aproximadamente $688.51.

Ejercicios para el ejemplo 1

Usa el modelo de crecimiento exponencial para calcular el balance de la cuenta.

1. Se deposita un capital de $450 en una cuenta que paga un interés compuesto del 2.5% anual. Calcula el balance de la cuenta después de 2 años.

2. Se deposita un capital de $800 en una cuenta que paga un interés compuesto del 3% anual. Calcula el balance de la cuenta después de 5 años.

Refuerzo con práctica

Para usar con las páginas 477–482

EJEMPLO 2 *Escribir un modelo de crecimiento exponencial*

Se libera una población de 40 faisanes en una reserva de vida silvestre.
La población se duplica cada año, durante 3 años. ¿Cuál es la población
después de 4 años?

SOLUCIÓN

Como la población se duplica cada año, el factor de crecimiento es 2.
Entonces, $1 + r = 2$ y la tasa de crecimiento $r = 1$.

$$P = C(1 + r)^t \qquad \text{Modelo de crecimiento exponencial}$$

$$= 40(1 + 1)^4 \qquad \text{Sustituye para } C, r \text{ y } t.$$

$$= 40 \cdot 2^4 \qquad \text{Simplifica.}$$

$$= 640 \qquad\qquad \text{Evalúa.}$$

Después de 4 años, la población será de aproximadamente 640 faisanes.

Ejercicio para el ejemplo 2

3. Se libera una población de 50 faisanes en una reserva de vida
silvestre. La población se triplica cada año, durante 3 años. ¿Cuál
es la población después de 3 años?

EJEMPLO 3 *Representar gráficamente un modelo de crecimiento exponencial*

Representa gráficamente el modelo de crecimiento exponencial del
ejemplo 2.

SOLUCIÓN

Haz una tabla de valores, marca los puntos sobre un plano
de coordenadas y dibuja un curva suave que pase por los
puntos.

t	0	1	2	3	4	5
P	40	80	160	320	640	1280

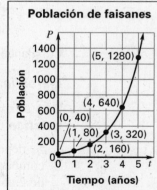

Población de faisanes

Ejercicio para el ejemplo 3

4. Representa gráficamente el modelo de crecimiento exponencial del
ejercicio 3.

Algebra 1
Resources in Spanish

NOMBRE _____ FECHA _____

Refuerzo con práctica

Para usar con las páginas 484–491

OBJETIVO **Escribir y usar modelos de disminución exponencial y representar gráficamente modelos de disminución exponencial**

VOCABULARIO

La **disminución exponencial** ocurre cuando una cantidad disminuye el mismo porcentaje en cada unidad de período de tiempo t.

C es la cantidad inicial. ⟶   ⟵ t es el período de tiempo.

$$y = C(1 - r)^t$$

El porcentaje de disminución es $100r$. $(1 - r)$ es el factor de disminución, r es la tasa de disminución.

EJEMPLO 1 *Escribir un modelo de disminución exponencial*

Compras un camión usado en $15,000. El valor del camión disminuirá cada año por la depreciación. El camión se deprecia a una tasa del 8% anual. Escribe un modelo de disminución exponencial para representar el problema de la vida real.

SOLUCIÓN

El valor inicial C es $15,000. La tasa de disminución r es 0.08. Sea y el valor y sea t el número de años que has tenido el camión.

$y = C(1 - r)^t$ Modelo de disminución exponencial

$= 15,000(1 - 0.08)^t$ Sustituye C por 15,000 y r por 0.08.

$= 15,000(0.92)^t$ Simplifica.

El modelo de disminución exponencial es $y = 15,000(0.92)^t$.

Ejercicios para el ejemplo 1

1. Usa el modelo de disminución exponencial del ejemplo 1 para estimar el valor del camión en 5 años.

2. Usa el modelo de disminución exponencial del ejemplo 1 para estimar el valor del camión en 7 años.

3. Formula nuevamente el ejemplo 1 si el camión se deprecia a una tasa del 10% anual.

Chapter 8

Refuerzo con práctica
Para usar con las páginas 484–491

EJEMPLO 2 *Representar gráficamente un modelo de disminución exponencial*

a. Representa gráficamente el modelo de disminución exponencial del ejemplo 1.

b. Usa la gráfica para estimar el valor del camión en 6 años.

SOLUCIÓN

a. Haz una tabla de valores para verificar el modelo del ejemplo 1. Calcula el valor del camión para cada año, multiplicando el valor del año anterior por el factor de disminución $1 - 0.08 = 0.92$.

Año	Valor
0	15,000
1	$0.92(15,000) = 13,800$
2	$0.92(13,800) = 12,696$
3	$0.92(12,696) \approx 11,680$
4	$0.92(11,680) \approx 10,746$
5	$0.92(10,746) \approx 9886$

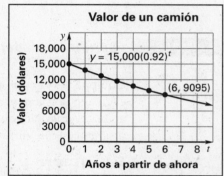

Valor de un camión

$y = 15,000(0.92)^t$

(6, 9095)

Valor (dólares)

Años a partir de ahora

Usa la tabla de valores para escribir pares ordenados: (0, 15,000), (1, 13,800), (2, 12,696), (3, 11,680), (4, 10,746), (5, 9886). Marca los puntos sobre un plano de coordenadas y dibuja una curva suave que pase por los puntos.

b. Según la gráfica, el valor del camión en 6 años es de aproximadamente $9095.

Ejercicios para el ejemplo 2

4. Usa la gráfica del ejemplo 2 para estimar el valor del camión en 8 años.

5. Representa gráficamente el modelo de disminución exponencial del ejercicio 3.

Algebra 1
Resources in Spanish

Chapter 8

Prueba parcial 2

Para usar después de las lecciones 8.4–8.6

1. Escribe nuevamente 8.67×10^{-7} en forma decimal. *(Lección 8.4)*

2. Escribe nuevamente 73,480,000 en notación científica. *(Lección 8.4)*

3. Evalúa la expresión $(1.2 \times 10^{-4})(3 \times 10^{6})$. *(Lección 8.4)*

4. Depositas $1000 en una cuenta que paga un interés anual compuesto del 7.5%. ¿Cuál es el balance de la cuenta después de 5 años? Redondea el resultado a la centena más próxima. *(Lección 8.5)*

5. Una ciudad tiene una población de 29,000. La población disminuye un 2.5% cada año. A es esa tasa, ¿cuál será la población después de 10 años? *(Lección 8.6)*

Respuestas

1. _____
2. _____
3. _____
4. _____
5. _____

Chapter 8

NOMBRE_____ FECHA _____

Prueba del capítulo A

Para usar después del capítulo 8

De ser posible, simplifica la expresión. Escribe el resultado como potencia.

1. $4^3 \cdot 4^5$

2. $(2^3)^4$

3. $(6 \cdot 7)^3$

4. $(4xy^2)^2$

Simplifica. Después, evalúa la expresión para $a = 1$ y $b = 2$.

5. $b^3 \cdot b^4$

6. $(a^2)^3$

Completa el enunciado usando < o >.

7. $(5 \cdot 3)^3$ ___?___ $5 \cdot 3^3$

8. $2^2 \cdot 4^6$ ___?___ $(2 \cdot 4)^6$

Evalúa la expresión. Escribe el resultado como fracción en su mínima expresión.

9. 5^{-3}

10. $\left(\dfrac{1}{3}\right)^{-1}$

Escribe nuevamente la expresión con exponentes positivos.

11. y^{-3}

12. $\dfrac{1}{3x^{-3}}$

Asocia la ecuación con su gráfica.

A. 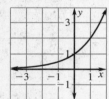   **B.** 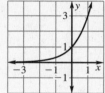   **C.**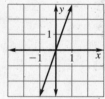

13. $y = 2^x$

14. $y = 3x$

15. $y = 3^x$

Evalúa la expresión. Escribe el resultado como fracción en su mínima expresión.

16. $\dfrac{2^5}{2^3}$

17. $\left(\dfrac{2}{3}\right)^3$

Respuestas

1. _____

2. _____

3. _____

4. _____

5. _____

6. _____

7. _____

8. _____

9. _____

10. _____

11. _____

12. _____

13. _____

14. _____

15. _____

16. _____

17. _____

Prueba del capítulo A

Para usar después del capítulo 8

Simplifica la expresión. La expresión simplificada no debería tener exponentes negativos.

18. $\left(\dfrac{4}{x}\right)^3$

19. $\dfrac{y^8}{y^9}$

Escribe nuevamente el número en forma decimal.

20. 6.15×10^2

21. 1.14×10^{-2}

Escribe nuevamente el número en notación científica.

22. 0.02

23. 1042

Evalúa la expresión sin usar la calculadora. Escribe el resultado en forma decimal.

24. $(3 \times 10^{-2}) \cdot (12 \times 10^3)$.

25. $\dfrac{4 \times 10^{-2}}{2 \times 10^{-3}}$

26. En 1998, la población de una ciudad era de 100,000. Durante los cinco años siguientes, la población aumentó en un 3% anual. Escribe un modelo de crecimiento exponencial para representar esta situación.

27. Compras un camión usado en $10,000. Se deprecia a una tasa del 18% anual. Calcula el valor del camión después de 5 años.

Asocia la ecuación con su gráfica.

A. 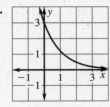   **B.** 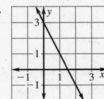   **C.**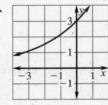

28. $y = 3 - 2x$ **29.** $y = 3(1.4)^x$ **30.** $y = 3(0.4)^x$

Clasifica el modelo como de crecimiento exponencial o de disminución exponencial.

31. $y = 17(1.9)^x$

32. $y = 22(0.8)^x$

Respuestas

18._____

19._____

20._____

21._____

22._____

23._____

24._____

25._____

26._____

27._____

28._____

29._____

30._____

31._____

32._____

Chapter 8

Prueba del capítulo B

Para usar después del capítulo 8

De ser posible, simplifica la expresión. Escribe el resultado como potencia.

1. $6^7 \cdot 6^9$

2. $(x^5)^6$

3. $(-2x)^4$

4. $3x^2 \cdot (4x^3)^2$

Simplifica. Después, evalúa la expresión para *a* = 1 y *b* = 2.

5. $(a^2b^2)^3$

6. $a^2 \cdot (a^3b^2)^4$

Completa el enunciado usando < o >.

7. $(8^3 \cdot 8^5)$ __?__ 8^{15}

8. $3^4 \cdot 3^5$ __?__ 3^{20}

Evalúa la expresión. Escribe el resultado como fracción en su mínima expresión.

9. $2(2^{-5})$

10. $\left(\frac{1}{4}\right)^{-2}$

Escribe nuevamente la expresión con exponentes positivos.

11. $x^{-4}y^3$

12. $\dfrac{1}{2x^{-2}y^{-3}}$

Asocia la ecuación con su gráfica.

A. 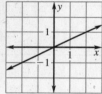 **B.** 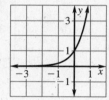 **C.**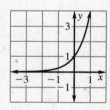

13. $y = 4^x$

14. $y = \frac{1}{2}x$

15. $y = 5^x$

Evalúa la expresión. Escribe el resultado como fracción en su mínima expresión.

16. $\dfrac{4^5 \cdot 4^3}{4^2}$

17. $\left(\dfrac{7}{8}\right)^2$

Respuestas

1._____

2._____

3._____

4._____

5._____

6._____

7._____

8._____

9._____

10._____

11._____

12._____

13._____

14._____

15._____

16._____

17._____

Algebra 1
Resources in Spanish

CAPÍTULO

8

CONTINUACIÓN

NOMBRE_____ FECHA_____

Prueba del capítulo B

Para usar después del capítulo 8

Simplifica la expresión. La expresión simplificada no debería tener exponentes negativos.

18. $\left(\dfrac{4x^2y}{3xy^2}\right)^4$

19. $\left(\dfrac{2x^3y^2}{3xy}\right)^{-3}$

Escribe nuevamente el número en forma decimal.

20. 4.3269×10^3

21. 7.1532×10^{-5}

Escribe nuevamente el número en notación científica.

22. 0.0032

23. $321{,}562.5$

Evalúa la expresión sin usar la calculadora. Escribe el resultado en forma decimal.

24. $(6 \times 10^{-2}) \cdot (7 \times 10^{-3})$

25. $\dfrac{5 \times 10^{-3}}{2 \times 10^{-4}}$

26. Depositas \$2000 en una cuenta que paga un 8% de interés compuesto anual. Calcula el balance de la cuenta después de 3 años.

27. Una ciudad tuvo una población en declinación entre 1992 y 1998. En 1992, la población era de 200,000. Cada año, durante 6 años, la población declinó en un 3%. Escribe un modelo de disminución exponencial para representar esta situación.

Asocia la ecuación con su gráfica.

A.

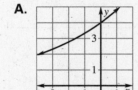

B.

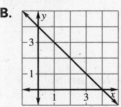

C.

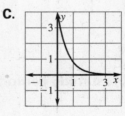

28. $y = 4 - x$

29. $y = 4(1.2)^x$

30. $y = 4(0.2)^x$

Clasifica el modelo como de crecimiento exponencial o de disminución exponencial.

31. $y = 11(4.25)^x$

32. $y = 46(0.78)^x$

Respuestas

18._____

19._____

20._____

21._____

22._____

23._____

24._____

25._____

26._____

27._____

28._____

29._____

30._____

31._____

32._____

Repaso y evaluación

Prueba del capítulo C

Para usar después del capítulo 8

De ser posible, simplifica la expresión. Escribe el resultado como potencia.

1. $x^8 \cdot x^{10} \cdot x^4$

2. $[(x - 1)^3]^8$

3. $(-3xy)^5$

4. $(-3a^2b^3)^4(2ab)^3$

Simplifica. Después evalúa la expresión para $a = 1$ y $b = 2$.

5. $-(a^5b^2)^3$

6. $(a^3b^4) \cdot (a^2b^3)^4$

Completa el enunciado usando < o >.

7. $(9^3)^4 \underline{\ ?\ } 9^{11}$

8. $(4^3 \cdot 7)^5 \underline{\ ?\ } 4^{14} \cdot 7^5$

Evalúa la expresión. Escribe el resultado como fracción en su mínima expresión.

9. $4^3 \cdot 0^{-2}$

10. $5^8 \cdot 5^{-8}$

Escribe nuevamente la expresión con exponentes positivos.

11. $(8a^{-5})^2$

12. $\dfrac{1}{(4b^{-6})^2}$

Asocia la ecuación con su gráfica.

A. 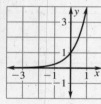   **B.** 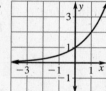   **C.**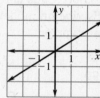

13. $y = 2^x$

14. $y = \frac{2}{3}x$

15. $y = 4^x$

Evalúa la expresión. Escribe el resultado como fracción en su mínima expresión.

16. $\dfrac{(-5)^3}{-5^3}$

17. $\left(-\dfrac{4}{5}\right)^3$

Respuestas

1._____

2._____

3._____

4._____

5._____

6._____

7._____

8._____

9._____

10._____

11._____

12._____

13._____

14._____

15._____

16._____

17._____

Chapter 8

NOMBRE_____ FECHA_____

Prueba del capítulo C

Para usar después del capítulo 8

Simplifica la expresión. La expresión simplificada no debería tener exponentes negativos.

18. $\dfrac{10x^3y^2}{4xy^2} \cdot \dfrac{8x^5y^3}{3x}$

19. $\dfrac{8x^{-2}y^5}{9x^2y} \cdot \dfrac{3x^5y^{-3}}{4x^{-2}y}$

Escribe nuevamente el número en forma decimal.

20. 8.92635×10^8

21. 1.6935×10^{-8}

Escribe nuevamente el número en notación científica.

22. 0.0000159

23. $168,269.83$

Evalúa la expresión sin usar la calculadora. Escribe el resultado en forma decimal.

24. $(8 \times 10^5) \cdot (1.2 \times 10^{-4})$

25. $\dfrac{8.8 \times 10^{-1}}{1.1 \times 10^{-1}}$

26. En 1998, la población de una ciudad era de 250,000. Durante los cinco años siguientes, la población aumentó en un 4.5% anual. Escribe un modelo de crecimiento exponencial para representar esta situación.

27. Compras un camión usado en $14,000. Se deprecia a una tasa del 17% anual. Calcula el valor del camión después de 3 años.

Asocia la ecuación con su gráfica.

A.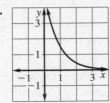

B.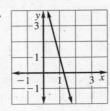

C.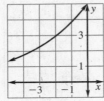

28. $y = 5 - 4x$

29. $y = 5(1.3)^x$

30. $y = 5(0.3)^x$

Clasifica el modelo como de crecimiento exponencial o de disminución exponencial.

31. $y = 12\left(\dfrac{8}{7}\right)^x$

32. $y = 18\left(\dfrac{4}{5}\right)^x$

Respuestas

18._____

19._____

20._____

21._____

22._____

23._____

24._____

25._____

26._____

27._____

28._____

29._____

30._____

31._____

32._____

Chapter 8

Prueba del capítulo SAT/ACT

Para usar después del capítulo 8

1. Simplifica $(3^4 \cdot 3^3)^2$.

   Ⓐ 3^9 Ⓑ 3^{14}

   Ⓒ 3^{16} Ⓓ 3^{24}

2. Simplifica $[(1 + x^2)]^3$, para $x = 2$.

   Ⓐ 33   Ⓑ 65

   Ⓒ 125   Ⓓ 721

3. ¿Cuál es la ecuación de la gráfica?

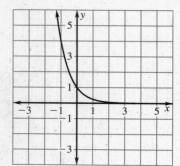

   Ⓐ $y = 4^x$

   Ⓑ $y = 2^x$

   Ⓒ $y = \left(\frac{1}{2}\right)^x$

   Ⓓ $y = \left(\frac{1}{4}\right)^x$

4. Simplifica $\dfrac{3x^2y}{4x^3y^2} \cdot \dfrac{8x^{-3}y^5}{3x^{-5}y}$.

   Ⓐ $\dfrac{2}{x^3y}$ Ⓑ $\dfrac{x^3y}{2}$

   Ⓒ $2x^3y$ Ⓓ $2xy^3$

5. ¿Cuál de los siguientes números *no* está escrito en notación científica?

   Ⓐ 61.2×10^4 Ⓑ 4.56×10^{18}

   Ⓒ 8.642×10^{-3} Ⓓ 1.1987×10^3

6. Escribe nuevamente 4.5×10^{-7} en forma decimal.

   Ⓐ 0.00000045   Ⓑ 0.0000045

   Ⓒ 45,000,000   Ⓓ 450,000,000

7. ¿Cuáles de los siguientes modelos son modelos de disminución exponencial?

   I. $y = 1.19^x$ II. $y = 0.12^x$

   III. $y = \left(\frac{5}{3}\right)^x$ IV. $y = \left(\frac{2}{3}\right)^x$

   Ⓐ I y II   Ⓑ II y III

   Ⓒ I y III   Ⓓ II y IV

En las preguntas 8 y 9, escoge el enunciado que se cumple para los números dados.

    A.   El número de la columna A es mayor.

    B.   El número de la columna B es mayor.

    C.   Los dos números son iguales.

    D.   La relación no puede determinarse a partir de la información dada.

8.

	Columna A	Columna B
Para $x = 0$,	$y = \left(\frac{2}{3}\right)^x$	$y = \left(\frac{2}{3}\right)^{-x}$

   Ⓐ   Ⓑ   Ⓒ   Ⓓ

9.

	Columna A	Columna B
Para $x = -1$,	$y = 5x$	$y = 5^x$

   Ⓐ   Ⓑ   Ⓒ   Ⓓ

10. Depositas $500 en una cuenta que paga un interés compuesto del 5% anual. ¿Cuánto dinero habrá en la cuenta después de 4 años?

   Ⓐ $541.90   Ⓑ $607.75

   Ⓒ $1118.03   Ⓓ $2531.25

11. Compras un camión usado en $22,000. Se deprecia a la tasa del 10% anual. ¿Cuál es el valor del camión después de 4 años?

   Ⓐ $13,000   Ⓑ $14,434.20

   Ⓒ $21,133.11   Ⓓ $21,912.13

Algebra 1
Resources in Spanish

Evaluación alternativa y diario de matemáticas

Para usar después del capítulo 8

DIARIO 1. Los siguientes problemas representan la hoja de prueba de un estudiante de álgebra. Algunos problemas están incorrectos. En este diario, serás el "maestro" y ayudarás a los estudiantes para que comprendan qué partes están correctas y cuáles no. *No* corrijas el trabajo del estudiante. En vez de corregir, escribe un enunciado para cada problema para decir al estudiante por qué el resultado es correcto (o incorrecto) y explica por qué.

a. $(-3x^2)^3 = -3x^6$

b. $3(ab^3)^4 = 3a^4b^{12}$

c. $2a^2b^2 \cdot 4a^5b^2 = 8a^{10}b^4$

d. $\left(\dfrac{x}{y}\right)^{-2} = \dfrac{1}{x^2y}$

PROBLEMA DE VARIOS PASOS 2. Los siguientes datos representan la matrícula de la Escuela Secundaria Adlai E. Stevenson de Lincolnshire, Illinois, desde el otoño de 1980. Sea x el número de años desde 1980.

Año, x	1980	1981	1982	1983	1984	1985	1986	1987	1988	1989
Matrícula, y	1414	1454	1439	1555	1617	1727	1717	1804	1833	1881

Año, x	1990	1991	1992	1993	1994	1995	1996	1997	1998
Matrícula, y	1965	2176	2449	2679	2885	2999	3124	3301	3503

a. Compara la matrícula de cada año respecto al anterior y calcula el porcentaje de aumento (o disminución) de la matrícula. Redondea a la centésima más próxima.

b. En promedio, ¿aumenta o disminuye la matrícula por año? ¿En qué porcentaje?

c. Escribe un modelo exponencial que aproxime los datos, donde x es la cantidad de años desde 1980 e y es la matrícula de la escuela. ¿Representa el modelo un crecimiento exponencial o una disminución exponencial? Explica.

d. Predice la matrícula para el año 2008.

e. Repite la parte (c) usando la calculadora de gráficas para hallar un modelo exponencial. Compara esta ecuación con la ecuación de la parte (c).

f. Usa la ecuación de la parte (e) para estimar el año en que la matrícula será de aproximadamente 7875 estudiantes. Explica cómo se determinó esto.

3. *Escritura* ¿Por qué es importante para el distrito escolar tener un modelo que aproxime la matrícula? ¿Cómo podría ser de utilidad el modelo?

Chapter 8

Pauta para la evaluación alternativa

Para usar después del capítulo

DIARIO
SOLUCIÓN

1. **a.** El resultado es incorrecto. Al calcular la potencia de un producto, calcula la potencia de *cada* factor y multiplica.

   b. El resultado es correcto. Para calcular la potencia de un producto, calcula la potencia de *cada* factor y multiplica.

   c. El resultado es incorrecto. Al multiplicar potencias de igual base (como *a*), *suma* los exponentes.

   d. El resultado es incorrecto. Al calcular la potencia de un cociente, calcula la potencia del numerador *y* la potencia del denominador.

PROBLEMA
DE VARIOS
PASOS
SOLUCIÓN

2. **a.** porcentajes: 3%, -1%, 8%, 4%, 7%, -1%, 5%, 2%, 3%, 4%, 11%, 13%, 9%, 8%, 4%, 4%, 6%, 6%.

   b. La matrícula aumenta a un promedio del 5% anual.

   c. $y = 1414(1.05)^x$; crecimiento exponencial; el modelo representa un crecimiento exponencial, porque la matrícula aumenta aproximadamente un 5% cada año.

   d. 5543 estudiantes.

   e. $y = 1296(1.055)^x$; Este modelo tiene un porcentaje semejante al del modelo de la parte (c), pero la intercepción en y es diferente.

   f. La matrícula será de aproximadamente 7875 en el 2014. Los estudiantes pueden usar la característica de tabla de la calculadora de gráficas para hallar esta solución.

3. *Escritura* Las respuestas pueden variar. *Posible respuesta*: El distrito escolar necesita esta información para planificar los años futuros. Esto podría incluir artículos escolares, maestros y personal, así como el espacio de los edificios.

PROBLEMA
DE VARIOS
PASOS
PAUTA DE
EVALUACIÓN

4 Los estudiantes completan todas las partes de las preguntas en forma exacta. Las explicaciones son lógicas y claras. Los estudiantes hallan en forma correcta una ecuación que mejor aproxima, a mano y usando las características de regresión de la calculadora. Se usa el modelo de crecimiento exponencial. Los estudiantes son capaces de usar la calculadora gráfica para contestar las preguntas.

3 Los estudiantes completan las preguntas y explicaciones. Las soluciones pueden contener equivocaciones o errores matemáticos pequeños. Los estudiantes son capaces de usar la calculadora de gráficas para contestar las preguntas.

2 Los estudiantes completan las preguntas y explicaciones. Pueden ocurrir diversos errores matemáticos. Las explicaciones no corresponden a las preguntas. Los estudiantes no son capaces de usar correctamente la calculadora de gráficas para contestar las preguntas (e) y (f).

1 El trabajo de los estudiantes está muy incompleto. Las soluciones y el razonamiento son incorrectos. Los estudiantes no son capaces de usar la calculadora de gráficas para contestar (e) y (f).

Refuerzo con práctica

Para usar con las páginas 503–510

OBJETIVO Evaluar y aproximar raíces cuadradas y resolver ecuaciones cuadráticas calculando raíces cuadradas

---

VOCABULARIO

Si $b^2 = a$, entonces b es una **raíz cuadrada** de a.

Una raíz cuadrada b puede ser una **raíz cuadrada positiva** (o raíz cuadrada principal) o una **raíz cuadrada negativa**.

El **radicando** es un número o expresión que aparece bajo el símbolo de radical $\sqrt{}$.

Los **cuadrados perfectos** son números cuyas raíces cuadradas son enteros o cocientes de enteros.

Un **número irracional** es el número que no puede escribirse como el cociente de dos enteros.

Una **expresión radical** contiene raíces cuadradas (o *radicales*).

Una **ecuación cuadrática** es una ecuación que puede escribirse de la **forma normal** $ax^2 + bx + c = 0$, donde $a \neq 0$. En la forma normal, a es el **coeficiente dominante**.

EJEMPLO 1 *Calcular raíces cuadradas de números*

Evalúa la expresión.

a. $\sqrt{81}$ **b.** $-\sqrt{49}$ **c.** $\pm\sqrt{0.16}$ **d.** $\sqrt{-1}$

SOLUCIÓN

a. $\sqrt{81} = 9$ Raíz cuadrada positiva

b. $-\sqrt{49} = -7$ Raíz cuadrada negativa

c. $\pm\sqrt{0.16} = \pm 0.4$ Dos raíces cuadradas

d. $\sqrt{-1}$ (indefinido)   Sin raíz cuadrada real

Ejercicios para el ejemplo 1

Evalúa la expresión.

1. $\sqrt{0.09}$ **2.** $\sqrt{36}$ **3.** $-\sqrt{25}$ **4.** $\pm\sqrt{100}$

Chapter 9

Refuerzo con práctica

Para usar con las páginas 503–510

EJEMPLO 2 | *Evaluar una expresión radical*

Evalúa $\sqrt{b^2 - 4ac}$ para $a = -2$, $b = -5$, y $c = 2$.

SOLUCIÓN

$$
\begin{aligned}
\sqrt{b^2 - 4ac} &= \sqrt{(-5)^2 - 4(-2)(2)} && \text{Sustituye los valores.} \\
&= \sqrt{25 + 16} && \text{Simplifica.} \\
&= \sqrt{41} && \text{Simplifica.} \\
&\approx 6.40 && \text{Redondea a la centésima más próxima.}
\end{aligned}
$$

Ejercicios para el ejemplo 2

Evalúa $\sqrt{b^2 - 4ac}$ **para los valores dados.**

5. $a = -3$, $b = 6$, $c = -3$

6. $a = 1$, $b = 5$, $c = 4$

EJEMPLO 3 | *Escribir nuevamente antes de calcular raíces cuadradas*

Resuelve $4x^2 - 100 = 0$.

SOLUCIÓN

$$
\begin{aligned}
4x^2 - 100 &= 0 && \text{Escribe la ecuación original.} \\
4x^2 &= 100 && \text{Suma 100 a cada lado.} \\
x^2 &= 25 && \text{Divide cada lado por 4.} \\
x &= \pm\sqrt{25} && \text{Calcula las raíces cuadradas.} \\
x &= \pm 5 && \text{25 es un cuadrado perfecto.}
\end{aligned}
$$

Ejercicios para el ejemplo 3

Resuelve la ecuación o escribe *sin solución*. De ser posible, escribe las soluciones como enteros. Si no, escríbelas como expresiones radicales.

7. $6x^2 - 54 = 0$

8. $5x^2 - 15 = 0$

9. $2x^2 - 98 = 0$

Refuerzo con práctica

Para usar con las páginas 511–516

Usar las propiedades de los radicales para simplificar radicales y usar ecuaciones cuadráticas para representar problemas de la vida real

---

VOCABULARIO

Propiedad del producto   La raíz cuadrada de un producto es igual al producto de las raíces cuadradas de los factores.

$$\sqrt{ab} = \sqrt{a} \cdot \sqrt{b} \text{ si } a \text{ y } b \text{ son números positivos}$$

Propiedad del cociente   La raíz cuadrada de un cociente es igual al cociente de las raíces cuadradas del numerador y del denominador.

$$\sqrt{\frac{a}{b}} = \frac{\sqrt{a}}{\sqrt{b}} \text{ si } a \text{ y } b \text{ son números positivos}$$

Una expresión con radicales está en su **mínima expresión** si se cumple lo siguiente:

- No hay en el radicando factores distintos de 1 que sean cuadrados perfectos.

- No hay fracciones en el radicando.

- No aparecen radicales en el denominador de una fracción.

EJEMPLO 1   *Simplificar con la propiedad del producto*

Simplifica la expresión $\sqrt{147}$.

SOLUCIÓN

Puedes usar la propiedad del producto para simplificar un radical, sacando del radicando los factores que son cuadrados perfectos.

$$\sqrt{147} = \sqrt{49 \cdot 3} \qquad \text{Factoriza usando el factor que es cuadrado perfecto.}$$
$$= \sqrt{49} \cdot \sqrt{3} \qquad \text{Usa la propiedad del producto.}$$
$$= 7\sqrt{3} \qquad \text{Simplifica.}$$

Ejercicios para el ejemplo 1

Simplifica la expresión.

1. $\sqrt{98}$ **2.** $\sqrt{52}$ **3.** $\sqrt{300}$ **4.** $\sqrt{99}$

Chapter 9

Refuerzo con práctica

Para usar con las páginas 511–516

EJEMPLO 2 *Simplificar con la propiedad del cociente*

Simplifica la expresión $\dfrac{\sqrt{63}}{6}$.

SOLUCIÓN

$\dfrac{\sqrt{63}}{6} = \dfrac{\sqrt{9 \cdot 7}}{6}$ Factoriza usando el factor que es cuadrado perfecto.

$= \dfrac{3\sqrt{7}}{6}$ Quita el factor que es cuadrado perfecto.

$= \dfrac{\sqrt{7}}{2}$ Anula por división los factores comunes.

Ejercicios para el ejemplo 2

Simplifica la expresión.

5. $\sqrt{\dfrac{11}{4}}$ **6.** $\dfrac{\sqrt{200}}{60}$ **7.** $\sqrt{\dfrac{5}{9}}$ **8.** $\dfrac{\sqrt{75}}{20}$

EJEMPLO 3 *Simplificar expresiones radicales*

La rapidez s (en metros por segundo) a la que se mueve un tsunami está determinada por la profundidad d (en metros) del océano: $s = \sqrt{gd}$, donde g es 9.8 m/sec^2. Calcula la rapidez de un tsunami en una región del océano que tiene 2000 metros de profundidad. Escribe el resultado en forma simplificada.

SOLUCIÓN

Escribe el modelo para la rapidez del tsunami y sea $d = 2000$ metros.

$s = \sqrt{gd}$ Escribe el modelo.

$= \sqrt{(9.8)(2000)}$ Sustituye g por 9.8 y d por 2000.

$= \sqrt{19,600}$ Simplifica.

$= \sqrt{196 \cdot 100}$ Factoriza usando los factores que son cuadrados perfectos.

$= 14 \cdot 10$ Calcula las raíces cuadradas.

$= 140$ Simplifica.

La rapidez del tsunami es de 140 metros por segundo.

Ejercicio para el ejemplo 3

9. Formula nuevamente el ejemplo 3 para calcular la rapidez de un tsunami en una región del océano que tiene 500 metros de profundidad. Escribe el resultado en forma simplificada.

Chapter 9

NOMBRE _____ FECHA _____

Refuerzo con práctica

Para usar con las páginas 518–524

OBJETIVO **Bosquejar la gráfica de una función cuadrática y usar modelos cuadráticos en situaciones de la vida real**

VOCABULARIO

Una **función cuadrática** es una función que puede escribirse de la **forma normal** $y = ax^2 + bx + c$, donde $a \neq 0$.

Toda función cuadrática tiene una gráfica en forma de U llamada **parábola**.

El **vértice** de una parábola es el punto más bajo de una parábola que se abre hacia arriba y el punto más alto de una parábola que se abre hacia abajo.

El **eje de simetría** de una parábola es la recta que pasa por el vértice que divide la parábola en dos partes simétricas.

EJEMPLO 1 *Bosquejar una función cuadrática con un valor positivo de a*

Bosqueja la gráfica de $y = x^2 - 2x + 1$.

SOLUCIÓN

El vértice tiene una coordenada x igual a $-\dfrac{b}{2a}$. Calcula la coordenada x para $a = 1$ y $b = -2$.

$$-\frac{b}{2a} = -\frac{-2}{2(1)} = 1$$

Haz una tabla de valores, usando los valores de x a la izquierda y a la derecha de $x = 1$.

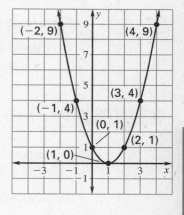

x	-2	-1	0	1	2	3	4
y	9	4	1	0	1	4	9

Marca los puntos. El vértice es $(1, 0)$ y el eje de simetría es $x = 1$. Une los puntos para formar una parábola que se abre hacia arriba, porque a es positivo.

Ejercicios para el ejemplo 1

Bosqueja la gráfica de la función. Rotula el vértice.

1. $y = 2x^2$　　　　　　　**2.** $y = x^2 + 3x$　　　　　　　**3.** $y = x^2 + 2x + 1$

Chapter 9

Algebra 1
Resources in Spanish

Refuerzo con práctica

Para usar con las páginas 518–524

EJEMPLO 2 *Bosquejar una función cuadrática con un valor negativo de a*

Bosqueja la gráfica de $y = -x^2 + 2x - 3$.

SOLUCIÓN

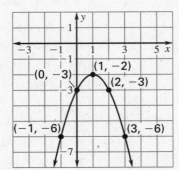

El vértice tiene una coordenada x igual a $-\dfrac{b}{2a}$. Calcula la
coordenada x para $a = -1$ y $b = 2$.

$$-\frac{b}{2a} = -\frac{2}{2(-1)} = 1$$

Haz una tabla de valores, usando los valores de x a la
izquierda y a la derecha de $x = 1$.

x	-1	0	1	2	3
y	-6	-3	-2	-3	-6

Marca los puntos. El vértice es $(1, -2)$ y el eje de simetría es $x = 1$. Une los
puntos para formar una parábola que se abre hacia abajo, porque a es negativo.

Ejercicios para el ejemplo 2

Bosqueja la gráfica de la función. Rotula el vértice.

4. $y = -4x^2$ **5.** $y = -x^2 + x$ **6.** $y = -x^2 - 2x + 3$

EJEMPLO 3 *Usar un modelo cuadrático*

Se lanza una bola que sigue un trayecto descrito por $y = -0.02x^2 + x$.
¿Cuál es la máxima altura (en pies) que alcanza la bola?

SOLUCIÓN

La máxima altura de la bola ocurrió en el vértice del recorrido de la
parábola. Calcula la coordenada x del vértice. Usa $a = -0.02$ y $b = 1$.

$$-\frac{b}{2a} = -\frac{1}{2(-0.02)} = \frac{1}{0.04} = 25$$

En el modelo, sustituye x por 25 para calcular la máxima altura.

$$y = -0.02(25)^2 + 25 = 12.5$$

La máxima altura de la bola fue de 12.5 pies.

Ejercicio para el ejemplo 3

7. Formula nuevamente el ejemplo 3 si el recorrido está descrito por $y = -0.01x^2 + x$.

Chapter 9

NOMBRE_____ FECHA_____

Prueba parcial 1

Para usar después de las lecciones 9.1–9.3

1. Evalúa la expresión. *(Lección 9.1)*

$$\frac{2 + 3\sqrt{49}}{5}$$

2. Resuelve la ecuación $3x^2 = 108$. *(Lección 9.1)*

3. Simplifica la expresión $\sqrt{\dfrac{25}{49}}$. *(Lección 9.2)*

4. Simplifica la expresión $\dfrac{\sqrt{28}}{5}$. *(Lección 9.2)*

5. Di si la gráfica de $y = -x^2 - 4x - 1$ se abre hacia arriba o hacia abajo. Halla las coordenadas del vértice. Escribe la ecuación del eje de simetría de la función. *(Lección 9.3)*

6. Bosqueja una gráfica de la función $y = -x^2 + 2x + 3$. *(Lección 9.3)*

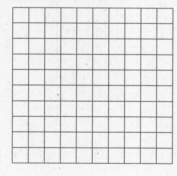

Respuestas

1. _____

2. _____

3. _____

4. _____

5. _____

6. Usa la cuadrícula de la izquierda.

Chapter 9

Refuerzo con práctica

Para usar con las páginas 526–531

OBJETIVO Resolver una ecuación cuadrática en forma gráfica y usar modelos cuadráticos en situaciones de la vida real

---

VOCABULARIO

La solución de una ecuación cuadrática de una variable x se puede resolver o verificar gráficamente con los siguientes pasos.

Paso 1: Escribe la ecuación en la forma $ax^2 + bx + c = 0$.

Paso 2: Escribe la función relacionada $y = ax^2 + bx + c$.

Paso 3: Bosqueja la gráfica de la función $y = ax^2 + bx + c$. Las soluciones, o **raíces**, de $ax^2 + bx + c = 0$ son las intercepciones en x.

EJEMPLO 1 *Verificar una solución usando una gráfica*

a. Resuelve $3x^2 = 75$ algebraicamente. **b.** Verifica la solución en forma gráfica.

SOLUCIÓN

a. $3x^2 = 75$ Escribe la ecuación original.

$x^2 = 25$ Divide cada lado por 3.

$x = \pm 5$ Calcula la raíz cuadrada de cada lado.

b. Escribe la ecuación de la forma $ax^2 + bx + c = 0$.

$3x^2 = 75$ Escribe la ecuación original.

$3x^2 - 75 = 0$ Resta 75 a cada lado.

Escribe la función relacionada $y = ax^2 + bx + c$.

$y = 3x^2 - 75$

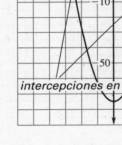

Bosqueja la gráfica de $y = 3x^2 - 75$. Las intercepciones en x son ± 5, lo cual coincide con la solución algebraica.

Ejercicios para el ejemplo 1

Resuelve la ecuación en forma algebraica. Verifica las soluciones gráficamente.

1. $\frac{1}{3}x^2 = 12$ **2.** $3x^2 + 2 = 50$ **3.** $x^2 - 7 = 2$

EJEMPLO 2 *Resolver una ecuación en forma gráfica*

a. Resuelve $x^2 - 3x = 4$ gráficamente.

b. Verifica la solución en forma algebraica.

Chapter 9

Refuerzo con práctica

Para usar con las páginas 526–531

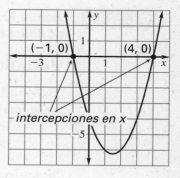

SOLUCIÓN

a. Escribe la ecuación de la forma $ax^2 + bx + c = 0$.

$x^2 - 3x = 4$ Escribe la ecuación original.

$x^2 - 3x - 4 = 0$ Resta 4 de cada lado.

Escribe la función relacionada $y = ax^2 + bx + c$.

$y = x^2 - 3x - 4$

Bosqueja la gráfica de la función $y = x^2 - 3x - 4$.

Según la gráfica, las intercepciones en x parecen
ser $x = -1$ y $x = 4$.

b. Puedes verificar la solución en forma algebraica, mediante sustitución.

Verifica que $x = -1$:   Verifica que $x = 4$:

$$x^2 - 3x = 4 \qquad\qquad x^2 - 3x = 4$$
$$(-1)^2 - 3(-1) \overset{?}{=} 4 \qquad 4^2 - 3(4) \overset{?}{=} 4$$
$$1 + 3 = 4 \qquad\qquad 16 - 12 = 4$$

Ejercicios para el ejemplo 2

Resuelve gráficamente la ecuación. Verifica las soluciones en forma algebraica.

4. $x^2 + x = 12$ **5.** $x^2 - 5x = -6$ **6.** $x^2 - 5x = 6$

EJEMPLO 3   *Usar ecuaciones cuadráticas en la vida real*

Costos de licencia y registro

El costo promedio de la licencia y el registro de un
automóvil en los Estados Unidos entre 1991 y 1997
puede representarse mediante

$$y = -0.63x^2 + 15.08x + 151.57$$

donde y representa el costo promedio de la licencia y el
registro. Sea x el número de años desde 1990. Usa la
gráfica del modelo para estimar el costo promedio de
una licencia y un registro en 1995.

SOLUCIÓN

El año 1995 corresponde a $x = 5$. Según la gráfica de la ecuación
cuadrática, el costo promedio de una licencia y un registro parece ser de
aproximadamente 210 dólares.

Ejercicio para el ejemplo 3

7. Verifica algebraicamente la solución del ejemplo 3.

Chapter 9

Refuerzo con práctica

Para usar con las páginas 533–538

OBJETIVO Usar la fórmula cuadrática para resolver ecuaciones cuadráticas y usar modelos cuadráticos para situaciones de la vida real

---

VOCABULARIO

Las soluciones de la ecuación cuadrática $ax^2 + bx + c = 0$ están dadas por la **fórmula cuadrática**

$$x = \frac{-b \pm \sqrt{b^2 - 4ac}}{2a}$$ donde $a \neq 0$ y $b^2 - 4ac \geq 0$.

Puedes leer esta fórmula como "x es igual al opuesto de b, más o menos la raíz cuadrada de b al cuadrado menos $4ac$, todo dividido por $2a$".

EJEMPLO 1 *Usar la fórmula cuadrática*

Resuelve $x^2 + 3x = 4$.

SOLUCIÓN

Debes escribir nuevamente la ecuación en la forma normal $ax^2 + bx + c = 0$ antes de usar la fórmula cuadrática.

$x^2 + 3x = 4$	Escribe la ecuación original.
$x^2 + 3x - 4 = 0$	Escribe nuevamente la ecuación en forma normal.
$1x^2 + 3x + (-4) = 0$	Identifica que $a = 1$, $b = 3$, y $c = -4$.
$x = \dfrac{-3 \pm \sqrt{3^2 - 4(1)(-4)}}{2(1)}$	Sustituye los valores en la fórmula cuadrática: $a = 1$, $b = 3$, y $c = -4$.
$x = \dfrac{-3 \pm \sqrt{9 + 16}}{2}$	Simplifica.
$x = \dfrac{-3 \pm \sqrt{25}}{2}$	Simplifica.
$x = \dfrac{-3 \pm 5}{2}$	Soluciones.

La ecuación tiene dos soluciones:

$$x = \frac{-3 + 5}{2} = 1 \text{ y } x = \frac{-3 - 5}{2} = -4$$

Ejercicios para el ejemplo 1

Usa la fórmula cuadrática para resolver la ecuación.

1. $x^2 - 4x + 3 = 0$　　　　**2.** $x^2 + 9x + 20 = 0$　　　　**3.** $x^2 + x = 6$

Refuerzo con práctica

Para usar con las páginas 533–538

EJEMPLO 2 *Representar el movimiento vertical*

Recuperas una pelota de fútbol desde un árbol que está a una altura de 25 pies sobre el suelo. La lanzas hacia abajo con una rapidez inicial de 20 pies por segundo. Usa un modelo de movimiento vertical para calcular cuánto demorará la pelota en llegar al suelo.

SOLUCIÓN

Como la pelota de fútbol se lanza hacia abajo, la velocidad inicial es $v = -20$ pies por segundo. La altura inicial es $s = 25$ pies. La pelota de fútbol llegará al suelo cuando la altura sea igual a 0.

$h = -16t^2 + vt + s$ — Escoge el modelo de movimiento vertical para un objeto que se lanza.

$h = -16t^2 + (-20)t + 25$ — Sustituye los valores para v y s en el modelo de movimiento vertical.

$0 = -16t^2 - 20t + 25$ — Sustituye h por 0.

$t = \dfrac{-(-20) \pm \sqrt{(-20)^2 - 4(-16)(25)}}{2(-16)}$ — Sustituye los valores en la fórmula cuadrática: $a = -16$, $b = -20$, y $c = 25$.

$t = \dfrac{20 \pm \sqrt{2000}}{-32}$ — Simplifica.

$t \approx 0.773$ ó -2.023 — Soluciones.

La pelota de fútbol alcanzará el suelo unos 0.773 segundos después de ser lanzada. Como solución, -2.023 no tiene sentido en el problema.

Ejercicio para el ejemplo 2

4. Formula nuevamente el ejemplo 3 si la pelota de fútbol se deja caer del árbol con una rapidez inicial de 0 pies por segundo.

Chapter 9

Algebra 1
Resources in Spanish
213

Refuerzo con práctica

Para usar con las páginas 541–547

OBJETIVO **Usar el discriminante para calcular el número de soluciones de una ecuación cuadrática y aplicar el discriminante para resolver problemas de la vida real**

VOCABULARIO

El **discriminante** es la expresión que está bajo el radical de la fórmula cuadrática, $b^2 - 4ac$.

Considera la ecuación cuadrática $ax^2 + bx + c = 0$.

- Si $b^2 - 4ac$ es positivo, entonces la ecuación tiene dos soluciones.
- Si $b^2 - 4ac$ es cero, entonces la ecuación tiene una solución.
- Si $b^2 - 4ac$ es negativo, entonces la ecuación no tiene solución real.

EJEMPLO 1 *Calcular el número de soluciones*

Calcula el valor del discriminante y usa el valor para decir si la ecuación tiene *dos soluciones, una solución* o *ninguna solución real*.

a. $3x^2 - 2x - 1 = 0$ **b.** $x^2 - 8x + 16 = 0$ **c.** $x^2 - 4x + 5 = 0$

SOLUCIÓN

a. $b^2 - 4ac = (-2)^2 - 4(3)(-1)$ Sustituye a por 3, b por -2, c por -1

$\qquad\qquad = 4 + 12$ Simplifica.

$\qquad\qquad = 16$ El discriminante es positivo.

El discriminante es positivo, de modo que la ecuación tiene dos soluciones.

b. $b^2 - 4ac = (-8)^2 - 4(1)(16)$ Sustituye a por 1, b por -8, c por 16.

$\qquad\qquad = 64 - 64$ Simplifica.

$\qquad\qquad = 0$ El discriminante es cero.

El discriminante es cero, de modo que la ecuación tiene una solución real.

c. $b^2 - 4ac = (-4)^2 - 4(1)(5)$ Sustituye a por 1, b por -4, c por 5.

$\qquad\qquad = 16 - 20$ Simplifica.

$\qquad\qquad = -4$ El discriminante es negativo.

El discriminante es negativo, de modo que la ecuación no tiene solución real.

Ejercicios para el ejemplo 1

Di si la ecuación tiene *dos soluciones, una solución* o *ninguna solución real*.

1. $x^2 - 10x + 25 = 0$ **2.** $2x^2 - x - 1 = 0$ **3.** $x^2 + 2x + 4 = 0$

4. $-x^2 + 6x - 9 = 0$ **5.** $-2x^2 - 5x - 4 = 0$ **6.** $3x^2 + 2x - 16 = 0$

Chapter 9

Refuerzo con práctica

Para usar con las páginas 541–547

EJEMPLO 2 · *Usar el discriminante en problemas de la vida real*

Trabajas como contador de una empresa de artículos deportivos. Te pidieron proyectar los ingresos de la empresa. Los ingresos de la empresa entre 1990 y 1995 pueden representarse mediante

$$R = 1.23t^2 - 2.22t + 8.5$$

donde R son los ingresos en millones de dólares y t es el número de años desde 1990. Usa el modelo para predecir si los ingresos alcanzarán los 90 millones de dólares.

SOLUCIÓN

Toma el modelo de ingresos igual a 90 y usa el discriminante para determinar el número de soluciones del modelo cuadrático de ingresos.

$R = 1.23t^2 - 2.22t + 8.5$	Escribe el modelo de ingresos.
$90 = 1.23t^2 - 2.22t + 8.5$	Sustituye R por 90.
$0 = 1.23t^2 - 2.22t - 81.5$	Escribe nuevamente la ecuación en forma normal.
$0 = 1.23t^2 + (-2.22)t + (-81.5)$	Identifica que $a = 1.23$, $b = -2.22$ y $c = -81.5$.
$b^2 - 4ac = (-2.22)^2 - 4(1.23)(-81.5)$	Sustituye a por 1.23, b por -2.22 y c por -81.5.
$= 4.9284 + 400.98$	Simplifica.
$= 405.9084$	El discriminante es positivo.

El discriminante es positivo, de modo que la ecuación tiene dos soluciones. Tú predices que los ingresos de la empresa alcanzarán los 90 millones de dólares.

Ejercicios para el ejemplo 2

7. Usa el discriminante para mostrar que los ingresos de la empresa alcanzarán los $150 millones.

8. Usa la calculadora de gráficas para calcular cuántos años demorarán los ingresos en alcanzar los $90 millones.

Chapter 9

NOMBRE_____ FECHA _____

Prueba parcial 2

Para usar después de las lecciones 9.4–9.6

1. Resuelve la ecuación en forma algebraica. Verifica gráficamente las soluciones. *(Lección 9.4)*

$$\frac{1}{2}x^2 = 50$$

2. Usa la fórmula cuadrática para resolver $x^2 - x = 2$. *(Lección 9.5)*

3. Halla las intercepciones en x de la gráfica de la ecuación $x^2 - 3x - 18 = 0$. *(Lección 9.5)*

4. Decide cuántas soluciones tiene la ecuación $x^2 - 4x + 4 = 0$. *(Lección 9.6)*

5. Calcula el valor de c, de modo que $x^2 + 2x + c = 0$ tenga dos soluciones. *(Lección 9.6)*

6. Usa un modelo de movimiento vertical para calcular cuánto demorará en llegar al suelo una nuez, que cae desde la parte más alta de un árbol de 55 pies. *(Lección 9.5)*

Respuestas

1. _____
2. _____
3. _____
4. _____
5. _____
6. _____

Chapter 9

Refuerzo con práctica

Para usar con las páginas 548–553

OBJETIVO Bosquejar la gráfica de una desigualdad cuadrática

VOCABULARIO

Los siguientes son tipos de **desigualdades cuadráticas**.

$$y < ax^2 + bx + c \qquad y \leq ax^2 + bx + c$$

$$y > ax^2 + bx + c \qquad y \geq ax^2 + bx + c$$

La **gráfica** de una desigualdad cuadrática consiste en la gráfica de todos los pares ordenados (x, y) que son solución de la desigualdad.

EJEMPLO 1 *Verificar soluciones*

Decide si los pares ordenados $(-4, -5)$ y $(0, 2)$ son soluciones de la desigualdad $y < x^2 + 5x$.

SOLUCIÓN

$$y < x^2 + 5x \qquad \text{Escribe la desigualdad original.}$$

$$-5 \overset{?}{<} (-4)^2 + 5(-4) \qquad \text{Sustituye } x \text{ por } -4 \text{ e } y \text{ por } -5.$$

$$-5 < -4 \qquad \text{Verdadero.}$$

Como $-5 < -4$, el par ordenado $(-4, -5)$ es solución de la desigualdad.

$$y < x^2 + 5x \qquad \text{Escribe la desigualdad original.}$$

$$2 \overset{?}{<} (0)^2 + 5(0) \qquad \text{Sustituye } x \text{ por } 0 \text{ e } y \text{ por } 2.$$

$$2 \not< 0 \qquad \text{Falso.}$$

Como $2 \not< 0$, el par ordenado $(0, 2)$ no es una solución de la desigualdad.

Ejercicios para el ejemplo 1

Decide si el par ordenado es una solución de la desigualdad.

1. $y \geq x^2 - 2x, (2, 0)$ **2.** $y < 2x^2 + x, (1, -1)$ **3.** $y > x^2 - 3x, (2, -3)$

EJEMPLO 2 *Representar gráficamente una desigualdad cuadrática*

Bosqueja la gráfica de $y \geq 2x^2 + 6x$.

SOLUCIÓN

Bosqueja la parábola $y = 2x^2 + 6x$ usando una línea continua, pues la desigualdad es $\geq$. La parábola se abre hacia arriba. Prueba el punto $(2, 0)$, que no está en la parábola.

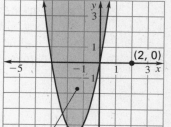

$$y \geq 2x^2 + 6x \qquad \text{Escribe la desigualdad original.}$$

$$0 \overset{?}{\geq} 2(2)^2 + 6(2) \qquad \text{Sustituye } x \text{ por } 2 \text{ e } y \text{ por } 0.$$

$$0 \not\geq 20 \qquad \text{Falso.}$$

Refuerzo con práctica

Para usar con las páginas 548–553

Como 0 no es mayor o igual que 20, el par ordenado (2, 0) no es una solución.

El punto (2, 0) no es una solución y está fuera de la parábola, de modo que la gráfica de $y \geq 2x^2 + 6x$ está constituida por todos los puntos ubicados dentro o sobre la parábola.

Ejercicios para el ejemplo 2

Bosqueja la gráfica de la desigualdad.

4. $y \leq x^2 + 4x + 4$ **5.** $y \geq 3x^2 - 12$ **6.** $y \leq x^2 - 10x + 9$

EJEMPLO 3   Usar un modelo de desigualdad cuadrática

La longitud de un corral rectangular mide 4 pies más que el ancho. El área del corral mide más de 32 pies cuadrados. Bosqueja la desigualdad que describe las posibles dimensiones del corral.

SOLUCIÓN

Sea x el ancho del corral. Por lo tanto, la longitud del corral es $x + 4$ y el área del corral es $x(x + 4)$. Como el área del corral mide más de 32 pies cuadrados, tienes

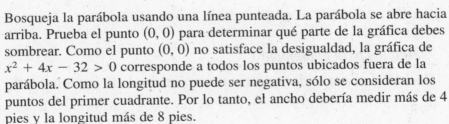

$$x(x + 4) > 32$$
$$x^2 + 4x > 32$$
$$x^2 + 4x - 32 > 0.$$

Bosqueja la parábola usando una línea punteada. La parábola se abre hacia arriba. Prueba el punto (0, 0) para determinar qué parte de la gráfica debes sombrear. Como el punto (0, 0) no satisface la desigualdad, la gráfica de $x^2 + 4x - 32 > 0$ corresponde a todos los puntos ubicados fuera de la parábola. Como la longitud no puede ser negativa, sólo se consideran los puntos del primer cuadrante. Por lo tanto, el ancho debería medir más de 4 pies y la longitud más de 8 pies.

Ejercicios para el ejemplo 3

7. Menciona dos posibilidades para las dimensiones del corral rectangular del ejemplo 3.

8. Supón que la longitud de un corral rectangular mide 10 pies de longitud más que el ancho y que su área mide más de 96 pies cuadrados. Bosqueja la desigualdad que describe las dimensiones del corral rectangular.

Chapter 9

NOMBRE_____ FECHA_____

Refuerzo con práctica

Para usar con las páginas 554–560

OBJETIVO Escoger un modelo que mejor aproxime un conjunto de datos y usar modelos en situaciones de la vida real

---

VOCABULARIO

Modelo lineal

$y = mx + b$

Modelo exponencial

$y = C(1 \pm r)^t$

Modelo cuadrático

$y = ax^2 + bx + c$

EJEMPLO 1 *Escoger un modelo*

Nombra el tipo de modelo que mejor aproxima el conjunto de datos.

a. $\left(-2, \frac{1}{4}\right), \left(-1, \frac{1}{2}\right), (0, 1), (1, 2), (2, 4)$

b. $(-2, -3), (-1, -1), (0, 1), (1, 3), (2, 5)$

c. $(-2, 5), (-1, 2), (0, 1), (1, 2), (2, 5)$

SOLUCIÓN

Haz diagramas de dispersión de los datos. Decide después si los puntos están ubicados sobre una recta, una curva exponencial o una parábola.

a. Modelo exponencial   **b.** Modelo lineal   **c.** Modelo cuadrático

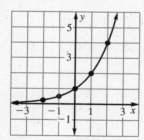
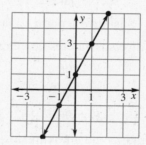
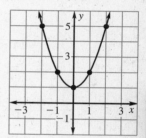

Ejercicios para el ejemplo 1

Haz diagramas de dispersión de los datos. Indica después el tipo de modelo que mejor aproxima los datos.

1. $(-2, 3), (-1, 0), (0, -1), (1, 0), (2, 3)$

2. $(-2, -3), (-1, -2), (0, -1), (1, 0), (2, 1)$

3. $(-2, 4), (-1, 2), (0, 1), \left(1, \frac{1}{2}\right), \left(2, \frac{1}{4}\right)$

Chapter 9

Refuerzo con práctica

Para usar con las páginas 554–560

EJEMPLO 2 *Escribir un modelo*

Tu clase de biología está estudiando el crecimiento de la población de la mosca de la fruta. La tabla muestra la población P (cantidad de moscas de la fruta) para diversos tiempos, t (en semanas). ¿Qué tipo de modelo aproxima mejor los datos?

t	0	1	2	3	4
P	2	6	18	54	162

Crecimiento de la población

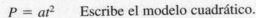

SOLUCIÓN

Dibuja un diagrama de dispersión de los datos. Puedes ver que la gráfica es curva, no lineal. Prueba si sirve un modelo cuadrático. Comienza escribiendo el modelo cuadrático simple $P = at^2$.

Para calcular a, sustituye todos los valores conocidos de P y t.

$P = at^2$ Escribe el modelo cuadrático.

$6 = a \cdot 1^2$ Sustituye P por 6 y t por 1.

$6 = a$ Resuelve para a.

$P = 6t^2$ Sustituye 6 por a en la ecuación.

Verifica ahora diversos valores de t en el modelo cuadrático $P = 6t^2$.

$P = 6t^2$ $P = 6t^2$

$P = 6(2)^2$ $P = 6(4)^2$

$P = 24 \neq 18$ $P = 96 \neq 162$

El modelo cuadrático no aproxima los datos. Puedes probar si un modelo exponencial aproxima los datos, calculando las razones de poblaciones consecutivas.

$$\frac{\text{Población de la semana } 0}{\text{Población de la semana } 1} = \frac{2}{6} = \frac{1}{3}$$

$$\frac{\text{Población de la semana } 1}{\text{Población de la semana } 2} = \frac{6}{18} = \frac{1}{3}$$

Como las poblaciones aumentan en el mismo porcentaje, un modelo exponencial aproxima los datos.

Ejercicio para el ejemplo 2

4. ¿Qué tipo de modelo aproxima mejor los datos?

t	0	1	2	3	4
P	2	3	6	11	18

Chapter 9

NOMBRE_____ FECHA_____

Prueba del capítulo A

Para usar después del capítulo 9

Evalúa la expresión.

1. $\sqrt{81}$

2. $-\sqrt{100}$

3. $\sqrt{b^2 - 4ac}$ para $a = 3, b = 7, c = 2$

4. $\sqrt{b^2 - 4ac}$ para $a = 3, b = 8, c = 4$

Resuelve la ecuación calculando raíces cuadradas.

5. $x^2 = 81$

6. $x^2 = 49$

Simplifica la expresión.

7. $\sqrt{45}$

8. $\sqrt{54}$

9. $\sqrt{\dfrac{16}{25}}$

10. $\sqrt{\dfrac{10}{32}}$

Bosqueja la gráfica de la función. Rotula el vértice.

11. $y = 3x^2$

12. $y = -x^2$

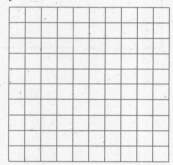

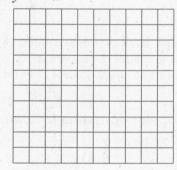

Usa la gráfica para estimar las raíces de la ecuación.

13. $y = x^2 - 2x - 8$

14. $y = x^2 - 4$

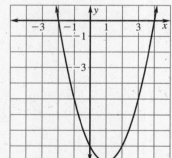

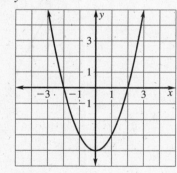

Usa la fórmula cuadrática para resolver la ecuación.

15. $0 = x^2 + x - 20$

16. $0 = x^2 - 5x + 6$

Respuestas

1. _____

2. _____

3. _____

4. _____

5. _____

6. _____

7. _____

8. _____

9. _____

10. _____

11. Usa la cuadrícula de la

izquierda. _____

12. Usa la cuadrícula de la

izquierda. _____

13. _____

14. _____

15. _____

16. _____

Chapter 9

Algebra 1
Resources in Spanish

Prueba del capítulo A

Para usar después del capítulo 9

Halla las intercepciones en *x* de la gráfica de la ecuación.

17. $y = x^2 - 3x + 2$ **18.** $y = x^2 - 1$

Determina cuántas soluciones tiene la ecuación.

19. $x^2 - 2x + 1 = 0$ **20.** $x^2 + 3 = 0$

Bosqueja la gráfica de la desigualdad.

21. $y \geq x^2$ **22.** $y < x^2 - 3$

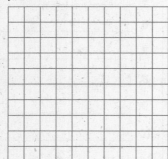   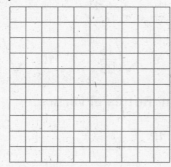

23. Los ingresos por vender *x* unidades de un producto están dados por
$y = -0.0002x^2 + 20x$. ¿Cuántas unidades deben venderse para
obtener el máximo ingreso? (Calcula la coordenada *x* del vértice de
la parábola)

Nombra el tipo de modelo que mejor aproxima los datos.

24.

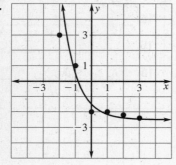

25.

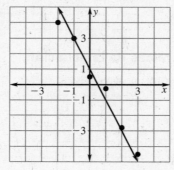

26.

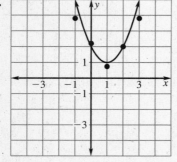

Respuestas

17._____

18._____

19._____

20._____

21._____

22._____

23._____

24._____

25._____

26._____

Algebra 1
Resources in Spanish

Chapter 9

NOMBRE_____ FECHA_____

Prueba del capítulo B

Para usar después del capítulo 9

Evalúa la expresión.

1. $\sqrt{169}$

2. $-\sqrt{625}$

3. $\sqrt{b^2 - 4ac}$ para $a = 4, b = 5, c = 1$

Resuelve la ecuación calculando raíces cuadradas.

4. $x^2 + 4 = 20$

5. $x^2 - 7 = 29$

Simplifica la expresión.

6. $\sqrt{\dfrac{9}{16}}$

7. $\sqrt{\dfrac{12}{75}}$

Bosqueja la gráfica de la función. Rotula el vértice.

8. $y = x^2 + 2x + 1$

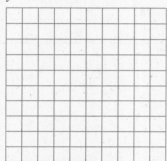

9. $y = x^2 + 4x + 1$

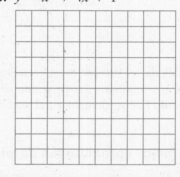

10. Lanzas una bola desde un grupo de graderías que está a 64 pies sobre el nivel del suelo. ¿Cuánto demorará la bola en golpear el suelo?

Usa la gráfica para estimar las raíces de la ecuación.

11. $y = x^2 - x - 6$

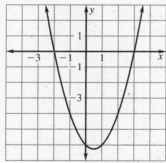

12. $y = x^2 - 6x + 8$

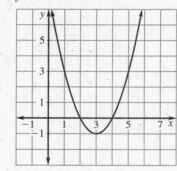

Usa la fórmula cuadrática para resolver la ecuación.

13. $0 = x^2 - 2x - 15$

14. $0 = x^2 + 10x + 24$

Respuestas

1._____

2._____

3._____

4._____

5._____

6._____

7._____

8. Usa la cuadrícula de la izquierda.

9. Usa la cuadrícula de la izquierda.

10._____

11._____

12._____

13._____

14._____

Prueba del capítulo B

Para usar después del capítulo 9

Calcula las intercepciones en *x* de la gráfica de la ecuación.

15. $y = x^2 - 12x + 35$

16. $y = x^2 - 7x + 6$

Decide cuántas soluciones tiene la ecuación.

17. $x^2 + 4x + 4 = 0$

18. $x^2 - 6x + 13 = 0$

Bosqueja la gráfica de la desigualdad.

19. $y > x^2 - 5x + 4$

20. $y \leq x^2 - 2x + 3$

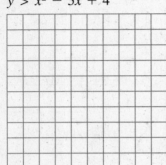

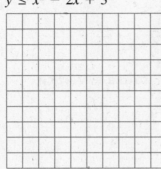

Respuestas

15. _____

16. _____

17. _____

18. _____

19. _____

20. _____

21. _____

22. _____

23. _____

24. _____

21. Los ingresos por vender *x* unidades de un producto están dados por $y = -0.0002x^2 + 40x$. ¿Cuántas unidades deben venderse para obtener el máximo ingreso? (Calcula la coordenada *x* del vértice de la parábola.)

Nombra el tipo de modelo que mejor aproxima los datos.

22.

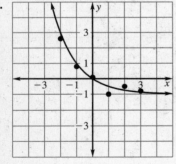

23.

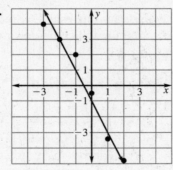

24.

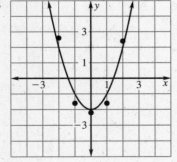

Algebra 1
Resources in Spanish

Examen del capítulo C

Para usar después del capítulo 9

Evalúa la expresión.

1. $\sqrt{0.0625}$

2. $\pm\sqrt{1.44}$

3. $\sqrt{b^2 - 4ac}$ para $a = 2, b = 6, c = -3$

Resuelve la ecuación calculando raíces cuadradas.

4. $3x^2 - 6 = 21$

5. $6x^2 - 8 = 46$

Simplifica la expresión.

6. $\sqrt{\dfrac{12}{25}}$

7. $\dfrac{\sqrt{12} \cdot \sqrt{16}}{\sqrt{75}}$

Bosqueja la gráfica de la función. Rotula el vértice.

8. $y = -2x^2 + 4x - 1$

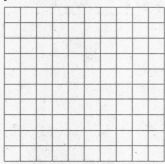

9. $y = \frac{1}{2}x^2 + 2x + 3$

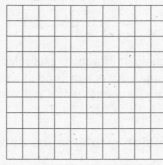

10. Lanzas una bola desde un grupo de graderías que está a 144 pies sobre el nivel del suelo. ¿Cuánto demorará la bola en golpear el suelo?

Usa la gráfica para estimar las raíces de la ecuación.

11. $y = x^2 + 3x - 10$

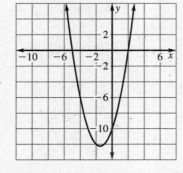

12. $y = x^2 - 6x + 9$

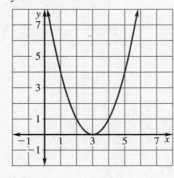

Usa la fórmula cuadrática para resolver la ecuación.

13. $0 = x^2 - 8x + 15$

14. $0 = x^2 + 2x - 24$

Respuestas

1. _____

2. _____

3. _____

4. _____

5. _____

6. _____

7. _____

8. Usa la cuadrícula de la izquierda.

9. Usa la cuadrícula de la izquierda.

10. _____

11. _____

12. _____

13. _____

14. _____

Chapter 9

Algebra 1
Resources in Spanish

Halla las intercepciones en *x* de la gráfica de la ecuación.

15. $y = x^2 + 2x - 35$

16. $y = x^2 + 2x - 48$

Determina cuántas soluciones tiene la ecuación.

17. $x^2 - 10x + 25 = 0$

18. $x^2 + 8x + 19 = 0$

Bosqueja la gráfica de la desigualdad.

19. $y \geq x^2 + 2x + 3$

20. $y < x^2 - 6x + 5$

Respuestas

15._____

16._____

17._____

18._____

19._____

20._____

21._____

22._____

23._____

24._____

21. Los ingresos por vender *x* unidades de un producto están dados por $y = -0.0002x^2 + 60x$. ¿Cuántas unidades deben venderse para obtener el máximo ingreso? (Calcula la coordenada x del vértice de la parábola.)

Nombra el tipo de modelo que mejor aproxima los datos.

22.

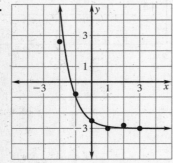

23.

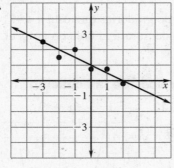

24.

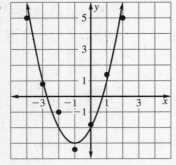

Prueba del capítulo SAT/ACT

Para usar después del capítulo 9

1. ¿Cuál de las siguientes alternativas es una solución de la ecuación $\frac{3}{4}x^2 - 13 = 14$?

   Ⓐ $\frac{9}{2}$　　　　　Ⓑ $\sqrt{27}$

   Ⓒ -6　　　　　Ⓓ $\frac{2}{\sqrt{3}}$

2. Calcula el área del rectángulo.

   Ⓐ 294
   Ⓑ $7\sqrt{6}$
   Ⓒ $\sqrt{35}$
   Ⓓ $7\sqrt{5}$

   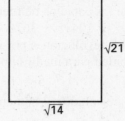

   $\sqrt{21}$

   $\sqrt{14}$

3. ¿Cuál de las siguientes alternativas es la forma simplificada de $3\dfrac{\sqrt{35}\,\sqrt{15}}{\sqrt{63}}$?

   Ⓐ $5\sqrt{3}$　　　　　Ⓑ $\dfrac{5\sqrt{2}}{\sqrt{7}}$

   Ⓒ $\dfrac{5\sqrt{3}}{3}$　　　　　Ⓓ $3\sqrt{3}$

4. ¿Cuál es la coordenada x del vértice de la gráfica de la ecuación $y = \frac{2}{3}x^2 - 6x + 4$?

   Ⓐ $\frac{1}{18}$　　　　　Ⓑ $\frac{1}{3}$

   Ⓒ 3　　　　　Ⓓ $\frac{9}{2}$

5. ¿Cuáles son las soluciones de la ecuación $y = -x^2 + x + 6$?

   Ⓐ -2 y 3　　　　　Ⓑ $\frac{5}{2}$ y $-\frac{5}{2}$

   Ⓒ 3 y -5　　　　　Ⓓ Ninguna

6. ¿Cuál es el discriminante de la ecuación $y = 3x^2 - 5x + 1$?

   Ⓐ 13　　　　　Ⓑ 29
   Ⓒ 41　　　　　Ⓓ 61

En las preguntas 7 y 8, escoge el enunciado que se cumple para los números dados.

   Ⓐ El número de la columna A es mayor.
   Ⓑ El número de la columna B es mayor.
   Ⓒ Los dos números son iguales.
   Ⓓ La relación no puede determinarse a partir de la información dada.

7.

Columna A	Columna B
$-\sqrt{0.16}$	$-\sqrt{0.25}$

   Ⓐ　　Ⓑ　　Ⓒ　　Ⓓ

8.

Columna A	Columna B
x en $x^2 + 4 = 13$	x en $x^2 + 3 = 19$

   Ⓐ　　Ⓑ　　Ⓒ　　Ⓓ

9. Nombra el tipo de modelo que sugiere la gráfica.

   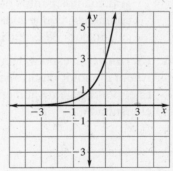

   Ⓐ Cuadrático
   Ⓑ Disminución exponencial
   Ⓒ Crecimiento exponencial
   Ⓓ Lineal

Chapter 9

Evaluación alternativa y diario de matemáticas

Para usar después del capítulo 9

DIARIO 1. En este capítulo aprendiste cómo resolver problemas de movimiento vertical usando dos modelos. (a) Crea tres problemas verbales diferentes: uno en que se deja caer un objeto, uno en que se lanza hacia abajo un objeto y uno en que se lanza hacia arriba un objeto. Al menos dos de los tres problemas requerirían calcular el tiempo recorrido en el aire. Asegúrate de que los objetos se lancen con movimiento vertical. (b) Resuelve cada problema, mostrando todo el trabajo. Como parte de la solución, explica cómo saber qué número sustituir para cada variable.

PROBLEMA DE VARIOS PASOS 2. Durante las pruebas, se determinó que los caballos de fuerza de un motor están representados por $H = -59.3r^2 + 1041r - 3676$, donde H representa los caballos de fuerza y r representa las revoluciones por minuto (rev/min) en miles. (El caballo de fuerza es una unidad para medir la potencia de un motor y otros dispositivos.)

Para los problemas a–d, redondea los resultados al número entero más próximo.

   a. Predice el aspecto que tendrá la gráfica. Incluye la forma que tendrá la gráfica y explica cómo lo sabes. ¿Qué te dice el coeficiente dominante acerca de la gráfica?

   b. Representa gráficamente la ecuación de los caballos de fuerza desde 7200 rev/min hasta 9600 rev/min (Consejo: las rev/min están en miles). Bosqueja la curva y rotula los ejes. Usa la curva para explicar cómo afectan las revoluciones por minuto sobre los caballos de fuerza.

   c. Calcula los caballos de fuerza a 8000 rev/min. Explica cómo determinaste tu resultado.

   d. Estima las rev/min a las cuales el motor produce 876 caballos de fuerza. ¿En cuántos puntos ocurre esto? Describe, en dos o tres oraciones completas, cómo podrías resolver este problema tanto usando la calculadora de gráficas como algebraicamente.

   3. *Escritura* Después de algunos ajustes al motor, se hace otra prueba. Ahora el motor desarrolla un máximo de 902 caballos de fuerza. ¿Cuál es el porcentaje de aumento en caballos de fuerza? Explica cómo obtuviste el resultado.

Chapter 9

Pauta para la evaluación alternativa

Para usar después del capítulo 9

DIARIO
SOLUCIÓN

1. a. Las respuestas pueden variar; *Posible respuesta:* Se deja caer una moneda de un centavo desde la cima de un edificio de 400 pisos. ¿Cuánto tardará en llegar al suelo? Se lanza una moneda de un centavo hacia abajo, a 10 pies por segundo. ¿Cuán rápido golpeará el suelo esta vez? Se lanza verticalmente al aire un modelo de cohete desde una altura de 10 pies. ¿A qué altura está después de 2 segundos? **b.** Las respuestas completas deberían considerar los siguientes puntos:

- Se usa el modelo $h = -16t^2 + s$ para un objeto que se deja caer y $h = -16t^2 + vt + s$ para los objetos que se lanzan hacia abajo o hacia arriba.

- Al calcular cuánto demora un objeto en llegar al suelo, se sustituye h, por 0, porque la altura a nivel del suelo es cero.

- Antes de resolver, se debería tomar como cero cualquier altura escogida que sea distinta del suelo.

- Se sustituye s por la altura inicial y v por la velocidad inicial.

- La velocidad inicial es positiva para un objeto que se lanza hacia arriba y negativa para un objeto que se lanza hacia abajo.

PROBLEMA
DE VARIOS
PASOS
SOLUCIÓN

2. a. *Posible respuesta:* la gráfica debería tener la forma de una parábola, porque el modelo es cuadrático. Debería abrirse hacia abajo, porque el coeficiente dominante es negativo.

b. Verifica las gráficas. *Posible respuesta:* Como las revoluciones por minuto aumentan, los caballos de fuerza aumentarán hasta que lleguen al punto más alto, después de lo cual los caballos de fuerza disminuyen.

c. 857; sustituye r por 8 en la ecuación de los caballos de fuerza y simplifica.

d. Las estimaciones deberían ser cercanas a 8248 rev/min y 9307 rev/min *Posible respuesta:* para resolver con la calculadora de gráficas, usa la característica de trazado de la calculadora para evaluar si H está cerca de 876; para resolver algebraicamente, sustituye H por 876, iguala la ecuación a cero y resuelve usando la fórmula cuadrática.

PROBLEMA
DE VARIOS
PASOS
PAUTA DE
EVALUACIÓN

3. 1%; *Posible respuesta:* Sustituye la coordenada r en la ecuación para hallar que el primer máximo de caballos de fuerza es de 893; $\frac{902}{893} \approx 1.01$, un aumento del 1%.

4 Los estudiantes completan en forma exacta todas las partes de las preguntas. Los estudiantes explican correctamente cómo responder las preguntas, tanto gráfica como algebraicamente. La gráfica está bosquejada correctamente. Comprenden que el vértice es el punto máximo y calculan correctamente el porcentaje de mejora.

3 Los estudiantes completan las preguntas y explicaciones. Las soluciones pueden contener equivocaciones o errores matemáticos menores. Es posible que los estudiantes no den los resultados de las rev/min en miles. La gráfica está bosquejada en forma exacta. Los estudiantes comprenden lo que representa el vértice y calculan correctamente el porcentaje de mejora.

2 Los estudiantes completan las preguntas y explicaciones. Pueden ocurrir algunos errores matemáticos. Los estudiantes no explican correctamente cómo contestar gráfica y algebraicamente las preguntas. La gráfica está incorrecta o incompleta. Los estudiantes tienen problemas para interpretar la gráfica y no logran explicar que el punto máximo es el vértice.

1 Las respuestas están incompletas. Las soluciones y explicaciones están incorrectas. Falta la gráfica o es completamente inexacta.

Chapter 9

Refuerzo con práctica

Para usar con las páginas 576–582

OBJETIVO Sumar y restar polinomios y usar polinomios para representar situaciones de la vida real

---

VOCABULARIO

Un **polinomio** es una expresión que es la suma de términos que tienen la forma ax^k, donde k es un entero no negativo.

Un polinomio está escrito en **forma normal** cuando los términos aparecen en orden descendente, desde el grado más alto hasta el grado más bajo.

El **grado** de cada término de un polinomio es el exponente de la variable.

El **grado de un polinomio** es el grado más alto de sus términos.

Cuando un polinomio está escrito en forma normal, el coeficiente del primer término es el **coeficiente dominante**.

Un **monomio** es un polinomio con sólo un término.

Un **binomio** es un polinomio con dos términos.

Un **trinomio** es un polinomio con tres términos.

EJEMPLO 1 *Sumar polinomios*

Calcula la suma y escribe el resultado en forma normal.

a. $(6x - x^2 + 3) + (4x^2 - x - 2)$

b. $(x^2 - x - 4) + (2x + 3x^2 + 1)$

SOLUCIÓN

a. Formato vertical: Escribe cada expresión en forma normal. Alinea los términos semejantes.

$$-x^2 + 6x + 3$$
$$\underline{4x^2 - \ x - 2}$$
$$3x^2 + 5x + 1$$

b. Formato horizontal: Suma los términos semejantes.

$$(x^2 - x - 4) + (2x + 3x^2 + 1) = (x^2 + 3x^2) + (-x + 2x) + (-4 + 1)$$
$$= 4x^2 + x - 3$$

Ejercicios para el ejemplo 1

Calcula la suma.

1. $(7 + 2x - 4x^2) + (-3x + x^2 - 5)$ **2.** $(8x - 9 + 2x^2) + (1 + x - 6x^2)$

Chapter 10

Refuerzo con práctica

Para usar con las páginas 576–582

EJEMPLO 2 **Restar polinomios**

Calcula la diferencia y escribe el resultado en forma normal.

a. $(5x^2 - 4x + 1) - (8 - x^2)$ **b.** $(-x + 2x^2) - (3x^2 + 7x - 2)$

SOLUCIÓN

a. Formato vertical: Para restar, debes sumar el opuesto.

$$(5x^2 - 4x + 1)$$
$$\underline{-(8 - x^2)}\quad \text{Suma el opuesto.}$$

$$5x^2 - 4x + 1$$
$$\underline{+\; x^2 - 8}$$
$$6x^2 - 4x - 7$$

b. Formato horizontal:

$$(-x + 2x^2) - (3x^2 + 7x - 2) = -x + 2x^2 - 3x^2 - 7x + 2$$
$$= (2x^2 - 3x^2) + (-x - 7x) + 2$$
$$= -x^2 - 8x + 2$$

Ejercicios para el ejemplo 2

Calcula la diferencia.

3. $(x + 7x^2) - (1 + 3x - x^2)$ **4.** $(2x + 3 - 5x^2) - (2x^2 - x + 6)$

EJEMPLO 3 **Usar polinomios en la vida real**

Entre 1992 y 1996, las ventas anuales (en millones de dólares) de Compañía D y Compañía S pueden modelarse mediante las siguientes ecuaciones, donde t es la cantidad de años desde 1992.

Modelo para Compañía D: $D = 316t^2 - 1138t + 3145$

Modelo para Compañía S: $S = 127t^2 - 155t + 3452$

Halla un modelo para las ventas anuales totales A (en millones de dólares) para Compañía D y Compañía S, entre 1992 y 1996.

SOLUCIÓN

Puedes hallar un modelo para A sumando los modelos para D y S.

$$316t^2 - 1138t + 3145$$
$$\underline{+\;127t^2 - 155t + 3452}$$
$$443t^2 - 1293t + 6597$$

El modelo para la suma es $A = 443t^2 - 1293t + 6597$.

Ejercicio para el ejemplo 3

5. Halla un modelo para la diferencia N (en millones de dólares) que hay entre las ventas de Compañía D y las ventas de Compañía S, entre 1992 y 1996.

Algebra 1
Resources in Spanish

Chapter 10

Refuerzo con práctica

Para usar con las páginas 584–589

OBJETIVO Multiplicar dos polinomios y usar la multiplicación polinomial en situaciones de la vida real

---

VOCABULARIO

Para multiplicar dos polinomios, usa un método llamado método **FOIL**. Multiplica los primeros términos, luego los términos exteriores, en seguida los términos interiores y finalmente los últimos términos.

EJEMPLO 1 *Multiplicar binomios usando el método FOIL*

Calcula el producto $(4x + 3)(x + 2)$.

SOLUCIÓN

$$
\begin{array}{cccc}
F & O & I & L \\
\downarrow & \downarrow & \downarrow & \downarrow
\end{array}
$$

$(4x + 3)(x + 2) = 4x^2 + 8x + 3x + 6$ \quad Cálculo mental

$\qquad\qquad\qquad = 4x^2 + 11x + 6$ \quad Simplifica.

Ejercicios para el ejemplo 1

Usa el método FOIL para calcular el producto.

1. $(2x + 3)(x + 1)$ \qquad **2.** $(y - 2)(y - 3)$ \qquad **3.** $(3a + 2)(2a - 1)$

EJEMPLO 2 *Multiplicar polinomios verticalmente*

Calcula el producto $(x + 3)(4 - 2x^2 + x)$.

SOLUCIÓN

Para multiplicar dos polinomios que tienen tres o más términos, debes multiplicar cada término de un polinomio por cada término del otro polinomio. Alinea los términos semejantes en columnas.

$$
\begin{array}{rll}
-2x^2 + x + 4 & & \text{Forma normal} \\
\underline{x \qquad\quad x + 3} & & \text{Forma normal} \\
-6x^2 + 3x + 12 & & 3(-2x^2 + x + 4) \\
\underline{-2x^3 + \quad x^2 + 4x \qquad} & & x(-2x^2 + x + 4) \\
-2x^3 - 5x^2 + 7x + 12 & & \text{Reduce términos semejantes.}
\end{array}
$$

Ejercicios para el ejemplo 2

Multiplica los polinomios verticalmente.

4. $(a + 4)(a^2 + 3 - 2a)$ \qquad\qquad **5.** $(2y + 1)(y^2 - 5 + y)$

Refuerzo con práctica

Para usar con las páginas 584–589

EJEMPLO 3 *Multiplicar polinomios horizontalmente*

Calcula el producto $(x + 4)(-2x^2 + 3x - 1)$.

SOLUCIÓN

Multiplica $-2x^2 + 3x - 1$ por cada término de $x + 4$.

$$(x + 4)(-2x^2 + 3x - 1) = x(-2x^2 + 3x - 1) + 4(-2x^2 + 3x - 1)$$
$$= -2x^3 + 3x^2 - x - 8x^2 + 12x - 4$$
$$= -2x^3 - 5x^2 + 11x - 4$$

Ejercicios para el ejemplo 3

Multiplica los polinomios horizontalmente.

6. $(a + 4)(a^2 + 3 - 2a)$

7. $(2y + 1)(y^2 - 5 + y)$

EJEMPLO 4 *Multiplicar polinomios para calcular un área*

Las dimensiones de un jardín rectangular pueden representarse mediante un ancho de $(x + 6)$ pies y una longitud de $(2x + 5)$ pies. Escribe una expresión polinomial para el área A del jardín.

SOLUCIÓN

El modelo del área de un rectángulo es $A = (\text{ancho})(\text{longitud})$.

$$A = (\text{ancho})(\text{longitud}) \qquad \text{Modelo del área de un rectángulo.}$$
$$= (x + 6)(2x + 5) \qquad \text{Sustituye el ancho por } x + 6 \text{ y la longitud por } 2x + 5.$$
$$= 2x^2 + 5x + 12x + 30 \qquad \text{Método FOIL.}$$
$$= 2x^2 + 17x + 30 \qquad \text{Reduce términos semejantes.}$$

El área A del jardín en pies cuadrados puede representarse mediante $2x^2 + 17x + 30$.

Ejercicio para el ejemplo 4

8. Formula nuevamente el ejemplo 4 si el ancho es $(x + 3)$ pies y la longitud es $(3x + 2)$ pies.

Refuerzo con práctica

Para usar con las páginas 590–596

OBJETIVO **Usar patrones de productos especiales para el producto de una suma por una diferencia y para el cuadrado de un binomio, y usar productos especiales en modelos de la vida real**

VOCABULARIO

Algunos pares de binomios tienen patrones de **productos especiales** como sigue.

Patrón de la suma por diferencia

$$(a + b)(a - b) = a^2 - b^2$$

Patrón del cuadrado de un binomio

$$(a + b)^2 = a^2 + 2ab + b^2$$

$$(a - b)^2 = a^2 - 2ab + b^2$$

EJEMPLO 1 *Usar el patrón de la suma por diferencia*

Usa el patrón de la suma por diferencia para calcular el producto $(4y + 3)(4y - 3)$.

SOLUCIÓN

$$(a + b)(a - b) = a^2 - b^2 \qquad \text{Escribe el patrón.}$$

$$(4y + 3)(4y - 3) = (4y)^2 - 3^2 \qquad \text{Aplica el patrón.}$$

$$= 16y^2 - 9 \qquad \text{Simplifica.}$$

Ejercicios para el ejemplo 1

Usa el patrón de la suma por diferencia para calcular el producto.

1. $(x + 5)(x - 5)$ **2.** $(3x + 2)(3x - 2)$ **3.** $(x + 2y)(x - 2y)$

EJEMPLO 2 *Elevar un binomio al cuadrado*

Usa el patrón del cuadrado de un binomio para calcular el producto.

a. $(2x + 3)^2$ **b.** $(4x - 1)^2$

SOLUCIÓN

a. $(a + b)^2 = a^2 + 2ab + b^2 \qquad \text{Escribe el patrón.}$

$(2x + 3)^2 = (2x)^2 + 2(2x)(3) + 3^2 \qquad \text{Aplica el patrón.}$

$= 4x^2 + 12x + 9 \qquad \text{Simplifica.}$

b. $(a - b)^2 = a^2 - 2ab + b^2 \qquad \text{Escribe el patrón.}$

$(4x - 1)^2 = (4x)^2 - 2(4x)(1) + 1^2 \qquad \text{Aplica el patrón.}$

$= 16x^2 - 8x + 1 \qquad \text{Simplifica.}$

Refuerzo con práctica

Para usar con las páginas 590–596

Ejercicios para el ejemplo 2

Usa el patrón del cuadrado de un binomio para calcular el producto.

4. $(m + n)^2$

5. $(3x - 2)^2$

6. $(7y + 2)^2$

EJEMPLO 3 *Aplicar patrones de productos especiales para calcular un área*

Usa un patrón de productos especiales para hallar una expresión para el área de la región sombreada.

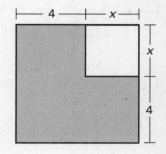

SOLUCIÓN

Modelo verbal

$$\boxed{\begin{array}{c}\text{Área de la}\\\text{región sombreada}\end{array}} =$$

$$\boxed{\begin{array}{c}\text{Área del}\\\text{cuadrado entero}\end{array}} - \boxed{\begin{array}{c}\text{Área del}\\\text{cuadrado pequeño}\end{array}}$$

Rótulos

Área de la región sombreada $= A$ (unidades cuadradas)

Área del cuadrado entero $= (x + 4)^2$ (unidades cuadradas)

Área del cuadrado pequeño $= x^2$ (unidades cuadradas)

Modelo algebraico

$A = (x + 4)^2 - x^2$ Escribe el modelo algebraico.

$= (x^2 + 8x + 16) - x^2$ Aplica el patrón.

$= 8x + 16$ Simplifica.

El área de la región sombreada puede representarse mediante $8x + 16$ unidades cuadradas.

Ejercicios para el ejemplo 3

7. Usa un patrón de productos especiales para hallar una expresión para el área de la región sombreada.

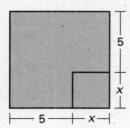

8. Usa un patrón de productos especiales para hallar una expresión para el área de la región sombreada.

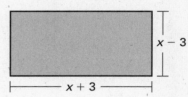

NOMBRE_____ FECHA _____

Prueba parcial 1

Para usar después de las lecciones 10.1–10.3

1. Suma los polinomios. *(Lección 10.1)*

$$(3n - 4n^2 + 7) + (7n^2 + 5n - 6)$$

2. Resta los polinomios. *(Lección 10.1)*

$$(7y^3 + 4y^2 - 5y + 3) - (8y^3 - 4y^2 - 2y + 2)$$

3. Calcula el producto de los polinomios. *(Lección 10.2)*

$$-3t^2(3t^2 - 4t + 5)$$

4. Usa el método FOIL para multiplicar $(4y + 3)(2y - 2)$.
(Lección 10.2)

5. Escribe $(m - 4)^2$ como trinomio. *(Lección 10.3)*

6. Multiplica $(3a - 5)(3a + 5)$. *(Lección 10.3)*

7. Tienes una huerta de vegetales rectangular que mide 10 pies de
longitud y 12 pies de ancho. Luego agrandas la huerta, extendiendo
cada lado en *y* pies. Escribe el área de la huerta grande en términos
de un trinomio. *(Lección 10.3)*

Respuestas

1. _____

2. _____

3. _____

4. _____

5. _____

6. _____

7. _____

Chapter 10

LECCIÓN 10.4

Refuerzo con práctica

Para usar con las páginas 597–602

OBJETIVO Resolver una ecuación polinomial en forma factorizada y relacionar factores con intercepciones en *x*

VOCABULARIO

Un polinomio está en **forma factorizada** si está escrito como el producto de dos o más factores lineales. De acuerdo con la **propiedad del producto cero**, el producto de dos factores es cero, sólo cuando al menos uno de los factores es cero.

EJEMPLO 1 *Usar la propiedad del producto cero*

Resuelve la ecuación $(x - 1)(x + 7) = 0$.

SOLUCIÓN

Usa la propiedad del producto cero: ya sea $x - 1 = 0$ o $x + 7 = 0$.

$$(x - 1)(x + 7) = 0 \qquad \text{Escribe la ecuación original.}$$
$$x - 1 = 0 \qquad \text{Iguala el primer factor a 0.}$$
$$x = 1 \qquad \text{Resuelve para } x.$$
$$x + 7 = 0 \qquad \text{Iguala el segundo factor a 0.}$$
$$x = -7 \qquad \text{Resuelve para } x.$$

Las soluciones son 1 y -7.

Ejercicios para el ejemplo 1

Resuelve la ecuación.

1. $(z - 6)(z + 6) = 0$ **2.** $(y - 5)(y - 1) = 0$ **3.** $(x + 4)(x + 3) = 0$

EJEMPLO 2 *Usar la propiedad del producto cero*

Resuelve la ecuación $(x - 4)^2 = 0$.

SOLUCIÓN

Esta ecuación tiene un factor repetido. Para resolver la ecuación, sólo necesitas igualar $x - 4$ a cero.

$$(x - 4)^2 = 0 \qquad \text{Escribe la ecuación original.}$$
$$x - 4 = 0 \qquad \text{Iguala el factor repetido a 0.}$$
$$x = 4 \qquad \text{Resuelve para } x.$$

La solución es 4.

Chapter 10

Refuerzo con práctica

Para usar con las páginas 597–602

Ejercicios para el ejemplo 2

Resuelve la ecuación.

4. $(t - 5)^2 = 0$

5. $(y + 3)^2 = 0$

6. $(2x + 4)^2 = 0$

EJEMPLO 3 ## Relacionar intercepciones en x con factores

Indica las intercepciones en x y el vértice de la gráfica de la función $y = (x + 4)(x - 2)$. Bosqueja después la gráfica de la función.

SOLUCIÓN

Primero, resuelve $(x + 4)(x - 2) = 0$ para hallar las intercepciones en x: -4 y 2.

Después, calcula las coordenadas del vértice.

- La coordenada x del vértice es el promedio de las intercepciones en x.

$$x = \frac{-4 + 2}{2} = -1$$

- Sustituye para calcular la coordenada y.

$$y = (-1 + 4)(-1 - 2) = -9$$

- Las coordenadas del vértice son $(-1, -9)$.

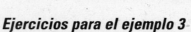

Ejercicios para el ejemplo 3

Indica las intercepciones en *x* y el vértice de la gráfica de la función.

7. $y = (x + 3)(x + 1)$

8. $y = (x - 2)(x - 4)$

9. $y = (x - 1)(x + 5)$

Algebra 1
Resources in Spanish

Refuerzo con práctica

Para usar con las páginas 604–610

OBJETIVO **Factorizar una expresión cuadrática de la forma $x^2 + bx + c$ y resolver ecuaciones cuadráticas mediante factorización**

VOCABULARIO

Factorizar una expresión cuadrática significa escribirla como el producto de dos expresiones lineales. Para factorizar $x^2 + bx + c$, debes hallar dos números p y q tales que

$$p + q = b \quad \text{y} \quad pq = c.$$

$x^2 + bx + c = (x + p)(x + q)$ para $p + q = b$ y $pq = c$

EJEMPLO 1 *Factorizar cuando b y c son positivos*

Factoriza $x^2 + 6x + 8$.

SOLUCIÓN

Para este trinomio, $b = 6$ y $c = 8$. Debes hallar dos números cuya suma sea 6 y cuyo producto sea 8.

$$x^2 + 6x + 8 = (x + p)(x + q) \qquad \text{Calcula } p \text{ y } q \text{ para } p + q = 6 \text{ y } pq = 8.$$
$$= (x + 4)(x + 2) \qquad p = 4 \text{ y } q = 2$$

Ejercicios para el ejemplo 1

Factoriza el trinomio.

1. $x^2 + 5x + 6$ **2.** $x^2 + 6x + 5$ **3.** $x^2 + 3x + 2$

EJEMPLO 2 *Factorizar cuando b es negativo y c es positivo*

Factoriza $x^2 - 5x + 4$.

SOLUCIÓN

Como b es negativo y c es positivo, tanto p como q deben ser números negativos. Halla dos números cuya suma sea -5 y cuyo producto sea 4.

$$x^2 - 5x + 4 = (x + p)(x + q) \qquad \text{Calcula } p \text{ y } q \text{ para } p + q = -5 \text{ y } pq = 4.$$
$$= (x - 4)(x - 1) \qquad p = -4 \text{ y } q = -1$$

Ejercicios para el ejemplo 2

Factoriza el trinomio.

4. $x^2 - 3x + 2$ **5.** $x^2 - 7x + 12$ **6.** $x^2 - 5x + 6$

Chapter 10

Algebra 1
Resources in Spanish

Refuerzo con práctica

Para usar con las páginas 604–610

EJEMPLO 3 *Factorizar cuando b y c son negativos*

Factoriza $x^2 - 3x - 10$.

SOLUCIÓN

Para este trinomio, $b = -3$ y $c = -10$. Como c es negativo, sabes que p y q no pueden ambos tener valor negativo

$$x^2 - 3x - 10 = (x + p)(x + q) \quad \text{Calcula } p \text{ y } q \text{ si } p + q = -3 \text{ y } pq = -10.$$
$$= (x + 2)(x - 5) \quad p = 2 \text{ y } q = -5$$

Ejercicios para el ejemplo 3

Factoriza el trinomio.

7. $x^2 - x - 2$ **8.** $x^2 - 4x - 12$ **9.** $x^2 - 2x - 8$

EJEMPLO 4 *Resolver una ecuación cuadrática*

Resuelve $x^2 + 4x = 12$.

SOLUCIÓN

$x^2 + 4x = 12$	Escribe la ecuación.
$x^2 + 4x - 12 = 0$	Escribe en forma normal.
$(x + 6)(x - 2) = 0$	Factoriza el lado izquierdo. Como c es negativo, p y q no pueden ambos tener valor negativo: $p = 6$ y $q = -2$
$(x + 6) = 0 \text{ or } (x - 2) = 0$	Usa la propiedad del producto cero.
$x + 6 = 0$	Iguala el primer factor a 0.
$x = -6$	Resuelve para x.
$x - 2 = 0$	Iguala el segundo factor a 0.
$x = 2$	Resuelve para x.

Las soluciones son -6 y 2.

Ejercicios para el ejemplo 4

Resuelve la ecuación.

10. $x^2 + 8x + 15 = 0$ **11.** $x^2 - 8x + 12 = 0$ **12.** $x^2 + 3x - 4 = 0$

Chapter 10

Algebra 1
Resources in Spanish

Refuerzo con práctica

Para usar con las páginas 611–617

OBJETIVO **Factorizar una expresión cuadrática de la forma $ax^2 + bx + c$ y resolver ecuaciones cuadráticas mediante factorización**

VOCABULARIO

Para factorizar polinomios cuadráticos cuyo coeficiente dominante no es 1, halla los factores de a (m y n) y los factores de c (p y q) tales que la suma del producto exterior más el producto interior (mq más pn) sea b.

$$c = pq$$
$$ax^2 + bx + c = (mx + p)(nx + q) \qquad b = mq + pn$$
$$a = mn$$

EJEMPLO 1 *Un par de factores para a y c*

Factoriza $3x^2 + 7x + 2$.

SOLUCIÓN

Prueba los posibles factores de a (1 y 3) y c (1 y 2).

Prueba con $a = 1 \cdot 3$ y $c = 1 \cdot 2$.

$\quad (1x + 1)(3x + 2) = 3x^2 + 5x + 2$ \qquad No es correcto

Prueba con $a = 1 \cdot 3$ y $c = 2 \cdot 1$.

$\quad (1x + 2)(3x + 1) = 3x^2 + 7x + 2$ \qquad Correcto

La factorización correcta de $3x^2 + 7x + 2$ es $(x + 2)(3x + 1)$.

Ejercicios para el ejemplo 1

Factoriza el trinomio.

1. $5x^2 + 11x + 2$ \qquad\qquad **2.** $2x^2 + 5x + 3$ \qquad\qquad **3.** $3x^2 + 10x + 7$

EJEMPLO 2 *Diversos pares de factores para a y c*

Factoriza $4x^2 - 13x + 10$.

SOLUCIÓN

Ambos factores de c deben ser negativos, porque b es negativo y c es positivo.

Chapter 10

Refuerzo con práctica

Para usar con las páginas 611–617

Prueba los factores posibles para a y c.

FACTORES DE a y c	PRODUCTO	¿CORRECTO?
$a = 1 \cdot 4$ y $c = (-1)(-10)$	$(x - 1)(4x - 10) = 4x^2 - 14x + 10$	No
$a = 1 \cdot 4$ y $c = (-10)(-1)$	$(x - 10)(4x - 1) = 4x^2 - 41x + 10$	No
$a = 1 \cdot 4$ y $c = (-2)(-5)$	$(x - 2)(4x - 5) = 4x^2 - 13x + 10$	Sí
$a = 1 \cdot 4$ y $c = (-5)(-2)$	$(x - 5)(4x - 2) = 4x^2 - 22x + 10$	No
$a = 2 \cdot 2$ y $c = (-1)(-10)$	$(2x - 1)(2x - 10) = 4x^2 - 22x + 10$	No
$a = 2 \cdot 2$ y $c = (-10)(-1)$	$(2x - 10)(2x - 1) = 4x^2 - 22x + 10$	No
$a = 2 \cdot 2$ y $c = (-2)(-5)$	$(2x - 2)(2x - 5) = 4x^2 - 14x + 10$	No
$a = 2 \cdot 2$ y $c = (-5)(-2)$	$(2x - 5)(2x - 2) = 4x^2 - 14x + 10$	No

La factorización correcta de $4x^2 - 13x + 10$ es $(x - 2)(4x - 5)$.

Ejercicios para el ejemplo 2

Factoriza el trinomio.

4. $9x^2 + 65x + 14$ **5.** $6x^2 - 23x + 15$ **6.** $8x^2 + 38x + 9$

EJEMPLO 3 *Resolver una ecuación cuadrática*

Resuelve la ecuación $3x^2 - x = 10$ mediante la factorización.

SOLUCIÓN

$3x^2 - x = 10$	Escribe la ecuación.
$3x^2 - x - 10 = 0$	Escribe en forma normal.
$(3x + 5)(x - 2) = 0$	Factoriza el lado izquierdo.
$(3x + 5) = 0$ or $(x - 2) = 0$	Usa la propiedad del producto cero.
$3x + 5 = 0$	Iguala el primer factor a 0.
$x = -\frac{5}{3}$	Resuelve para x.
$x - 2 = 0$	Iguala el segundo factor a 0.
$x = 2$	Resuelve para x.

Las soluciones son $-\frac{5}{3}$ y 2.

Ejercicios para el ejemplo 3

Resuelve la ecuación mediante la factorización.

7. $2x^2 + 7x + 3 = 0$ **8.** $5n^2 - 17n = -6$ **9.** $6x^2 - x - 2 = 0$

Algebra 1
Resources in Spanish

Chapter 10

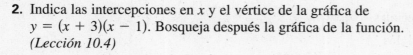

LECCIÓN
10.6

NOMBRE_____ FECHA_____

Prueba parcial 2

Para usar después de las lecciones 10.4–10.6

1. Resuelve la ecuación $(x + 2)(x - 6) = 0$. *(Lección 10.4)*

2. Indica las intercepciones en x y el vértice de la gráfica de
$y = (x + 3)(x - 1)$. Bosqueja después la gráfica de la función.
(Lección 10.4)

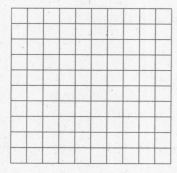

3. Factoriza el trinomio $x^2 - 7x + 10$. *(Lección 10.5)*

4. Resuelve $x^2 - x = 20$ mediante la factorización. *(Lección 10.5)*

5. Factoriza el trinomio $4x^2 + 5x - 9$. *(Lección 10.6)*

6. Resuelve $5x^2 + 8x - 21 = 0$ mediante la factorización.
(Lección 10.6)

Respuestas

1. _____

2. Usa la cuadrícula

de la izquierda.

3. _____

4. _____

5. _____

6. _____

Chapter 10

Refuerzo con práctica

Para usar con las páginas 619–624

OBJETIVO Usar patrones de productos especiales para factorizar polinomios cuadráticos y resolver ecuaciones cuadráticas mediante la factorización

---

VOCABULARIO

Factorizar productos especiales

Patrón de la diferencia de dos cuadrados

$a^2 - b^2 = (a + b)(a - b)$

Ejemplo

$9x^2 - 16 = (3x + 4)(3x - 4)$

Patrón del trinomio de un cuadrado perfecto

$a^2 + 2ab + b^2 = (a + b)^2$

$a^2 - 2ab + b^2 = (a - b)^2$

Ejemplo

$x^2 + 8x + 16 = (x + 4)^2$

$x^2 - 12x + 36 = (x - 6)^2$

EJEMPLO 1 *Factorizar la diferencia de dos cuadrados*

a. $n^2 - 25$ **b.** $4x^2 - y^2$

SOLUCIÓN

a. $n^2 - 25 = n^2 - 5^2$ Escribe como $a^2 - b^2$.

$\qquad\quad = (n + 5)(n - 5)$ Factoriza usando el patrón de la diferencia de dos cuadrados.

b. $4x^2 - y^2 = (2x)^2 - y^2$ Escribe como $a^2 - b^2$.

$\qquad\quad = (2x + y)(2x - y)$ Factoriza usando el patrón de la diferencia de dos cuadrados.

Ejercicios para el ejemplo 1

Factoriza la expresión.

1. $16 - 9y^2$ **2.** $4q^2 - 49$ **3.** $36 - 25x^2$

EJEMPLO 2 *Factorizar trinomios de un cuadrado perfecto*

a. $x^2 - 6x + 9$ **b.** $9y^2 + 12y + 4$

SOLUCIÓN

a. $x^2 - 6x + 9 = x^2 - 2(x)(3) + 3^2$ Escribe como $a^2 - 2ab + b^2$.

$\qquad\qquad = (x - 3)^2$ Factoriza usando el patrón del trinomio de un cuadrado perfecto.

b. $9y^2 + 12y + 4 = (3y)^2 + 2(3y)(2) + 2^2$ Escribe como $a^2 + 2ab + b^2$.

$\qquad\qquad = (3y + 2)^2$ Factoriza usando el patrón del trinomio de un cuadrado perfecto.

Ejercicios para el ejemplo 2

Factoriza la expresión.

4. $x^2 - 18x + 81$ **5.** $4n^2 + 20n + 25$ **6.** $16y^2 + 8y + 1$

Chapter 10

Algebra 1
Resources in Spanish

Refuerzo con práctica

Para usar con las páginas 619–624

EJEMPLO 3 *Resolver una ecuación cuadrática*

Resuelve la ecuación $2x^2 - 28x + 98 = 0$.

SOLUCIÓN

$2x^2 - 28x + 98 = 0$	Escribe la ecuación original.
$2(x^2 - 14x + 49) = 0$	Saca el factor común.
$2[x^2 - 2(7x) + 7^2] = 0$	Escribe como $a^2 - 2ab + b^2$.
$2(x - 7)^2 = 0$	Factoriza usando el patrón del trinomio de un cuadrado perfecto.
$x - 7 = 0$	Iguala el factor repetido a 0.
$x = 7$	Resuelve para x.

La solución es 7.

Ejercicios para el ejemplo 3

Usa la factorización para resolver la ecuación.

7. $x^2 - 20x + 100 = 0$ **8.** $4n^2 - 4n = -1$ **9.** $3z^2 - 24z + 48 = 0$

EJEMPLO 4 *Resolver una ecuación cuadrática*

Resuelve la ecuación $75 - 48x^2 = 0$.

SOLUCIÓN

$75 - 48x^2 = 0$	Escribe la ecuación original.
$3(25 - 16x^2) = 0$	Saca el factor común.
$3[5^2 - (4x)^2] = 0$	Escribe como $a^2 - b^2$.
$3(5 + 4x)(5 - 4x) = 0$	Factoriza usando el patrón de la diferencia de dos cuadrados.
$(5 + 4x) = 0$ or $(5 - 4x) = 0$	Usa la propiedad del producto cero.
$5 + 4x = 0$	Iguala el primer factor a 0.
$x = -\frac{5}{4}$	Resuelve para x.
$5 - 4x = 0$	Iguala el segundo factor a 0.
$x = \frac{5}{4}$	Resuelve para x.

Las soluciones son $-\frac{5}{4}$ y $\frac{5}{4}$.

Ejercicios para el ejemplo 4

Usa la factorización para resolver la ecuación.

10. $x^2 - 49 = 0$ **11.** $9y^2 - 64 = 0$ **12.** $4x^2 = 81$

Chapter 10

Refuerzo con práctica

Para usar con las páginas 625–632

OBJETIVO Usar la propiedad distributiva para factorizar un polinomio y resolver ecuaciones polinomiales mediante la factorización

---

VOCABULARIO

Un polinomio es **primo** si no es el producto de polinomios con coeficientes enteros.

Para **factorizar completamente un polinomio**, escríbelo como el producto de factores monomiales por factores primos con al menos dos términos.

EJEMPLO 1 *Hallar el máximo factor común*

Saca el máximo factor común de $35x^3 + 45x^5$.

SOLUCIÓN

Primero, halla el máximo factor común (MFC). Es el producto de todos los factores comunes.

$$35x^3 = 5 \cdot 7 \cdot x \cdot x \cdot x$$

$$45x^5 = 5 \cdot 9 \cdot x \cdot x \cdot x \cdot x \cdot x$$

$$\text{MFC} = 5 \cdot x \cdot x \cdot x = 5x^3$$

Usa la propiedad distributiva para sacar del polinomio el máximo factor común.

$$35x^3 + 45x^5 = 5x^3(7 + 9x^2)$$

Ejercicios para el ejemplo 1

Halla el máximo factor común y sácalo de la expresión.

1. $24y^3 + 32y$
2. $6n^8 - 18n^3$
3. $3a^2 + 30$

EJEMPLO 2 *Factorizar completamente*

Factoriza completamente $3x^4 + 30x^3 + 27x^2$.

SOLUCIÓN

$$3x^4 + 30x^3 + 27x^2 = 3x^2(x^2 + 10x + 9) \quad \text{Saca el MFC.}$$

$$= 3x^2(x + 9)(x + 1) \quad \text{Factoriza } x^2 + bx + c \text{ si } b \text{ y } c \text{ son positivos.}$$

Ejercicios para el ejemplo 2

Factoriza completamente la expresión.

4. $2y^3 - 18y$
5. $7t^5 + 14t^4 + 7t^3$
6. $x^4 - 3x^3 + 2x^2$

Algebra 1
Resources in Spanish

Chapter 10

Refuerzo con práctica

Para usar con las páginas 625–632

EJEMPLO 3 *Factorizar por agrupamiento*

Factoriza completamente $x^4 - 3x^3 + 4x - 12$.

SOLUCIÓN

A veces puedes factorizar polinomios que tienen cuatro términos, agrupando el polinomio en dos grupos de términos y sacando el máximo factor común de cada término.

$$x^4 - 3x^3 + 4x - 12 = (x^4 - 3x^3) + (4x - 12) \quad \text{Agrupa los términos.}$$
$$= x^3(x - 3) + 4(x - 3) \quad \text{Factoriza cada grupo.}$$
$$= (x - 3)(x^3 + 4) \quad \text{Usa la propiedad distributiva.}$$

Ejercicios para el ejemplo 3

Factoriza completamente la expresión.

7. $y^3 + 3y^2 - 2y - 6$ **8.** $x^3 + 2x^2 + 5x + 10$ **9.** $d^4 - d^3 + d - 1$

EJEMPLO 4 *Resolver una ecuación polinomial*

Resuelve $7x^3 - 63x = 0$.

SOLUCIÓN

$$7x^3 - 63x = 0 \quad \text{Escribe la ecuación original.}$$
$$7x(x^2 - 9) = 0 \quad \text{Saca el MFC.}$$
$$7x(x + 3)(x - 3) = 0 \quad \text{Factoriza la diferencia de los dos cuadrados.}$$

Al igualar cada factor variable a 0, puedes hallar que las soluciones son $0, -3$ y 3.

Ejercicios para el ejemplo 4

Resuelve la ecuación.

10. $y^2 - 4y - 5 = 0$ **11.** $3w^3 - 75w = 0$ **12.** $2x^3 + 12x^2 + 18x = 0$

Prueba del capítulo A

Para usar después del capítulo 10

Calcula la suma o la diferencia.

1. $(x^2 + 2x + 1) + (4x^2 + 5x + 3)$

2. $(3x^2 + 5x + 4) - (x^2 + 2x + 1)$

3. $(3x^2 + 5x + 8) + (6x^2 + 3x + 2)$

4. $(8x^2 + 6x + 3) - (4x^2 + 3x + 2)$

5. Las ganancias de una empresa se calculan restando los costos de la empresa de sus ingresos. Si el costo de una empresa puede modelarse mediante $14x + 120{,}000$ y sus ingresos pueden modelarse mediante $40x - 0.0002x^2$, ¿qué expresión representa las ganancias?

Calcula el producto.

6. $2x(3x - 5)$

7. $(x + 3)(x + 2)$

8. $(2x + 1)(x + 3)$

9. $(x + 1)(x^2 + x + 1)$

10. $(x + 2)(x - 2)$

11. $(x + 5)^2$

12. Halla una expresión para el área de la figura.

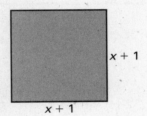

$x + 1$

$x + 1$

Usa la propiedad del producto cero para resolver la ecuación.

13. $(x + 4)(x - 2) = 0$

14. $(x + 3)^2 = 0$

Asocia la función con su gráfica.

A
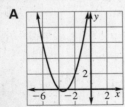

B
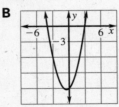

C
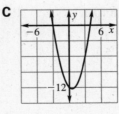

15. $y = (x - 3)(x + 4)$

16. $y = (x + 3)(x - 4)$

17. $y = (x + 3)(x + 4)$

Respuestas

1. _____

2. _____

3. _____

4. _____

5. _____

6. _____

7. _____

8. _____

9. _____

10. _____

11. _____

12. _____

13. _____

14. _____

15. _____

16. _____

17. _____

Chapter 10

Prueba del capítulo A

Para usar después del capítulo 10

Factoriza la expresión.

18. $x^2 + 3x + 2$

19. $x^2 - x - 6$

20. $x^2 - 7x + 10$

21. $x^2 + x - 12$

22. Un rectángulo tiene un área dada por $A = x^2 + 5x + 6$. Halla expresiones para la longitud y el ancho posibles del rectángulo.

Factoriza la expresión.

23. $2x^2 + 5x + 3$

24. $6x^2 + 14x + 4$

25. $x^2 - 9$

26. $x^2 - 8x + 16$

27. $x^2 + 6x + 9$

28. $2x^2 - 4x$

29. $x^3 + 2x^2 - 3x - 6$

30. $x^3 + 4x^2 + x + 4$

Escribe una ecuación cuadrática que tenga las soluciones dadas.

31. 3 y 2

32. 1 y 3

Resuelve la ecuación mediante un método de tu preferencia.

33. $x^2 - 2x - 3 = 0$

34. $x^2 + 5x + 6 = 0$

35. $x^2 + 3x - 4 = 0$

36. $x^2 - 6x + 5 = 0$

37. $6x^2 + 5x + 1 = 0$

38. $4x^2 + 15x + 9 = 0$

39. $x^2 - 36 = 0$

40. $x^2 + 12x + 36 = 0$

Respuestas

18._____

19._____

20._____

21._____

22._____

23._____

24._____

25._____

26._____

27._____

28._____

29._____

30._____

31._____

32._____

33._____

34._____

34._____

35._____

36._____

37._____

38._____

39._____

40._____

NOMBRE _____ FECHA _____

Prueba del capítulo B

Para usar después del capítulo 10

Calcula la suma o diferencia.

1. $(2x^2 + 3x + 5) + (-x^2 + 4x - 7)$

2. $(5x^2 + 8x + 5) - (2x^2 - 3x + 2)$

3. $(9x^2 + 8x + 4) + (8x^2 - 4x - 8)$

4. $(14x^2 - 5x + 2) - (3x^2 - 8x - 4)$

5. Las ganancias de una empresa se calculan restando los costos de la empresa de sus ingresos. Si el costo de una empresa puede modelarse mediante $18x + 110{,}000$ y sus ingresos pueden modelarse mediante $60x - 0.0003x^2$, ¿qué expresión representa las ganancias?

Calcula el producto.

6. $(4x + 2)(6x^2)$

7. $(x - 4)(x - 5)$

8. $(4x - 5)(x + 2)$

9. $(x - 3)(x^2 + x + 1)$

10. $(x + 5)(x - 5)$

11. $(x - 8)^2$

12. Halla una expresión para el área de la figura.

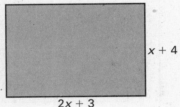

$x + 4$

$2x + 3$

Usa la propiedad del producto cero para resolver la ecuación.

13. $(x + 5)(x - 1) = 0$

14. $(2x + 1)^2 = 0$

Asocia la función con su gráfica.

A
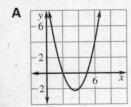

B
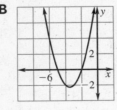

C
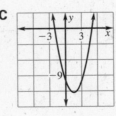

15. $y = (x + 5)(x + 2)$

16. $y = (x - 5)(x + 2)$

17. $y = (x - 5)(x - 2)$

Respuestas

1. _____

2. _____

3. _____

4. _____

5. _____

6. _____

7. _____

8. _____

9. _____

10. _____

11. _____

12. _____

13. _____

14. _____

15. _____

16. _____

17. _____

Prueba del capítulo B

Para usar después del capítulo 10

Factoriza la expresión.

18. $x^2 + 11x + 30$

19. $x^2 - 3x - 40$

20. $x^2 - 9x + 14$

21. $x^2 + 2x - 35$

22. Un rectángulo tiene un área dada por $A = x^2 + 7x + 12$. Halla expresiones para la longitud y el ancho posibles del rectángulo.

Factoriza la expresión.

23. $5x^2 + 16x + 3$

24. $12x^2 + 14x + 4$

25. $x^2 - 16$

26. $x^2 - 12x + 36$

27. $x^2 + 10x + 25$

28. $3x^3 + 9x^2 + 2x$

29. $x^3 - 3x^2 + 2x - 6$

30. $x^3 - x^2 + 5x - 5$

Escribe una ecuación cuadrática que tenga las soluciones dadas.

31. 5 y 3

32. 7 y 11

Resuelve la ecuación mediante un método de tu preferencia.

33. $x^2 - 2x - 8 = 0$

34. $x^2 + 9x + 20 = 0$

35. $x^2 + 4x - 12 = 0$

36. $x^2 - 11x + 30 = 0$

37. $4x^2 + 5x + 1 = 0$

38. $4x^2 + 10x + 6 = 0$

39. $x^2 - 49 = 0$

40. $x^2 - 8x + 16 = 0$

Respuestas

18._____

19._____

20._____

21._____

22._____

23._____

24._____

25._____

26._____

27._____

28._____

29._____

30._____

31._____

32._____

33._____

34._____

35._____

36._____

37._____

38._____

39._____

40._____

Chapter 10

NOMBRE_____ FECHA_____

Prueba del capítulo C

Para usar después del capítulo 10

Calcula la suma o la diferencia.

1. $(-4x^2 + 9x - 12) + (3x^2 - 4x - 8)$

2. $(9x^2 - 3x + 4) - (-x^2 + 3x - 5)$

3. $(5x^2 - 2x - 3) + (7x^2 - 6x + 4)$

4. $(13x^2 - 12x - 5) - (-4x^2 + 11x - 10)$

5. Las ganancias de una empresa se calculan restando los costos de la empresa de sus ingresos. Si el costo de una empresa puede modelarse mediante $10x + 130{,}000$ y sus ingresos pueden modelarse mediante $50x - 0.0004x^2$, ¿qué expresión representa las ganancias?

Calcula el producto.

6. $(9x^2 + 3x - 5)(-4x)$

7. $(x - 8)(x + 4)$

8. $(3x - 4)(9x + 5)$

9. $(2x + 4)(x^2 - x + 1)$

10. $(2x + 3)(2x - 3)$

11. $(5x + 2)^2$

12. Halla una expresión para el área de la figura.

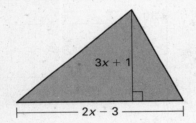

$3x + 1$

$2x - 3$

Usa la propiedad del producto cero para resolver la ecuación.

13. $(2x + 8)(3x - 6) = 0$

14. $(4x + 12)(2x - 2)(3x - 9) = 0$

Asocia la función con su gráfica.

A 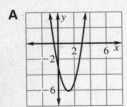 B 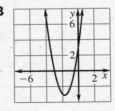 C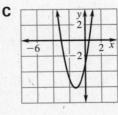

15. $y = (2x + 1)(x + 3)$

16. $y = (2x - 1)(x + 3)$

17. $y = (2x + 1)(x - 3)$

Respuestas

1. _____
2. _____
3. _____
4. _____
5. _____
6. _____
7. _____
8. _____
9. _____
10. _____
11. _____
12. _____
13. _____
14. _____
15. _____
16. _____
17. _____

Prueba del capítulo C

Para usar después del capítulo 10

Factoriza la expresión.

18. $x^2 + 15x + 56$

19. $x^2 - 2x - 63$

20. $x^2 - 8x + 12$

21. $x^2 + 3x - 28$

22. Un rectángulo tiene un área dada por $A = x^2 - 3x - 10$. Halla expresiones para la longitud y el ancho posibles del rectángulo.

Factoriza la expresión.

23. $3x^2 + 5x - 2$

24. $10x^2 + 4x - 6$

25. $4x^2 - 25$

26. $4x^2 - 20x + 25$

27. $9x^2 + 42x + 49$

28. $6x^3 - 15x^2 - 9x$

29. $x^3 + 3x^2 - 4x - 12$

30. $x^3 + 5x^2 - 16x - 80$

Escribe una ecuación cuadrática que tenga las soluciones dadas.

31. -2 y 5

32. -3 y -5

Resuelve la ecuación mediante un método de tu preferencia.

33. $x^2 - 2x - 15 = 0$

34. $x^2 + 12x = -36$

35. $x^2 + 3x - 40 = 0$

36. $x^2 - 9x + 18 = 0$

37. $6x^2 - 4x - 2 = 0$

38. $9x^2 - 5x - 4 = 0$

39. $16x^2 - 25 = 0$

40. $25x^2 + 50x + 25 = 0$

Respuestas

18._____

19._____

20._____

21._____

22._____

23._____

24._____

25._____

26._____

27._____

28._____

29._____

30._____

31._____

32._____

33._____

34._____

35._____

36._____

37._____

38._____

39._____

40._____

Prueba del capítulo SAT/ACT

Para usar después del capítulo 10

1. ¿Cuál de las alternativas siguientes es igual a $(7x^3 - 3x^2 + 5x - 5) + (5x^2 - 8x - 3)$?

   Ⓐ $7x^3 + 2x^2 - 3x - 8$
   Ⓑ $7x^3 - 11x^2 + 5x - 8$
   Ⓒ $10x^3 - 3x^2 - 3x - 8$
   Ⓓ $12x^3 + 2x^2 - 3x - 8$

2. ¿Qué trinomio representa el área del triángulo?

   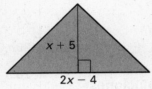

   Ⓐ $x^2 + \frac{1}{2}x - 10$
   Ⓑ $x^2 + 3x - 10$
   Ⓒ $2x^2 + 6x - 20$
   Ⓓ $2x^2 + x - 20$

3. ¿Cuál de las alternativas siguientes es igual a $(3x + 7)^2$?

   Ⓐ $9x^2 + 42x + 49$ Ⓑ $9x^2 + 21x + 49$
   Ⓒ $9x^2 + 49$ Ⓓ $9x^2 + 49x + 21$

4. ¿Cuáles son las intercepciones en x de la gráfica de $y = (2x + 3)(x - 5)$?

   Ⓐ $\frac{3}{2}$ y -5 Ⓑ $-\frac{3}{2}$ y -5
   Ⓒ $\frac{3}{2}$ y 5 Ⓓ $-\frac{3}{2}$ y 5

5. La base de un triángulo mide 14 pulgadas menos que 2 veces su altura. Si h representa la altura en pulgadas y al área total del triángulo mide 54 pulgadas cuadradas, ¿cuál de las siguientes ecuaciones puede usarse para determinar la altura?

   Ⓐ $7h - h^2 = 54$ Ⓑ $2h^2 - 14h = 54$
   Ⓒ $h^2 - 7h = 54$ Ⓓ $14h - 2h^2 = 54$

6. ¿Cuál de las siguientes ecuaciones *no puede* resolverse mediante la factorización con coeficientes enteros?

   Ⓐ $3x^2 + 11x - 15 = 0$
   Ⓑ $6x^2 + 2x - 20 = 0$
   Ⓒ $12x^2 + 13x - 14 = 0$
   Ⓓ $18x^2 + 3x - 10 = 0$

En las preguntas 7 y 8, escoge el enunciado que se cumple para los números dados.

   A El número de la columna A es mayor.
   B El número de la columna B es mayor.
   C Los dos números son iguales.
   D La relación no puede determinarse a partir de la información dada.

7.

Columna A	Columna B
$(2x + 3y)^2$ para $x = 5$ e $y = -4$	$(2x)^2 + (3y)^2$ para $x = 5$ e $y = -4$

   Ⓐ   Ⓑ   Ⓒ   Ⓓ

8.

Columna A	Columna B
$(5x - 2y)^2$ para $x = -6$ e $y = 2$	$(5x)^2 - (2y)^2$ para $x = -6$ e $y = 2$

   Ⓐ   Ⓑ   Ⓒ   Ⓓ

9. ¿Cuál de las alternativas siguientes es igual a la expresión $3x^3 + 15x^2 + 4x + 20$?

   Ⓐ $(3x + 4)(x + 5)$
   Ⓑ $(3x + 4)(x^2 + 5)$
   Ⓒ $(3x^2 + 4)(x + 5)$
   Ⓓ $(3x^2 + 5)(x + 4)$

Algebra 1
Resources in Spanish

Chapter 10

Evaluación alternativa y diario de matemáticas

Para usar después del capítulo 10

DIARIO

1. Has aprendido cómo resolver ecuaciones cuadráticas mediante diversos métodos. Recuerda que hay tres métodos que has aprendido para resolver ecuaciones cuadráticas. (a) Considera las siguientes ecuaciones cuadráticas. Determina la cantidad de soluciones de cada ecuación cuadrática.

   i. $x^2 - 4x + 3 = 0$ *ii.* $2x^2 - 4x - 3 = 0$ *iii.* $2x^2 + x + 3 = 0$

   (b) Para cada ecuación responde lo siguiente: ¿Es posible resolver la ecuación por los tres métodos? ¿Por qué? De los tres métodos para resolver ecuaciones cuadráticas, ¿cuál usarías para resolver la ecuación? Explica tu razonamiento. (c) En general, menciona las ventajas y desventajas de cada método para resolver una ecuación cuadrática. Puedes escribir un párrafo para explicar tus razones o hacer una tabla que contenga las ventajas y desventajas de cada método.

PROBLEMA DE VARIOS PASOS

2. Considera las siguientes figuras para contestar las preguntas que siguen. Resuelve todas las ecuaciones cuadráticas mediante la **factorización**.

Figura 1

Cuadrado

$x - 4$

Figura 2

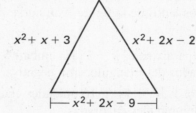

$x^2 + x + 3$ $x^2 + 2x - 2$

$x^2 + 2x - 9$

Figura 3

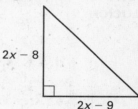

$2x - 8$

$2x - 9$

   a. Escribe una expresión para el perímetro de la figura 1 y para el perímetro de la figura 2.

   b. De ser posible, calcula el perímetro de la figura 1 si $x = 5$ centímetros y si $x = 3$ centímetros. De no ser posible, explica por qué.

   c. Calcula x si el perímetro de la figura 1 mide 32 centímetros.

   d. Para la figura 2, calcula x si el perímetro mide 4 centímetros. ¿Tiene sentido cada resultado? ¿Por qué?

   e. Escribe y simplifica una expresión para el área de la figura 1 y para el área de la figura 3.

   f. Calcula el área de la figura 3 si $x = 10$ centímetros.

   g. Determina x en la figura 1 si el área mide 4 centímetros.

   h. Determina los valores de x si las áreas de las figuras 1 y 3 son iguales.

3. *Escritura*   Explica claramente por qué las ecuaciones de las partes (d), (g) y (h) del ejercicio 2 debe igualarse a cero antes de que puedas resolver. Usa oraciones completas. Puedes usar ejemplos para apoyar tu explicación.

Pauta para la evaluación alternativa

Para usar después del capítulo 10

DIARIO
SOLUCIÓN

1. a–c. Las respuestas completas deberían considerar los siguientes puntos.

a. • Las Ecuaciones *i* e *ii* tienen 2 soluciones e *iii* no tiene solución.

b. • Explica que el problema *i* puede resolverse mediante los tres métodos, *ii* y *iii sólo* pueden resolverse mediante la fórmula cuadrática y mediante representación gráfica. Explica por qué.

• Explica que *i* puede factorizarse fácilmente, porque su discriminante es un cuadrado perfecto; *ii* no puede factorizarse, pero podría usarse la fórmula cuadrática para resolver.

• Explica que en *ii* sería más difícil obtener un resultado exacto mediante representación gráfica.

• Explica que la parte *iii* puede resolverse más fácilmente mediante representación gráfica, porque uno puede decir rápidamente que no hay intercepciones en *x*.

c. • Explica las ventajas y desventajas, incluyendo resultados exactos versus aproximados, de la representación gráfica, de la posibilidad de factorizar y de la mayor o menor facilidad para factorizar un problema.

PROBLEMA
DE VARIOS
PASOS
SOLUCIÓN

2. a. Perímetro de la figura 1: $4x - 16$ unidades; perímetro de la figura 2: $3x^2 + 5x - 8$ unidades

b. 4 cm; -4 cm, lo que no es posible. *Posible respuesta:* Uno debe asegurarse de que las longitudes de los lados de la figura sean números positivos.

c. 12

d. Las soluciones para x son $\frac{4}{3}$ y -3. Sin embargo, ninguna está correcta porque la longitud de uno o más lados del triángulo sería negativa.

e. Área de la figura 1: $x^2 - 8x + 16$ unidades cuadradas; área de la figura 3: $2x^2 - 17x + 36$ unidades cuadradas

f. 66 cm^2

g. 6 (x no puede ser 2, porque los lados serían negativos.)

h. 5 (x no puede ser 4, porque los lados del cuadrado medirían 0 unidades de longitud.)

3. *Posible respuesta:* Para usar la propiedad del producto cero, la ecuación debe ser igual a cero.

PROBLEMA
DE VARIOS
PASOS
PAUTA DE
EVALUACIÓN

4 Los estudiantes completan todas las partes de las preguntas en forma exacta. Las explicaciones son lógicas y claras. Se incluyen enunciados para explicar por qué los resultados no son correctos, basados en la figura geométrica. Los estudiantes resuelven los problemas mediante el método de factorización. En las soluciones se incluyen unidades correctas.

3 Los estudiantes completan las preguntas y explicaciones. Las soluciones pueden contener equivocaciones o errores matemáticos menores. Se incluyen enunciados para explicar por qué los resultados no están correctos, basados en la figura geométrica. Los estudiantes resuelven los problemas mediante el método de factorización. En su mayoría, los resultados incluyen unidades correctas.

2 Los estudiantes completan las preguntas y explicaciones. Pueden ocurrir diversos errores matemáticos. No se dan explicaciones de por qué los resultados no son correctos, basados en la figura geométrica. Los estudiantes no siempre resuelven los problemas mediante el método de factorización. No dan las unidades.

1 El trabajo de los estudiantes está muy incompleto. Las soluciones y el razonamiento están incorrectos. No se dan explicaciones de por qué los resultados no son correctos, en base a la forma geométrica. Los estudiantes no resuelven los problemas mediante el método de factorización. No dan las unidades.

Algebra 1
Resources in Spanish

Chapter 10

NOMBRE_____ FECHA_____

Refuerzo con práctica

Para usar con las páginas 643–648

OBJETIVO **Resolver proporciones y usar proporciones para resolver problemas de la vida real**

VOCABULARIO

Una **proporción** es una ecuación que iguala dos razones. En la proporción $\frac{a}{b} = \frac{c}{d}$, los números a y d son los **extremos** de la proporción y los números b y c son los **términos medios** de la proporción.

Propiedades de las proporciones

Propiedad del recíproco

Si las dos razones son iguales, sus recíprocos también son iguales.

Si $\frac{a}{b} = \frac{c}{d}$, entonces $\frac{b}{a} = \frac{d}{c}$.

Propiedad de los productos cruzados

El producto de los extremos es igual al producto de los términos medios.

Si $\frac{a}{b} = \frac{c}{d}$, entonces $ad = bc$.

Al hecho de resolver para la variable de una proporción se le llama **resolver la proporción**. Una solución **extraña** es una solución de prueba que no satisface la ecuación original.

EJEMPLO 1 *Usar la propiedad de los productos cruzados y verificar soluciones*

Resuelve la proporción $\dfrac{x^2 - 4}{x + 2} = \dfrac{x - 2}{2}$

SOLUCIÓN

$\dfrac{x^2 - 4}{x + 2} = \dfrac{x - 2}{2}$ Escribe la proporción original.

$2(x^2 - 4) = (x + 2)(x - 2)$ Usa la propiedad de los productos cruzados.

$$\dfrac{x^2 - 4}{x + 2} \diagdown\!\!\!\!\diagup \dfrac{x - 2}{2}$$

$2x^2 - 8 = x^2 - 4$ Usa la propiedad distributiva y simplifica.

$x^2 = 4$ Aísla el término variable.

$x = \pm 2$ Saca la raíz cuadrada a cada lado.

Las soluciones parecen ser $x = 2$ y $x = -2$. Debes verificar cada solución en la proporción original, para eliminar posibles soluciones extrañas.

Refuerzo con práctica

Para usar con las páginas 643–648

$x = 2$:

$$\frac{x^2 - 4}{x + 2} = \frac{x - 2}{2}$$

$$\frac{2^2 - 4}{2 + 2} \overset{?}{=} \frac{2 - 2}{2}$$

$$\frac{0}{4} \overset{?}{=} \frac{0}{2}$$

$$0 = 0$$

$x = -2$:

$$\frac{x^2 - 4}{x + 2} = \frac{x - 2}{2}$$

$$\frac{(-2)^2 - 4}{(-2) + 2} \overset{?}{=} \frac{(-2) - 2}{2}$$

$$\frac{0}{0} \overset{\cancel{?}}{=} \frac{-4}{2}$$

Puedes concluir que $x = -2$ es extraña, porque la verificación da un enunciado falso. La única solución es $x = 2$.

Ejercicios para el ejemplo 1

Resuelve la proporción y verifica posibles soluciones extrañas.

1. $\dfrac{4}{x} = \dfrac{x}{16}$

2. $\dfrac{x + 5}{6} = \dfrac{x - 2}{4}$

3. $\dfrac{x - 1}{2} = \dfrac{x^2 - 1}{x + 1}$

EJEMPLO 1 *Escribir y usar una proporción*

Estás haciendo un modelo a escala de un velero. El bote mide 20 pies de longitud y 15 pies de altura. Tu modelo a escala tendrá 12 pulgadas de altura. ¿Qué longitud tendrá?

SOLUCIÓN

Sea L la longitud del modelo.

$$\frac{\text{Longitud del bote real}}{\text{Altura del bote real}} = \frac{\text{Longitud del modelo}}{\text{Altura del modelo}}$$

$$\frac{20}{15} = \frac{L}{12}$$

La solución es $L = 16$. Tu modelo a escala debería medir 16 pulgadas de longitud.

Ejercicio para el ejemplo 2

4. Formula nuevamente el ejemplo 3 si tu modelo a escala mide 18 pulgadas de altura.

Algebra 1
Resources in Spanish

LECCIÓN 11.2

NOMBRE_____ FECHA_____

Refuerzo con práctica

Para usar con las páginas 649–655

OBJETIVO Usar ecuaciones para resolver ecuaciones porcentuales y usar porcentajes en problemas de la vida real

---

VOCABULARIO

En cualquier ecuación porcentual, el **número base** es el número con el que estás comparando.

EJEMPLO 1 *El número comparado con la base es desconocido*

¿Cuánto es el 40% de 65 metros?

SOLUCIÓN

MODELO VERBAL $\boxed{a}$ es el $\boxed{p \text{ por ciento}}$ de $\boxed{b}$

RÓTULOS

Número comparado con la base $= a$ (metros)

Porcentaje $= 40\% = 0.40$ (sin unidades)

Número base $= 65$ (metros)

MODELO ALGEBRAICO $a = (0.40)(65)$

$a = 26$ 26 metros es el 40% de 65 metros.

Ejercicios para el ejemplo 1

1. ¿Cuánto es el 24% de $30?   **2.** ¿Cuánto es el 60% de 15 millas?

EJEMPLO 2 *El número base es desconocido*

¿El 20% de qué distancia es veinticinco millas?

SOLUCIÓN

MODELO VERBAL $\boxed{a}$ es el $\boxed{p \text{ por ciento}}$ de $\boxed{b}$

RÓTULOS

Número comparado con la base $= 25$ (millas)

Porcentaje $= 20\% = 0.20$ (sin unidades)

Número base $= b$ (millas)

MODELO ALGEBRAICO $25 = (0.20)b$

$\dfrac{25}{0.20} = 125 = b$ Veinticinco millas es el 20% de 125 millas.

Ejercicios para el ejemplo 2

3. ¿El 40% de qué peso es sesenta gramos?   **4.** ¿El 30% de qué distancia es quince yardas?

Chapter 11

LECCIÓN
11.2
CONTINUACIÓN

NOMBRE_____ FECHA_____

Refuerzo con práctica

Para usar con las páginas 649–655

El porcentaje es desconocido

¿Qué porcentaje de 15 es noventa?

SOLUCIÓN

MODELO VERBAL $\boxed{a}$ es el $\boxed{p \text{ por ciento}}$ de $\boxed{b}$

RÓTULOS

Número comparado con la base $= 90$ (sin unidades)

Porcentaje $= p$ (sin unidades)

Número base $= 15$ (sin unidades)

MODELO ALGEBRAICO

$$90 = p(15)$$

$$\frac{90}{15} = p$$

$$6 = p \qquad \text{Forma decimal}$$

$$600\% = p \qquad \text{Forma decimal} \left(6 = \frac{600}{100}\right)$$

Ejercicios para el ejemplo 3

5. ¿Qué porcentaje de 180 es cuarenta y cinco?   **6.** ¿Qué porcentaje de 15 es sesenta?

Modelar y usar porcentajes

Tomaste un examen de selección múltiple con 200 preguntas. Contestaste correctamente el 80% de las preguntas. ¿Cuántas preguntas contestaste correctamente?

SOLUCIÓN

Puedes resolver el problema usando una proporción. Sea n el número de respuestas correctas.

$$\frac{\textit{Número de respuestas correctas}}{\textit{Número total de respuestas}} = \frac{80}{100} \qquad \text{Escribe la proporción.}$$

$$\frac{n}{200} = \frac{80}{100} \qquad \text{Sustituye.}$$

$$100n = 200 \cdot 80 \qquad \text{Usa los productos cruzados.}$$

$$n = \frac{200 \cdot 80}{100} \qquad \text{Divide por 100.}$$

$$n = 160 \qquad \text{Simplifica.}$$

Contestaste correctamente 160 preguntas.

Ejercicio para el ejemplo 4

7. Formula nuevamente el ejemplo 4 si contestaste correctamente el 85% de las preguntas.

Algebra 1
Resources in Spanish

Refuerzo con práctica

Para usar con las páginas 656–662

OBJETIVO **Usar variación directa y variación inversa, y usar variación directa y variación inversa para modelar situaciones de la vida real**

VOCABULARIO

Las variables x e y varían **directamente** si para una constante k

$$\frac{y}{x} = k, \text{ o } y = kx, k \neq 0.$$

Las variables x e y varían **inversamente** si para una constante k

$$xy = k, \text{ o } y = \frac{k}{x}, k \neq 0.$$

El número k es la **constante de variación**.

EJEMPLO 1 *Usar variación directa y variación inversa*

Cuando x es 4, y vale 6. Halla una ecuación que relacione x con y en cada caso.

a. x e y varían directamente **b.** x e y varían inversamente

SOLUCIÓN

a. $\dfrac{y}{x} = k$ Escribe el modelo de variación.

$\dfrac{6}{4} = k$ Sustituye x por 4 e y por 6.

$\dfrac{3}{2} = k$ Simplifica.

Una ecuación que relaciona a x e y es $\dfrac{y}{x} = \dfrac{3}{2}$, o $y = \dfrac{3}{2}x$.

b. $xy = k$ Escribe el modelo de variación inversa.

$(4)(6) = k$ Sustituye x por 4 e y por 6.

$24 = k$ Simplifica.

Una ecuación que relaciona a x e y es $xy = 24$, o $y = \dfrac{24}{x}$.

Ejercicios para el ejemplo 1

Cuando x es 4, y vale 5. Halla una ecuación que relacione x con y en cada caso.

1. x e y varían directamente **2.** x e y varían inversamente

---

NOMBRE_____ FECHA_____

Refuerzo con práctica

Para usar con las páginas 656–662

Escribir y usar un modelo

La gráfica de la derecha muestra un modelo para la relación que hay entre la longitud y el ancho de un rectángulo específico si el área del rectángulo es fija. Para los valores que se muestran, la longitud l y el ancho a varían inversamente.

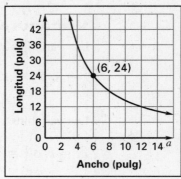

a. Halla un modelo de variación inversa que relacione l con a.

b. Usa el modelo para calcular la longitud para un ancho de 8 pulgadas.

SOLUCIÓN

a. A partir de la gráfica, puedes apreciar que $l = 24$ pulgadas cuando $a = 6$ pulgadas.

$l = \dfrac{k}{a}$ Escribe el modelo de variación inversa.

$24 = \dfrac{k}{6}$ Sustituye l por 24 y a por 6.

$144 = k$ Resuelve para k.

El modelo es $l = \dfrac{144}{a}$, donde l y a están en pulgadas.

b. Cuando $a = 8$ pulgadas, $l = \dfrac{144}{8} = 18$ pulgadas.

Ejercicios para el ejemplo 2

3. Usa el modelo del ejemplo 2 para calcular la longitud para un ancho de 4 pulgadas.

4. Supón que la longitud y el ancho de un rectángulo varían inversamente. Cuando la longitud mide 16 pulgadas, el ancho mide 8 pulgadas. Halla un modelo de variación inversa que relacione la longitud con el ancho.

5. Usando el resultado del ejercicio 4, calcula la longitud del rectángulo cuando el ancho mide 2, 4, 16 y 20 pulgadas.

Algebra 1
Resources in Spanish

Prueba parcial 1

Para usar después de las lecciones 11.1–11.3

1. Resuelve la proporción $\dfrac{5}{x} = \dfrac{2}{8}$. *(Lección 11.1)*

2. Resuelve la proporción $\dfrac{x+2}{3} = \dfrac{x+4}{5}$. *(Lección 11.1)*

3. ¿Qué número es el 40% de 120? *(Lección 11.2)*

4. ¿Qué porcentaje del rectángulo está sombreado? *(Lección 11.2)*

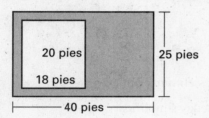

20 pies
18 pies
25 pies
40 pies

5. Las variables x e y varían inversamente. Cuando $x = 3$, $y = 7$. Escribe una ecuación que relacione las variables. *(Lección 11.3)*

6. Decide si los datos de la tabla muestran una variación directa o inversa. Escribe una ecuación que relacione las variables. *(Lección 11.3)*

x	1	3	5	7	0.5
y	4	12	20	28	2

Respuestas

1. _____
2. _____
3. _____
4. _____
5. _____
6. _____

Refuerzo con práctica

Para usar con las páginas 664–669

OBJETIVO **Simplificar una expresión racional y usar expresiones racionales para calcular probabilidad geométrica**

VOCABULARIO

Una **expresión racional** es una fracción cuyo numerador, denominador o numerador y denominador son polinomios distintos de cero.

Una expresión racional está **simplificada** si su numerador y su denominador no tienen factores en común (distintos ± 1).

EJEMPLO 1 *Simplificar una expresión racional*

De ser posible, simplifica la expresión.

a. $\dfrac{x^2 - 5}{x}$ **b.** $\dfrac{x^2 - 6x}{3x^2}$

SOLUCIÓN

a. Cuando simplificas expresiones racionales, puedes eliminar por división sólo los factores, no los términos. No puedes simplificar $\dfrac{x^2 - 5}{x}$. No puedes eliminar por división el término común x.

b. $\dfrac{x^2 - 6x}{3x^2} = \dfrac{\cancel{x}(x - 6)}{\cancel{x} \cdot 3x}$ Puedes eliminar por división el factor común x.

$= \dfrac{x - 6}{3x}$ Forma simplificada

Ejercicios para el ejemplo 1

De ser posible, simplifica la expresión.

1. $\dfrac{3x}{4x + x^2}$ **2.** $\dfrac{x^2(x - 7)}{x^3}$ **3.** $\dfrac{x^3 + 3}{x^3}$

Refuerzo con práctica

Para usar con las páginas 664–669

EJEMPLO 2 *Reconocer factores opuestos*

Simplifica $\dfrac{x^2 - 6x + 8}{4 - x}$.

SOLUCIÓN

$$\dfrac{x^2 - 6x + 8}{4 - x} = \dfrac{(x - 2)(x - 4)}{4 - x}$$ Factoriza el numerador y el denominador.

$$= \dfrac{(x - 2)(x - 4)}{-(x - 4)}$$ Factoriza el -1 del denominador.

$$= \dfrac{(x - 2)(x - 4)}{-(x - 4)}$$ Elimina por división el factor común $x - 4$.

$$= -(x - 2)$$ Forma simplificada.

Ejercicios para el ejemplo 2

De ser posible, simplifica la expresión.

4. $\dfrac{x^2 - 8x + 12}{2 - x}$ **5.** $\dfrac{1 - x^2}{x^2 - 3x + 2}$ **6.** $\dfrac{1 - x}{x^2 + 2x - 3}$

EJEMPLO 3 *Escribir y usar un modelo racional*

Se lanza una moneda sobre la región rectangular grande que se muestra a la derecha. Es igualmente probable que caiga en cualquier punto de la región. Escribe un modelo que entregue la probabilidad de que la moneda caiga en el rectángulo pequeño.

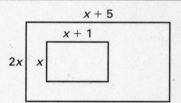

SOLUCIÓN

$$P = \dfrac{\text{Área del rectángulo pequeño}}{\text{Área del rectángulo grande}}$$ Fórmula de la probabilidad geométrica.

$$= \dfrac{x(x + 1)}{2x(x + 5)}$$ Calcula las áreas.

$$= \dfrac{x(x + 1)}{2x(x + 5)}$$ Elimina por división los factores comunes.

$$= \dfrac{x + 1}{2(x + 5)}$$ Simplifica.

Ejercicio para el ejemplo 3

7. Formula nuevamente el ejemplo 3 si el área del rectángulo pequeño es $x(x + 2)$.

Refuerzo con práctica

Para usar con las páginas 670–675

OBJETIVO **Multiplicar y dividir expresiones racionales y usar expresiones racionales como modelos de la vida real**

VOCABULARIO

Sean a, b, c, y d polinomios distintos de cero.

Para multiplicar expresiones racionales, multiplica los numeradores y los denominadores.

$$\frac{a}{b} \cdot \frac{c}{d} = \frac{ac}{bd}$$

Para dividir expresiones racionales, multiplica por el recíproco del divisor.

$$\frac{a}{b} \div \frac{c}{d} = \frac{a}{b} \cdot \frac{d}{c}$$

EJEMPLO 1 *Multiplicar expresiones racionales que contienen polinomios*

Simplifica $\dfrac{x + 3}{x^2 - 4} \cdot \dfrac{x + 2}{x^2 + 4x + 3}$.

SOLUCIÓN

$$\frac{x + 3}{x^2 - 4} \cdot \frac{x + 2}{x^2 + 4x + 3} = \frac{(x + 3)(x + 2)}{(x^2 - 4)(x^2 + 4x + 3)}$$

Multiplica los numeradores y los denominadores.

$$= \frac{(x + 3)(x + 2)}{(x + 2)(x - 2)(x + 3)(x + 1)}$$

Factoriza y elimina por división los factores comunes.

$$= \frac{1}{(x - 2)(x + 1)}$$

Forma simplificada

Ejercicios para el ejemplo 1

Simplifica la expresión.

1. $\dfrac{5x}{x^2 - 2x - 8} \cdot \dfrac{2x - 8}{5x^2}$

2. $\dfrac{x^2 - 9}{6} \cdot \dfrac{3x + 6}{x^2 - x - 6}$

EJEMPLO 2

Refuerzo con práctica

Para usar con las páginas 670–675

Dividir por un polinomio

Simplifica $\dfrac{x^2 - x - 12}{x^2 - 9} \div (x - 4)$.

SOLUCIÓN

$$\dfrac{x^2 - x - 12}{x^2 - 9} \div (x - 4) = \dfrac{x^2 - x - 12}{x^2 - 9} \cdot \dfrac{1}{x - 4} \qquad \text{Multiplica por el recíproco.}$$

$$= \dfrac{x^2 - x - 12}{(x^2 - 9)(x - 4)} \qquad \text{Multiplica los numeradores y los denominadores.}$$

$$= \dfrac{(x - 4)(x + 3)}{(x + 3)(x - 3)(x - 4)} \qquad \text{Elimina por división los factores comunes.}$$

$$= \dfrac{1}{x - 3} \qquad \text{Forma simplificada}$$

Ejercicios para el ejemplo 2

Simplifica la expresión.

3. $\dfrac{x^2 - 49}{x} \div 5(x + 7)$

4. $\dfrac{x^2 - 5x + 4}{x^2} \div (x - 1)$

LECCIÓN
11.6

Refuerzo con práctica

Para usar con las páginas 676–682

OBJETIVO Sumar y restar expresiones racionales que tienen igual denominador y sumar y restar expresiones racionales que tienen distinto denominador

---

VOCABULARIO

Sean a, b y c polinomios, con $c \neq 0$.

Para **sumar**, suma los numeradores. $\dfrac{a}{c} + \dfrac{b}{c} = \dfrac{a + b}{c}$

Para **restar**, resta los numeradores. $\dfrac{a}{c} - \dfrac{b}{c} = \dfrac{a - b}{c}$

Al mínimo común múltiplo de los distintos denominadores se le llama **mínimo común denominador** o m.c.d

---

EJEMPLO 1 *Simplificar después de restar expresiones de igual denominado*

Simplifica $\dfrac{5x}{2x^2 + x - 1} - \dfrac{3x + 1}{2x^2 + x - 1}$.

SOLUCIÓN

$$\frac{5x}{2x^2 + x - 1} - \frac{3x + 1}{2x^2 + x - 1} = \frac{5x - (3x + 1)}{2x^2 + x - 1} \qquad \text{Resta.}$$

$$= \frac{2x - 1}{2x^2 + x - 1} \qquad \text{Simplifica.}$$

$$= \frac{2x - 1}{(2x - 1)(x + 1)} \qquad \text{Elimina por división el factor común.}$$

$$= \frac{1}{x + 1} \qquad \text{Forma simplificada}$$

Ejercicios para el ejemplo 1

Simplifica la expresión.

1. $\dfrac{2x}{x^2 + 5x + 6} - \dfrac{x - 2}{x^2 + 5x + 6}$

2. $\dfrac{x}{x^2 - 16} - \dfrac{4}{x^2 - 16}$

EJEMPLO 2 *Sumar expresiones de distinto denominador*

Simplifica $\dfrac{3}{4x} + \dfrac{5}{6x^2}$.

Refuerzo con práctica

Para usar con las páginas 676–682

SOLUCIÓN

El m.c.d contiene la potencia más alta de cada factor que aparece en cualquier denominador, por lo tanto, el m.c.d es $2^2 \cdot 3 \cdot x^2$, ó $12x^2$.

$$\frac{3}{4x} + \frac{5}{6x^2} = \frac{3 \cdot 3x}{4x \cdot 3x} + \frac{5 \cdot 2}{6x^2 \cdot 2}$$ Escribe nuevamente las fracciones usando el m.c.d

$$= \frac{9x}{12x^2} + \frac{10}{12x^2}$$ Simplifica el numerador y el denominador.

$$= \frac{9x + 10}{12x^2}$$ Suma las fracciones.

Ejercicios para el ejemplo 2

Simplifica la expresión.

3. $\dfrac{3}{5x} + \dfrac{2}{7x}$

4. $\dfrac{4}{x + 1} + \dfrac{5}{x + 2}$

5. $\dfrac{3x}{x + 4} + \dfrac{1}{2x + 8}$

EJEMPLO 3 *Restar expresiones con distinto denominador*

Simplifica $\dfrac{x}{x + 2} - \dfrac{3}{x - 3}$.

SOLUCIÓN

El mínimo común denominador es el producto $(x + 2)(x - 3)$.

$$\frac{x}{x + 2} - \frac{3}{x - 3} = \frac{x(x - 3)}{(x + 2)(x - 3)} - \frac{3(x + 2)}{(x + 2)(x - 3)}$$ Escribe nuevamente las fracciones usando el m.c.d.

$$= \frac{x^2 - 3x}{(x + 2)(x - 3)} - \frac{3x + 6}{(x + 2)(x - 3)}$$ Simplifica los numeradores. Deja los denominadores en forma factorizada.

$$= \frac{x^2 - 3x - (3x + 6)}{(x + 2)(x - 3)}$$ Resta las fracciones.

$$= \frac{x^2 - 3x - 3x - 6}{(x + 2)(x - 3)}$$ Usa la propiedad distributiva.

$$= \frac{x^2 - 6x - 6}{(x + 2)(x - 3)}$$ Forma simplificada

Ejercicios para el ejemplo 3

Simplifica la expresión.

6. $\dfrac{x + 1}{x^2} - \dfrac{2}{3x}$

7. $\dfrac{2}{x + 1} - \dfrac{3}{x + 3}$

8. $\dfrac{3x}{x^2 + 2x} - \dfrac{4}{x + 2}$

Algebra 1
Resources in Spanish

Prueba parcial 2

Para usar después de las lecciones 11.4–11.6

1. Simplifica la expresión. *(Lección 11.4)*

   $$\frac{3x^4}{18x^2}$$

2. ¿Para qué valores de la variable no está definida la expresión racional? *(Lección 11.4)*

   $$\frac{12}{x^2 - 16}$$

3. Simplifica la expresión. *(Lección 11.5)*

   $$\frac{8x^2}{14x} \cdot \frac{7x}{5x^2}$$

4. Simplifica la expresión. *(Lección 11.5)*

   $$\frac{3(x + 1)}{4x} \div \frac{3x + 3}{2x}$$

5. Suma las fracciones. *(Lección 11.6)*

   $$\frac{4}{3x} + \frac{8}{x}$$

6. Resta las fracciones. *(Lección 11.6)*

   $$\frac{7x}{2x + 3} - \frac{9x}{x - 3}$$

Respuestas

1. _____
2. _____
3. _____
4. _____
5. _____
6. _____

LECCIÓN 11.7

NOMBRE_____ FECHA_____

Refuerzo con práctica

Para usar con las páginas 684–689

OBJETIVO Dividir un polinomio por un monomio o por un factor binomial y usar la división polinomial desarrollada

EJEMPLO 1 *Dividir un polinomio por un monomio*

Divide $35x^3 - 45x^2 - 15x$ por $5x^2$.

SOLUCIÓN

$$\frac{35x^3 - 45x^2 - 15x}{5x^2} = \frac{35x^3}{5x^2} - \frac{45x^2}{5x^2} - \frac{15x}{5x^2}$$
Divide cada término del numerador por $5x^2$.

$$= \frac{7x(5x^2)}{5x^2} - \frac{9(5x^2)}{5x^2} - \frac{3(5x)}{5x^2}$$
Halla los factores comunes.

$$= \frac{7x(5x^2)}{5x^2} - \frac{9(5x^2)}{5x^2} - \frac{3(5x)}{5x \cdot x}$$
Elimina por división los factores comunes.

$$= 7x - 9 - \frac{3}{x}$$
Forma simplificada

Ejercicios para el ejemplo 1

1. Divide $42y^2 + 24y - 30$ por $6y$.

2. Divide $-18x^2 + 21x$ por $-3x$.

EJEMPLO 2 *División polinomial desarrollada*

Divide $x^2 + 7x + 5$ por $x + 3$.

SOLUCIÓN

1. Piensa: $(x^2) \div x = x$

$$
\begin{array}{r}
x + 4 \\
x + 3 \overline{)\, x^2 + 7x + 5} \\
\underline{x^2 + 3x} \\
4x + 5 \\
\underline{4x + 12} \\
-7
\end{array}
$$

2. Resta $x(x + 3)$.
3. Baja el $+5$. Piensa: $(4x) \div x = 4$
4. Resta $4(x + 3)$.
5. El residuo es -7.

Cociente

Dividendo ⟶ $\dfrac{x^2 + 7x + 5}{x + 3} = x + 4 + \dfrac{-7}{x + 3}$ ⟵ Residuo
Divisor ⟶

El resultado es $x + 4 + \dfrac{-7}{x + 3}$.

NOMBRE_____ FECHA_____

Refuerzo con práctica

Para usar con las páginas 684–689

Ejercicios para el ejemplo 2

3. Divide $x^2 - 4x - 6$ por $x + 1$.

4. Divide $x^2 + 6x - 12$ por $x - 3$.

5. Divide $3x^2 - 5x - 10$ por $3x - 2$.

6. Divide $2x^2 + 5x + 3$ por $2x - 1$.

7. Divide $4x^2 + x - 13$ por $x + 8$.

8. Divide $-6x^2 + 15x - 1$ por $x - 5$.

EJEMPLO 3 ### Escribir nuevamente en forma normal y sumar un término de valor cero

Divide $2x^2 - 30$ por $3 + x$.

SOLUCIÓN

Primero escribe el divisor $3 + x$ en forma normal, como $x + 3$. Inserta
después el término de valor cero $0x$ en el dividendo:
$2x^2 - 30 = 2x^2 + 0x - 30$.

1. Piensa: $(2x^2) \div x = 2x$

$$
\begin{array}{r}
2x - 6 \\
x + 3 \,\overline{)\, 2x^2 + 0x - 30} \\
\underline{2x^2 + 6x} \\
-6x - 30 \\
\underline{-6x - 18} \\
-12
\end{array}
$$

2. Resta $(2x)(x + 3)$.
3. Baja el -30. Piensa: $(-6x) \div (x) = -6$
4. Resta $-6(x + 3)$.
5. El residuo es -12.

El resultado es $2x - 6 + \dfrac{-12}{x + 3}$.

Ejercicios para el ejemplo 3

9. Divide $4x^2 - 1$ por $x - 3$.

10. Divide $6y^2 + 3y - 15$ por $2 + y$.

11. Divide $6x^2 - 3$ por $x - 1$.

12. Divide $4x^2 + 10x - 7$ por $4 + x$.

Refuerzo con práctica

Para usar con las páginas 690–697

OBJETIVO Resolver ecuaciones racionales y representar gráficamente ecuaciones racionales

---

VOCABULARIO

Una **ecuación racional** es una ecuación que contiene expresiones racionales.

Una **función racional** es una función de la forma $f(x) = \dfrac{\text{polinomio}}{\text{polinomio}}$.

La gráfica de la función racional $y = \dfrac{a}{x - h} + k$ es una **hipérbola** cuyo **centro** es (h, k).

Las rectas vertical y horizontal que pasan por el centro son las *asíntotas* de la hipérbola.

Una **asíntota** es una recta a la cual una gráfica se acerca. Mientras la distancia entre la gráfica y la recta se acerca más a cero, la asíntota no forma parte de la gráfica.

EJEMPLO 1 *Multiplicación cruzada*

Resuelve $\dfrac{2}{x} = \dfrac{x + 2}{4}$.

SOLUCIÓN

$\dfrac{2}{x} = \dfrac{x + 2}{4}$	Escribe la ecuación original.
$2(4) = x(x + 2)$	Multiplica cruzado.
$8 = x^2 + 2x$	Simplifica.
$0 = x^2 + 2x - 8$	Escribe en forma normal.
$0 = (x + 4)(x - 2)$	Factoriza el lado derecho.

Si haces que cada factor sea igual a 0, las soluciones son -4 y 2.

Ejercicios para el ejemplo 1

Resuelve la ecuación mediante la multiplicación cruzada.

1. $\dfrac{5}{w - 3} = \dfrac{w}{2}$

2. $\dfrac{6}{x + 1} = \dfrac{4}{x + 2}$

3. $\dfrac{t}{9} = \dfrac{2}{t - 3}$

EJEMPLO 2 *Factorizar para hallar el m.c.d*

Resuelve $\dfrac{1}{x - 2} + 1 = \dfrac{8}{x^2 - 5x + 6}$.

Refuerzo con práctica

Para usar con las páginas 690–697

SOLUCIÓN

El denominador $x^2 - 5x + 6$ se factoriza como $(x - 2)(x - 3)$, por lo tanto, el m.c.d es $(x - 2)(x - 3)$. Multiplica cada lado de la ecuación por $(x - 2)(x - 3)$.

$$\frac{1}{x - 2} \cdot (x - 2)(x - 3) + 1 \cdot (x - 2)(x - 3) = \frac{8}{x^2 - 5x + 6} \cdot (x - 2)(x - 3)$$

$$\frac{1(x - 2)(x - 3)}{x - 2} + (x - 2)(x - 3) = \frac{8(x - 2)(x - 3)}{(x - 2)(x - 3)}$$

$$x - 3 + x^2 - 5x + 6 = 8$$

$$x^2 - 4x + 3 = 8$$

$$x^2 - 4x - 5 = 0$$

$$(x - 5)(x + 1) = 0$$

Las soluciones son 5 y -1.

Ejercicios para el ejemplo 2

Resuelve la ecuación multiplicando por el mínimo común denominador.

4. $\dfrac{1}{2x - 10} - \dfrac{2}{x - 5} = \dfrac{3}{4}$

5. $\dfrac{11}{x^2 - 16} = \dfrac{x}{x + 4} - 2$

EJEMPLO 3 **Representar gráficamente una función racional**

Bosqueja la gráfica de $y = \dfrac{1}{x + 1} + 3$.

SOLUCIÓN

La gráfica de la función racional $y = \dfrac{a}{x - h} + k$ es una hipérbola cuyo centro es (h, k). Para la función $y = \dfrac{1}{x + 1} + 3$, el centro es $(-1, 3)$. Las asíntotas pueden dibujarse como rectas punteadas que pasan por el centro. Haz una tabla de valores y marca los puntos. Une los puntos con dos líneas suaves.

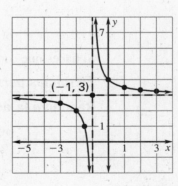

x	-4	-3	-2	-1.5	-1	0	1	2	3
y	$2.\overline{6}$	2.5	2	1	no definido	4	3.5	$3.\overline{3}$	3.25

Ejercicios para el ejemplo 3

6. Bosqueja la gráfica de $y = \dfrac{1}{x} + 3$.

7. Bosqueja la gráfica de $y = \dfrac{4}{x - 3} - 5$.

NOMBRE_____ FECHA_____

Prueba del capítulo A

Para usar después del capítulo 11

Resuelve la proporción. Verifica posibles soluciones extrañas.

1. $\dfrac{5}{x} = \dfrac{8}{15}$

2. $\dfrac{x}{9} = \dfrac{4}{x}$

3. $\dfrac{4}{x+1} = \dfrac{3}{x+2}$

4. $\dfrac{x}{x+3} = \dfrac{x-2}{x}$

5. Estás de compras y encuentras la misma camisa en dos tiendas diferentes. Una tienda vende la camisa a \$25 y la otra tienda vende la camisa con un 10% de descuento sobre el precio original de \$28. ¿Cuál es la mejor opción?

Resuelve el problema de porcentaje.

6. ¿Cuánto es el 40% de \$80?

7. ¿El 12% de qué longitud es 36 pulgadas?

8. ¿Qué porcentaje de 48 personas son 12 personas?

9. ¿El 15% de qué cantidad de dinero es \$6?

Las variables *x* e *y* varían directamente. Usa los valores dados para escribir una ecuación que relacione *x* con *y*.

10. $x = 5, y = 25$

11. $x = 12, y = 4$

Las variables *x* e *y* varían inversamente. Usa los valores dados para escribir una ecuación que relacione *x* con *y*.

12. $x = 3, y = 6$

13. $x = 15, y = 5$

De ser posible, simplifica la expresión.

14. $\dfrac{8x}{40}$

15. $\dfrac{2x^2 - 4x}{x - 2}$

¿Para qué valores de la variable no está definida la expresión racional?

16. $\dfrac{3}{x-5}$

17. $\dfrac{8}{x+2}$

Simplifica la expresión.

18. $\dfrac{5x}{2} \cdot \dfrac{1}{x}$

19. $\dfrac{12x}{5} \div \dfrac{6x}{7}$

Respuestas

1._____
2._____
3._____
4._____
5._____
6._____
7._____
8._____
9._____
10._____
11._____
12._____
13._____
14._____
15._____
16._____
17._____
18._____
19._____

Prueba del capítulo A

Para usar después del capítulo 11

Simplifica la expresión.

20. $\dfrac{14}{3x} + \dfrac{x+5}{3x}$

21. $\dfrac{4}{x+2} - \dfrac{3}{x+2}$

22. $\dfrac{3}{x} + \dfrac{2}{x^2}$

23. $\dfrac{4}{5x} - \dfrac{3}{x}$

Divide.

24. Divide $15x^2 + 10x - 5$ por $5x$.

25. Divide $x^2 + 3x - 18$ por $x - 3$.

26. A continuación se muestra el área y una dimensión de un rectángulo. Calcula la dimensión que falta.

$x + 2$

$A = 2x^2 + x - 6$

Resuelve la ecuación.

27. $\dfrac{x}{4} = \dfrac{7}{2}$

28. $\dfrac{1}{3} + \dfrac{2}{x} = \dfrac{3}{x}$

29. $\dfrac{2}{5} - \dfrac{3}{x} = \dfrac{1}{5x}$

30. $\dfrac{3}{x+1} - \dfrac{1}{x} = \dfrac{1}{2}$

Bosqueja una gráfica de la función.

31. $y = \dfrac{1}{x} - 3$

32. $y = \dfrac{1}{x+1} + 1$

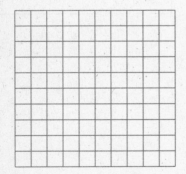

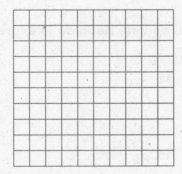

Respuestas

20._____

21._____

22._____

23._____

24._____

25._____

26._____

27._____

28._____

29._____

30._____

31._____

32._____

Prueba del capítulo B

Para usar después del capítulo 11

Resuelve la proporción. Verifica posibles soluciones extrañas.

1. $\dfrac{3}{8} = \dfrac{x}{12}$

2. $\dfrac{3}{x} = \dfrac{x}{27}$

3. $\dfrac{x+6}{7} = \dfrac{x-4}{3}$

4. $\dfrac{x+1}{x} = \dfrac{x}{x+3}$

5. Estás de compras y encuentras la misma camisa en dos tiendas diferentes. Una tienda vende la camisa a \$32 y la otra tienda vende la camisa con un 10% de descuento sobre el precio original de \$36. ¿Cuál es la mejor opción?

Resuelve el problema de porcentaje.

6. ¿Cuánto es el 65% de \$120?

7. ¿El 30% de qué longitud es 150 pies?

8. ¿Qué porcentaje de 50 personas son 18 personas?

9. ¿El 35% de qué cantidad de dinero es \$42?

Las variables *x* e *y* varían directamente. Usa los valores dados para escribir una ecuación que relacione *x* con *y*.

10. $x = 6, y = 48$

11. $x = 27, y = 3$

Las variables *x* e *y* varían inversamente. Usa los valores dados para escribir una ecuación que relacione *x* con *y*.

12. $x = 4, y = 36$

13. $x = 45, y = 5$

De ser posible, simplifica la expresión.

14. $\dfrac{3x^2 + 15x}{x + 5}$

15. $\dfrac{x^2 + 3x - 28}{x + 7}$

¿Para qué valores de la variable no está definida la expresión racional?

16. $\dfrac{4}{x^2 - 1}$

17. $\dfrac{5}{x^2 + 5x + 6}$

Simplifica la expresión.

18. $\dfrac{2 + 3x}{5} \cdot \dfrac{15}{4 + 6x}$

19. $\dfrac{3x + 6}{4x^2} \div \dfrac{x + 2}{16x}$

Respuestas

1. _____
2. _____
3. _____
4. _____
5. _____
6. _____
7. _____
8. _____
9. _____
10. _____
11. _____
12. _____
13. _____
14. _____
15. _____
16. _____
17. _____
18. _____
19. _____

Prueba del capítulo B

Para usar después del capítulo 11

Simplifica la expresión.

20. $\dfrac{3}{x+1} + \dfrac{x-5}{x+1}$

21. $\dfrac{5x}{x-3} - \dfrac{2x+1}{x-3}$

22. $\dfrac{x+1}{x} + \dfrac{5}{x^2}$

23. $\dfrac{x+1}{2x} - \dfrac{x-5}{3x^2}$

Divide.

24. Divide $30x^2 - 12x + 4$ por $6x$.

25. Divide $2x^2 + 5x - 3$ por $x + 3$.

26. Se muestra el área y una dimensión de un rectángulo. Calcula la dimensión que falta.

$x - 3$

$A = 4x^2 - 7x - 15$

Resuelve la ecuación.

27. $\dfrac{3}{x} = \dfrac{5}{2(x-3)}$

28. $\dfrac{3}{4} + \dfrac{4}{x} = \dfrac{1}{x}$

29. $\dfrac{2}{x+1} - \dfrac{1}{x-1} = \dfrac{3}{x^2-1}$

30. $\dfrac{2x}{x-4} - \dfrac{2}{x+4} = \dfrac{4}{x^2-16}$

Bosqueja una gráfica de la función.

31. $y = \dfrac{3}{x+2} + 4$

32. $y = \dfrac{x+4}{x-5}$

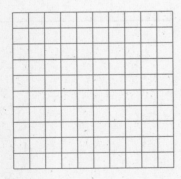

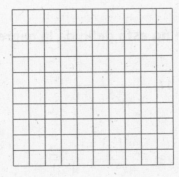

Respuestas

20._____

21._____

22._____

23._____

24._____

25._____

26._____

27._____

28._____

29._____

30._____

31._____

32._____

Prueba del capítulo C

Para usar después del capítulo 11

Resuelve la proporción. Verifica posibles soluciones extrañas.

1. $\dfrac{x}{16} = \dfrac{4}{x}$

2. $\dfrac{48}{x} = \dfrac{x}{3}$

3. $\dfrac{x + 4}{x} = \dfrac{2x}{2x + 1}$

4. $\dfrac{x^2 - 16}{x + 4} = \dfrac{x - 4}{2}$

5. Estás de compras y encuentras la misma camisa en dos tiendas diferentes. Una tienda vende la camisa a $26.99 y la otra tienda vende la camisa con un 10% de descuento sobre el precio original de $30. ¿Cuál es la mejor opción?

Resuelve el problema de porcentaje.

6. ¿Cuánto es el 17% de $55?

7. ¿El 130% de qué longitud es 26 pies?

8. ¿Qué porcentaje de 350 personas son 140 personas?

9. ¿El 33% de qué cantidad de dinero es $57.75?

Las variables *x* e *y* varían directamente. Usa los valores dados para escribir una ecuación que relacione *x* con *y*.

10. $x = 12, y = 18$

11. $x = 24, y = 20$

Las variables *x* e *y* varían inversamente. Usa los valores dados para escribir una ecuación que relacione *x* con *y*.

12. $x = 1.5, y = 50$

13. $x = 65, y = \frac{2}{5}$

De ser posible, simplifica la expresión.

14. $\dfrac{5x + 4}{15x^2 + 12x}$

15. $\dfrac{x^2 + 4x - 32}{x^3 + 9x^2 + 8x}$

¿Para qué valores de la variable no está definida la expresión racional?

16. $\dfrac{x + 4}{x^2 + 6x + 8}$

17. $\dfrac{3x + 9}{x^2 - 9}$

Simplifica la expresión.

18. $\dfrac{2x}{x^2 + 9x + 20} \cdot \dfrac{x^2 - 4x - 32}{3x^2}$

19. $\dfrac{x^2 + 5x - 24}{x^2 - 2x - 8} \div \dfrac{4x^2 + 32x}{2x + 4}$

Respuestas

1. _____
2. _____
3. _____
4. _____
5. _____
6. _____
7. _____
8. _____
9. _____
10. _____
11. _____
12. _____
13. _____
14. _____
15. _____
16. _____
17. _____
18. _____
19. _____

NOMBRE_____ FECHA_____

Prueba del capítulo C

Para usar después del capítulor 11

Simplifica la expresión.

20. $\dfrac{2x - 1}{x - 7} + \dfrac{3x + 5}{x - 7}$

21. $\dfrac{8x - 3}{x + 8} - \dfrac{9x - 5}{x + 8}$

22. $\dfrac{x + 3}{x + 1} + \dfrac{2x - 5}{x - 2}$

23. $\dfrac{x - 2}{x^2 - 9} - \dfrac{x + 5}{x + 4}$

Divide.

24. Divide $3x^2 + 13x - 10$ por $x + 5$.

25. Divide $12x^2 - 23x - 24$ por $4x + 3$.

26. A continuación se muestra el área y una dimensión de un rectángulo. Calcula la dimensión que falta.

2x − 5

$A = 6x^2 - 13x - 5$

Resuelve la ecuación.

27. $\dfrac{2}{x + 1} = \dfrac{5}{3(x + 2)}$

28. $\dfrac{5}{x} - \dfrac{3}{2x} = \dfrac{1}{2}$

29. $\dfrac{x + 4}{x - 5} = \dfrac{12 + 5x}{x^2 - 2x - 15}$

30. $\dfrac{4x}{x + 4} - \dfrac{x}{x - 3} = \dfrac{-2x + 5}{x^2 + x - 12}$

Bosqueja una gráfica de la función.

31. $y = \dfrac{-2x + 1}{x + 3}$

32. $y = \dfrac{4x + 13}{x - 5}$

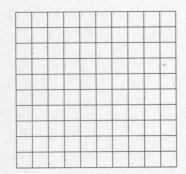

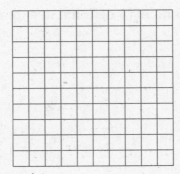

Respuestas

20. _____

21. _____

22. _____

23. _____

24. _____

25. _____

26. _____

27. _____

28. _____

29. _____

30. _____

31. _____

32. _____

Algebra 1
Resources in Spanish

Prueba del capítulo SAT/ACT

Para usar después del capítulo 11

1. ¿Cuál de las siguientes alternativas es solución de la proporción $\dfrac{2x + 3}{5} = \dfrac{x - 2}{6}$?

(A) $-\dfrac{27}{4}$ (B) -4

(C) $-\dfrac{13}{7}$ (D) $-\dfrac{8}{7}$

2. ¿Cuánto es el 13% de 60?

(A) 4.62   (B) 7.80

(C) 461.54   (D) 780

3. ¿El 30% de qué cantidad de dinero es $15.50?

(A) $.52   (B) $4.65

(C) $46.50   (D) $51.67

4. Las variables x e y varían directamente. Cuando x vale 5, y vale 15. Si x vale 25, ¿cuánto vale y?

(A) $\dfrac{1}{3}$ (B) 3

(C) $\dfrac{25}{3}$ (D) 75

5. ¿Cuál de las siguientes ecuaciones representa una variación inversa?

(A) $y = x + 4$ (B) $xy = 4$

(C) $y = \dfrac{x}{4}$ (D) $y = 4x$

6. ¿Cuál es la forma simplificada de la expresión $\dfrac{x^2 + 2x - 15}{3x^2 + 6x} \div \dfrac{3x^2 - 9x}{x^2 + 7x + 10}$?

(A) $\dfrac{(x + 5)^2}{9x^2}$ (B) $\dfrac{(x - 3)^2}{(x - 2)^2}$

(C) $\dfrac{5(2x + 5)}{8x^2}$ (D) $-2x + 5$

En las preguntas 7 y 8, escoge el enunciado que se cumple para los números dados.

   A. El número de la columna A es mayor.
   B. El número de la columna B es mayor.
   C. Los dos números son iguales.
   D. La relación no puede determinarse a partir de la información dada.

7.

Columna A	Columna B
15% de 45	12% de 55

(A)   (B)   (C)   (D)

8.

Columna A	Columna B
x en	x en
$\dfrac{2}{x + 2} = \dfrac{-10}{x + 3}$	$\dfrac{6}{x - 4} = \dfrac{3}{2x + 1}$

(A)   (B)   (C)   (D)

9. Simplifica la expresión $\dfrac{x + 4}{x - 3} - \dfrac{2x + 1}{x + 4}$.

(A) $\dfrac{3x^2 + 3x + 13}{(x - 3)(x + 4)}$ (B) $\dfrac{3x^2 + 13x + 13}{(x - 3)(x + 4)}$

(C) $\dfrac{-x^2 + 13x + 19}{(x - 3)(x + 4)}$ (D) $\dfrac{-x^2 + 3x + 19}{(x - 3)(x + 4)}$

10. Has tomado 4 pruebas y tienes un promedio de 75 puntos. Si sacas 100 puntos en cada una de las pruebas restantes, ¿cuántas pruebas más necesitas para elevar tu promedio a 80 puntos?

(A) 1   (B) 2

(C) 3   (D) 4

Evaluación alternativa y diario de matemáticas

Para usar después del capítulo 11

DIARIO 1. En este diario, explicarás cómo desarrollar diversas operaciones con expresiones racionales. Usarás las siguientes expresiones.

$$A = \frac{x + 5}{x^2 + 4x + 3} \qquad B = \frac{2}{x^2 + x} \qquad C = \frac{x - 3}{2x + 2} \qquad D = \frac{7}{2x}$$

(a) Explica cómo sumar dos expresiones racionales; simplifica $A + B$ como ejemplo. Asegúrate de dar las razones para cada paso. Simplifica completamente. (b) Explica cómo el restar (como al simplificar $A - B$) sería diferente a sumar. (c) Explica cómo multiplicar expresiones racionales, simplificando $B \cdot C$ como ejemplo. (d) Muestra cómo dividir $B \div C$. (e) Explica cómo resolverías una ecuación racional como $C = D$. Describe después, en detalle, la estrategia para resolver una ecuación como $B + C = D$. *No* resuelvas completamente las ecuaciones. En vez de ello, concéntrate en los primeros dos o tres pasos para resolver; muestra qué hacer y por qué.

PROBLEMA DE VARIOS PASOS 2. Nicolás, que repara piscinas, a veces tiene que vaciar toda el agua de las piscinas que tiene a su cargo usando una bomba. Ahora quiere comprar una nueva bomba.

    a. En el enunciado siguiente, llena el espacio en blanco con *directamente* o *inversamente* y explica tu preferencia. La cantidad de tiempo que demora una bomba en vaciar la piscina varía _____ a la rapidez con que está bombeando.

    b. La bomba A demora dos horas y media en vaciar cierta piscina, a una rapidez de 14,000 galones por hora. Escribe una ecuación de variación para representar esta situación. ¿Cuál es la constante de variación?

    c. Escribe un modelo verbal para la ecuación de variación. ¿Qué representa la constante de variación en este problema?

    d. ¿Cuánto demorará la bomba B en vaciar la misma piscina si bombea a una rapidez de 10,500 galones por hora? Da tu resultado en horas y minutos.

    e. La bomba C tiene una rapidez de 21,000 galones por hora. La bomba D vacía la piscina a una rapidez que es un 80% mayor que la de la bomba C. Calcula la rapidez de la bomba D.

3. *Razonamiento crítico* La bomba más rápida está ahora a la venta a $1125, incluyendo un 25% de descuento sobre el precio original. ¿Qué bomba es? Calcula su precio original.

Pauta para la evaluación alternativa

Para usar después del capítulo 11

DIARIO
SOLUCIÓN

1. $A + B = \dfrac{x + 6}{x(x + 3)}$; $B \cdot C = \dfrac{x - 3}{x(x + 1)^2}$; $B \div C = \dfrac{4}{x(x - 3)}$

Las respuestas completas deberían considerar los siguientes puntos:

a. Al sumar expresiones racionales, factoriza cada denominador y después escribe nuevamente las expresiones de modo que tengan igual denominador. A continuación, suma las fracciones y factoriza el numerador y, de ser posible, simplifica la expresión.

b. La resta es similar a la suma, excepto que para la resta se debe usar la propiedad distributiva.

c. Para multiplicar expresiones racionales, multiplica los numeradores y los denominadores. Después, elimina por división los factores comunes para simplificar.

d. Para dividir expresiones racionales, multiplica por el recíproco del divisor. Después, elimina por división los factores comunes para simplificar.

e. Multiplica cruzado para resolver $C = D$. Para eliminar los denominadores de $B + C = D$, multiplica ambos lados de la ecuación por el mínimo común denominador, después resuelve la ecuación resultante.

PROBLEMA
DE VARIOS
PASOS
SOLUCIÓN

2. a. inversamente; a medida que la rapidez de bombeo aumenta, el tiempo requerido para vaciar la piscina disminuye.

b. $xy = 35,000$; $35,000$

c.

Rapidez de bombeo (galones por hora)	·	Tiempo que demora en bombear (horas)	=	Cantidad de agua de la piscina (galones)

La constante de variación es la cantidad de agua de la piscina (en galones).

d. 3 horas con 20 minutos

e. 16,800 galones por hora

3. Bomba C; $1500

PROBLEMA
DE VARIOS
PASOS
PAUTA DE
EVALUACIÓN

4 Los estudiantes completan todas las partes de las preguntas en forma exacta. Reconocen la relación como variación inversa. Los estudiantes comprenden la ecuación de variación y son capaces de aplicarla en diversas situaciones. Los estudiantes son capaces de resolver correctamente problemas de porcentaje.

3 Los estudiantes completan las preguntas y explicaciones. Las soluciones pueden contener errores matemáticos menores. Puede que el modelo verbal esté incorrecto o las explicaciones sean vagas. Los estudiantes son capaces de resolver problemas de porcentaje.

2 Los estudiantes completan las preguntas y explicaciones, pero cometen diversos errores matemáticos. Es posible que usen un modelo de variación inversa incorrecto o que no puedan demostrar que comprenden los diversos problemas de porcentaje.

1 Las respuestas están muy incompletas. Las soluciones y el razonamiento están incorrectos. Los estudiantes no demuestran comprensión de la variación inversa. Los estudiantes no son capaces de diferenciar entre los diferentes tipos de problemas de porcentaje.

Refuerzo con práctica

Para usar con las páginas 709–714

OBJETIVO Evaluar y representar gráficamente una función de raíz cuadrada y usar funciones de raíz cuadrada para modelar problemas de la vida real

---

VOCABULARIO

Una **función de raíz cuadrada** está definida por la ecuación $y = \sqrt{x}$.

EJEMPLO 1 *Representar gráficamente* $y = a\sqrt{x} + k$

Halla el dominio y el rango de $y = 3\sqrt{x} + 2$. Bosqueja después su gráfica.

SOLUCIÓN

El dominio es el conjunto de todos los números no negativos. El rango es el conjunto de todos los números mayores o iguales que 2. Haz una tabla de valores, marca los puntos y únelos con una curva suave.

x	y
0	$y = 3\sqrt{0} + 2 = 2$
1	$y = 3\sqrt{1} + 2 = 5$
2	$y = 3\sqrt{2} + 2 \approx 6.2$
3	$y = 3\sqrt{3} + 2 \approx 7.2$
4	$y = 3\sqrt{4} + 2 = 8$

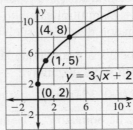

Ejercicios para el ejemplo 1

Halla el dominio y el rango de la función. Bosqueja después la gráfica.

1. $y = 2\sqrt{x} + 1$ **2.** $y = 2\sqrt{x} - 1$ **3.** $y = 2\sqrt{x} - 2$

EJEMPLO 2 *Representar gráficament* $y = \sqrt{x - h}$

Halla el dominio y el rango de $y = \sqrt{x - 2}$. Bosqueja después su gráfica.

SOLUCIÓN

Para hallar el dominio, calcula los valores de x para los cuales el radicando no es negativo.

$x - 2 \geq 0$ Escribe una desigualdad para el dominio.

$x \geq 2$ Suma dos a cada lado.

Algebra 1
Resources in Spanish

Refuerzo con práctica

Para usar con las páginas 709–714

EJEMPLO 2 El dominio es el conjunto de todos los números mayores o iguales que 2. El rango es el conjunto de todos los números no negativos. Haz una tabla de valores, marca los puntos y únelos con una curva suave.

x	y
2	$y = \sqrt{2-2} = 0$
3	$y = \sqrt{3-2} = 1$
4	$y = \sqrt{4-2} \approx 1.4$
5	$y = \sqrt{5-2} \approx 1.7$
6	$y = \sqrt{6-2} = 2$

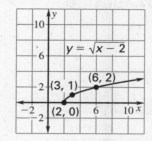

Ejercicios para el ejemplo 2

Halla el dominio y el rango de la función. Bosqueja después su gráfica.

4. $y = \sqrt{x-1}$

5. $y = \sqrt{x+1}$

6. $y = \sqrt{x-4}$

EJEMPLO 3 ## Usar un modelo de raíz cuadrada

Se deja caer un objeto desde una altura de h pies. La rapidez S (en pies/seg) del objeto justo antes de golpear el suelo está dada por el modelo $S = \sqrt{64h}$.

a. Bosqueja la gráfica del modelo.

b. Calcula la rapidez S (en pies/seg) de un objeto que se deja caer desde una altura de 25 pies.

SOLUCIÓN

a. Haz una tabla de valores, marca los puntos y únelos con una curva suave.

h	0	1	2	3	4
S	$\sqrt{64 \cdot 0} = 0$	$\sqrt{64 \cdot 1} = 8$	$\sqrt{64 \cdot 2} \approx 11.3$	$\sqrt{64 \cdot 3} \approx 13.9$	$\sqrt{64 \cdot 4} = 16$

b. Sustituye $h = 25$ en el modelo: $S = \sqrt{64 \cdot 25} = 40$ pies/seg

Ejercicio para el ejemplo 3

7. Usa el modelo del ejemplo 3 para calcular la rapidez S (en pies/seg) de un objeto que se deja caer desde una altura de 36 pies.

Refuerzo con práctica

Para usar con las páginas 716–721

OBJETIVO Sumar, restar, multiplicar y dividir expresiones radicales y usar expresiones radicales en situaciones de la vida real

---

VOCABULARIO

$(a + \sqrt{b})(a - \sqrt{b})$ En el producto $\qquad$ no hay radicales.

$(a + \sqrt{b})$ $\qquad$ $(a - \sqrt{b})$

Las expresiones $\qquad$ y $\qquad$ son mutuamente **conjugadas**.

EJEMPLO 1 *Sumar y restar radicales*

Simplifica la expresión

$\sqrt{12} + \sqrt{3}$.

SOLUCIÓN

$\sqrt{12} + \sqrt{3} = \sqrt{4 \cdot 3} + \sqrt{3}$ $\qquad$ Factor de cuadrado perfecto

$\phantom{\sqrt{12} + \sqrt{3}} = \sqrt{4} \cdot \sqrt{3} + \sqrt{3}$ $\qquad$ Usa la propiedad del producto.

$\phantom{\sqrt{12} + \sqrt{3}} = 2\sqrt{3} + \sqrt{3}$ $\qquad$ Simplifica.

$\phantom{\sqrt{12} + \sqrt{3}} = 3\sqrt{3}$ $\qquad$ Suma los radicales semejantes.

Ejercicios para el ejemplo 1

Simplifica la expresión.

1. $\sqrt{7} + 3\sqrt{7}$ $\qquad$ **2.** $\sqrt{8} - \sqrt{2}$ $\qquad$ **3.** $\sqrt{48} + \sqrt{3}$

EJEMPLO 2 *Multiplicar radicales*

Simplifica la expresión.

a. $\sqrt{3} \cdot \sqrt{12}$ $\qquad$ **b.** $\sqrt{5}(\sqrt{2} + \sqrt{3})$ $\qquad$ **c.** $(3 + \sqrt{2})(3 - \sqrt{2})$

SOLUCIÓN

a. $\sqrt{3} \cdot \sqrt{12} = \sqrt{36}$ $\qquad$ Usa la propiedad del producto.

$\phantom{\sqrt{3} \cdot \sqrt{12}} = 6$ $\qquad$ Simplifica.

b. $\sqrt{5}(\sqrt{2} + \sqrt{3}) = \sqrt{5} \cdot \sqrt{2} + \sqrt{5} \cdot \sqrt{3}$ $\qquad$ Usa la propiedad distributiva.

$\phantom{\sqrt{5}(\sqrt{2} + \sqrt{3})} = \sqrt{10} + \sqrt{15}$ $\qquad$ Usa la propiedad del producto.

c. $(3 + \sqrt{2})(3 - \sqrt{2}) = 3^2 - (\sqrt{2})^2$ $\qquad$ Usa el patrón de la suma por diferencia.

$\phantom{(3 + \sqrt{2})(3 - \sqrt{2})} = 9 - 2 = 7$ $\qquad$ Simplifica.

Ejercicios para el ejemplo 2

Simplifica la expresión.

4. $(\sqrt{2} + 1)^2$ $\qquad$ **5.** $\sqrt{3} \cdot \sqrt{6}$ $\qquad$ **6.** $\sqrt{10}(2 + \sqrt{2})$

Refuerzo con práctica

Para usar con las páginas 716–721

EJEMPLO 3   *Simplificar radicales*

Simplifica $\dfrac{5}{\sqrt{2}}$.

SOLUCIÓN

$$\frac{5}{\sqrt{2}} = \frac{5}{\sqrt{2}} \cdot \frac{\sqrt{2}}{\sqrt{2}}$$ Multiplica el numerador y el denominador por $\sqrt{2}$.

$$= \frac{5\sqrt{2}}{\sqrt{2} \cdot \sqrt{2}}$$ Multiplica las fracciones.

$$= \frac{5\sqrt{2}}{2}$$ Simplifica.

Ejercicios para el ejemplo 3

Simplifica la expresión.

7. $\dfrac{4}{\sqrt{3}}$ **8.** $\dfrac{5}{\sqrt{8}}$ **9.** $\dfrac{-1}{\sqrt{12}}$

EJEMPLO 4   *Usar un modelo de radical*

Un tsunami es una enorme ola del océano que puede ser provocada por terremotos bajo el agua, erupciones volcánicas o huracanes. La rapidez S de un tsunami, en millas por hora, está dada por el modelo $S = 3.86\sqrt{d}$, donde d es la profundidad del océano en pies. Supón que un tsunami está a una profundidad de 1792 pies y que otro está a una profundidad de 1372 pies. Escribe una expresión que represente la diferencia de rapidez entre los tsunamis. Simplifica la expresión.

SOLUCIÓN

La rapidez del primer tsunami mencionado es $3.86\sqrt{1792}$, mientras que la rapidez del segundo tsunami es $3.86\sqrt{1372}$. La diferencia D de rapidez puede representarse mediante $3.86\sqrt{1792} - 3.86\sqrt{1372}$.

$$D = 3.86\sqrt{1792} - 3.86\sqrt{1372}$$
$$= 3.86\sqrt{7 \cdot 256} - 3.86\sqrt{7 \cdot 196}$$
$$= 61.76\sqrt{7} - 54.04\sqrt{7} = 7.72\sqrt{7}$$

Ejercicio para el ejemplo 4

10. Formula nuevamente el ejemplo 4 si un tsunami está a una profundidad de 3125 pies y otro tsunami está a una profundidad de 2000 pies.

Refuerzo con práctica

Para usar con las páginas 722–728

OBJETIVO Resolver una ecuación radical y usar ecuaciones radicales para resolver problemas de la vida real

EJEMPLO 1 *Resolver una ecuación radical*

Resuelve $\sqrt{3x + 1} + 2 = 6$.

SOLUCIÓN

Aísla la expresión radical a un lado de la ecuación.

$\sqrt{3x + 1} + 2 = 6$ Escribe la ecuación original.

$\sqrt{3x + 1} = 4$ Resta 2 a cada lado.

$\left(\sqrt{3x + 1}\right)^2 = 4^2$ Eleva al cuadrado cada lado.

$3x + 1 = 16$ Simplifica.

$3x = 15$ Resta 1 a cada lado.

$x = 5$ Divide cada lado por 3.

La solución es 5.

Ejercicios para el ejemplo 1

Resuelve la ecuación.

1. $\sqrt{x + 2} = 3$ **2.** $\sqrt{x} + 2 = 3$ **3.** $\sqrt{4x + 1} = 3$

EJEMPLO 2 *Verificar soluciones extrañas*

Resuelve la ecuación $\sqrt{2x + 3} = x$.

SOLUCIÓN

$\sqrt{2x + 3} = x$ Escribe la ecuación original.

$\left(\sqrt{2x + 3}\right)^2 = x^2$ Eleva al cuadrado cada lado.

$2x + 3 = x^2$ Simplifica.

$0 = x^2 - 2x - 3$ Escribe en forma normal.

$0 = (x - 3)(x + 1)$ Factoriza.

$x = 3 \text{ ó } x = -1$ Propiedad del producto cero.

Para verificar las soluciones, sustituye 3 y -1 en la ecuación original.

$\sqrt{2(3) + 3} \stackrel{?}{=} 3$ $\sqrt{2(-1) + 3} \stackrel{?}{=} -1$

$\sqrt{9} \stackrel{?}{=} 3$ $\sqrt{1} \stackrel{?}{=} -1$

$3 = 3$ $1 \neq -1$

La única solución es 3, porque $x = -1$ no es solución.

Refuerzo con práctica

Para usar con las páginas 722–728

Ejercicios para el ejemplo 2

Resuelve la ecuación y verifica posibles soluciones extrañas.

4. $\sqrt{x-1} + 3 = x$ **5.** $\sqrt{3x} + 6 = 0$ **6.** $\sqrt{x+6} = x$

EJEMPLO 3   *Usar un modelo de radical*

La distancia d (en centímetros) que recorre el agua de la llave al ser absorbida por una tira de papel secante a una temperatura de 28.4°C está dada por el modelo

$\quad d = 0.444\sqrt{t}$, donde t es el tiempo (en segundos).

¿Aproximadamente cuántos minutos tardará el agua en recorrer una distancia de 16 centímetros en la tira de papel secante?

SOLUCIÓN

$$d = 0.444\sqrt{t} \qquad \text{Escribe el modelo para la distancia en el papel secante.}$$

$$16 = 0.444\sqrt{t} \qquad \text{Sustituye } d \text{ por 16.}$$

$$\frac{16}{0.444} = \sqrt{t} \qquad \text{Divide cada lado por 0.444.}$$

$$\left(\frac{16}{0.444}\right)^2 = t \qquad \text{Eleva al cuadrado cada lado.}$$

$$1299 \approx t \qquad \text{Usa la calculadora.}$$

El agua demoraría unos 1299 segundos en recorrer una distancia de 16 centímetros en la tira de papel secante. Para calcular el tiempo en minutos, divides 1299 por 60. Demoraría unos 22 minutos.

Ejercicios para el ejemplo 3

7. Usa el modelo del ejemplo 3 para calcular la distancia que recorrería el agua en 36 segundos.

8. Usa el modelo del ejemplo 3 para calcular la cantidad de segundos que demoraría el agua en recorrer una distancia de 10 centímetros por la tira de papel secante.

NOMBRE_____ FECHA_____

Prueba parcial 1

Para usar después de las lecciones 12.1–12.3

1. Evalúa $y = \frac{1}{3}\sqrt{x} - 2$, para $x = 9$. *(Lección 12.1)*

2. Bosqueja la gráfica de $y = \sqrt{x} + 3$. *(Lección 12.1)*

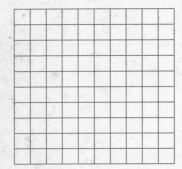

En los ejercicios 3 y 4, simplifica la expresión. *(Lección 12.2)*

3. $2\sqrt{3} + \sqrt{12}$

4. $(3 + \sqrt{5})(3 - \sqrt{5})$

5. Resuelve la ecuación. *(Lección 12.3)*

$$\sqrt{6x - 3} + 1 = 10$$

6. Si la media geométrica de 5 y a es 15, ¿cuál es el valor de a? *(Lección 12.3)*

Respuestas

1. _____

2. Usa la cuadrícula
   de la izquierda.

3. _____

4. _____

5. _____

6. _____

Chapter 12

LECCIÓN 12.4

Refuerzo con práctica

Para usar con las páginas 730–736

OBJETIVO Resolver una ecuación cuadrática completando el cuadrado y escoger un método para resolver una ecuación cuadrática

---

VOCABULARIO

Para completar el cuadrado de la expresión $x^2 + bx$, suma el cuadrado de la mitad del coeficiente de x.

$$x^2 + bx + \left(\frac{b}{2}\right)^2 = \left(x + \frac{b}{2}\right)^2$$

EJEMPLO 1 *El coeficiente dominante es distinto de 1*

Resuelve $9x^2 - 18x + 5 = 0$ completando el cuadrado.

SOLUCIÓN

Cuando el coeficiente dominante de la ecuación cuadrática es distinto de 1, divide cada lado de la ecuación por su coeficiente *antes* de completar el cuadrado.

$9x^2 - 18x + 5 = 0$	Escribe la ecuación original.
$9x^2 - 18x = -5$	Resta 5 a cada lado.
$x^2 - 2x = -\dfrac{5}{9}$	Divide cada lado por 9.
$x^2 - 2x + \left(\dfrac{2}{2}\right)^2 = -\dfrac{5}{9} + 1$	Suma $\left(\dfrac{2}{2}\right)^2$ ó 1 a cada lado.
$(x - 1)^2 = \dfrac{4}{9}$	Escribe el lado izquierdo como cuadrado perfecto.
$(x - 1) = \pm\dfrac{2}{3}$	Saca raíz cuadrada a cada lado.
$x = 1 \pm \dfrac{2}{3}$	Suma 1 a cada lado.

Las soluciones son $\dfrac{5}{3}$ y $\dfrac{1}{3}$. Ambas soluciones cumplen la ecuación original.

Ejercicios para el ejemplo 1

Resuelve la ecuación completando el cuadrado.

1. $2n^2 - 3n = 2$ **2.** $3y^2 + 4y = -1$ **3.** $4b^2 + 8b + 3 = 0$

Refuerzo con práctica

Para usar con las páginas 730–736

EJEMPLO 2 *Escoger un método de solución*

Escoge un método para resolver la ecuación cuadrática.

a. $5x^2 + 3x - 2 = 0$　　　　**b.** $x^2 + 6x - 1 = 0$

SOLUCIÓN

a. Esta ecuación puede factorizarse fácilmente.

$5x^2 + 3x - 2 = 0$	Escribe la ecuación original.
$(5x - 2)(x + 1) = 0$	Factoriza.
$5x - 2 = 0$ or $x + 1 = 0$	Propiedad del producto cero.
$x = \dfrac{2}{5}$ or $x = -1$	Resuelve para x.

Las soluciones son $\dfrac{2}{5}$ y -1.

b. Cuando esta ecuación se escribe como $ax^2 + bx + c = 0$, $a = 1$ y b es un número par. Por lo tanto, puede resolverse completando el cuadrado.

$x^2 + 6x - 1 = 0$	Escribe la ecuación original.
$x^2 + 6x = 1$	Suma 1 a cada lado.
$x^2 + 6x + \left(\dfrac{6}{2}\right)^2 = 1 + 9$	Suma $\left(\dfrac{6}{2}\right)^2$ ó 9 a cada lado.
$(x + 3)^2 = 10$	Escribe el lado izquierdo como cuadrado perfecto.
$x + 3 = \pm\sqrt{10}$	Saca raíz cuadrada a cada lado.
$x = -3 \pm \sqrt{10}$	Resta 3 a cada lado.

Las soluciones son $-3 + \sqrt{10}$ y $-3 - \sqrt{10}$.

Ejercicios para el ejemplo 2

Escoge un método para resolver la ecuación cuadrática. Explica tu preferencia.

4. $5y^2 - 35 = 0$　　　　**5.** $w^2 - 3w - 10 = 0$　　　　**6.** $2.7x^2 + 0.5x - 7 = 0$

Refuerzo con práctica

Para usar con las páginas 738–744

OBJETIVO **Usar el teorema de Pitágoras y su recíproco y usar el teorema de Pitágoras en problemas de la vida real**

VOCABULARIO

En un triángulo rectángulo, la **hipotenusa** es el lado opuesto al ángulo recto; los otros dos lados son los **catetos**.

El **teorema de Pitágoras** establece que si un triángulo es triángulo rectángulo, entonces la suma de los cuadrados de las longitudes de los catetos a y b es igual al cuadrado de la longitud de la hipotenusa c, es decir, $a^2 + b^2 = c^2$.

En un enunciado de la forma "Si p, entonces q," p es la **hipótesis** y q es la **conclusión**. El **recíproco** del enunciado "Si p, entonces q" es el enunciado relacionado "Si q, entonces p."

El **recíproco del teorema de Pitágoras** establece que si un triángulo tiene lados de longitud a, b, y c tales que $a^2 + b^2 = c^2$, entonces el triángulo es un triángulo rectángulo.

EJEMPLO 1 *Usar el teorema de Pitágoras*

Un triángulo rectángulo tiene un cateto que mide 1 pulgada más que el otro cateto. La hipotenusa mide 5 pulgadas. Calcula la longitud de los catetos.

SOLUCIÓN

Bosqueja un triángulo rectángulo y rotula sus lados. Sea x la longitud del cateto más corto. Usa el teorema de Pitágoras para resolver para x.

$a^2 + b^2 = c^2$	Escribe el teorema de Pitágoras.
$x^2 + (x + 1)^2 = 5^2$	Sustituye a, b, y c.
$x^2 + x^2 + 2x + 1 = 25$	Simplifica.
$2x^2 + 2x - 24 = 0$	Escribe en forma normal.
$2(x + 4)(x - 3) = 0$	Factoriza.
$x = -4 \text{ or } x = 3$	Propiedad del producto cero.

La distancia es positiva. Los lados miden 3 pulgadas y $3 + 1 = 4$ pulgadas de longitud.

Refuerzo con práctica

Para usar con las páginas 738–744

Chapter 12

Ejercicios para el ejemplo 1

Usa el teorema de Pitágoras para calcular la longitud que falta en el triángulo rectángulo.

1.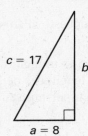

2.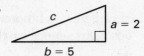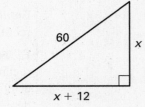

3.

EJEMPLO 2 *Determinar triángulos rectángulos*

Determina si las longitudes dadas son lados de un triángulo rectángulo.

a. 2.5, 6, 6.5   **b.** 10, 24, 25

SOLUCIÓN

Usa el recíproco del teorema de Pitágoras.

a. Las longitudes son lados de un triángulo rectángulo, porque

$$2.5^2 + 6^2 = 6.25 + 36 = 42.25 = 6.5^2.$$

b. Las longitudes no son lados de un triángulo rectángulo, porque

$$10^2 + 24^2 = 100 + 576 = 676 \neq 25^2.$$

Ejercicios para el ejemplo 2

Determina si las longitudes dadas son lados de un triángulo rectángulo.

4. 8, 15, 17   **5.** 3, 6, 7   **6.** 9, 40, 41

Algebra 1
Resources in Spanish

NOMBRE_____ FECHA_____

Prueba parcial 2

Para usar después de las lecciones 12.4–12.5

1. Halla el término que se debería sumar a $x^2 + 6x$ para crear un trinomio cuadrado perfecto. *(Lección 12.4)*

Respuestas

1. _____

2. _____

3. _____

4. _____

5. _____

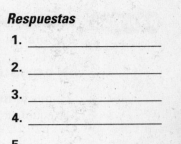

2. Resuelve la ecuación completando el cuadrado. *(Lección 12.4)*

   $$x^2 + 12x = 13$$

3. Calcula la longitud que falta. *(Lección 12.5)*

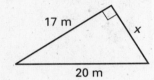

4. Determina si 7, 9 y 11 son lados de un triángulo rectángulo. Explica tu razonamiento. *(Lección 12.5)*

5. Una cancha de vóleibol es un rectángulo de 9 metros por 18 metros. ¿Cuál es la longitud de la diagonal de la cancha? *(Lección 12.5)*

Refuerzo con práctica

Para usar con las páginas 745—750

OBJETIVO Calcular la distancia entre dos puntos de un plano de coordenadas y calcular el punto medio entre dos puntos de un plano de coordenadas

---

VOCABULARIO

El **punto medio** de un segmento de recta es el punto del segmento que es equidistante de sus extremos.

EJEMPLO 1 *Calcular la distancia entre dos puntos*

Calcula la distancia entre $(-1, 2)$ and $(3, 7)$ usando la fórmula de distancia.

$$d = \sqrt{(x_2 - x_1)^2 + (y_2 - y_1)^2}$$ Escribe la fórmula de distancia.

$$= \sqrt{(-1 - 3)^2 + (2 - 7)^2}$$ Sustituye.

$$= \sqrt{41}$$ Simplifica.

$$\approx 6.40$$ Usa la calculadora.

Ejercicios para el ejemplo 1

Calcula la distancia que hay entre los dos puntos. De ser necesario, redondea el resultado a la centésima más próxima.

1. $(0, 4), (-3, 0)$ **2.** $(2, 3), (4, 5)$ **3.** $(-4, 2), (1, 4)$

EJEMPLO 2 *Aplicar la fórmula de distancia*

Desde tu casa, recorres en bicicleta 5 millas al norte y después 12 millas al este. ¿A qué distancia estás de tu casa?

SOLUCIÓN

Puedes superponer un plano de coordenadas a un diagrama del viaje en bicicleta. Partes en el punto $(0, 0)$ y terminas en el punto $(12, 5)$. Usa la fórmula de distancia.

$$d = \sqrt{(12 - 0)^2 + (5 - 0)^2}$$

$$= \sqrt{144 + 25}$$

$$= \sqrt{169}$$

$$= 13$$

Estás a 13 millas de casa.

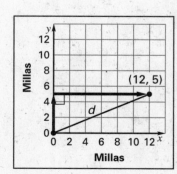

Refuerzo con práctica

Para usar con las páginas 745–750

EJEMPLO 2 *Ejercicio para el ejemplo 2*

4. Formula nuevamente el ejemplo 2 si recorriste 8 millas al este y 15 millas al sur.

EJEMPLO 3 *Calcular el punto medio entre dos puntos*

Calcula el punto medio entre $(-8, -4)$ y $(2, 0)$.

SOLUCIÓN

Usa la fórmula del punto medio para los puntos (x_1, y_1) y (x_2, y_2): $\left(\dfrac{x_1 + x_2}{2}, \dfrac{y_1 + y_2}{2}\right)$.

$$\left(\frac{-8 + 2}{2}, \frac{-4 + 0}{2}\right) = \left(\frac{-6}{2}, \frac{-4}{2}\right) = (-3, -2)$$

El punto medio es $(-3, -2)$.

Ejercicios para el ejemplo 3

Calcula el punto medio entre los dos puntos.

5. $(1, 3), (4, 5)$ **6.** $(6, 1), (-4, -1)$ **7.** $(6, 0), (0, 2)$

EJEMPLO 4 *Aplicar la fórmula del punto medio*

Un amigo y tú se ponen de acuerdo para encontrarse a mitad de camino entre sus ciudades, como se muestra en el sistema de coordenadas de la derecha. Calcula la ubicación en que se deberían encontrar.

SOLUCIÓN

Las coordenadas de tu ciudad son $(5, 10)$ y las coordenadas de la ciudad de tu amigo son $(35, 40)$. Usa la fórmula del punto medio para calcular el punto que está a mitad de camino entre las dos ciudades.

$$\left(\frac{5 + 35}{2}, \frac{10 + 40}{2}\right) = \left(\frac{40}{2}, \frac{50}{2}\right)$$
$$= (20, 25)$$

Se deberían encontrar en $(20, 25)$.

Ejercicio para el ejemplo 4

8. Formula nuevamente el ejemplo 4 si las coordenadas de tu ciudad son $(0, 35)$ y las coordenadas de la ciudad de tu amigo son $(30, 15)$.

Refuerzo con práctica

Para usar con las páginas 752–757

OBJETIVO Usar el seno, el coseno y la tangente de un ángulo y usar las razones trigonométricas en problemas de la vida real

---

VOCABULARIO

Una **razón trigonométrica** es una razón entre las longitudes de dos lados de un triángulo rectángulo.

El **seno**, el **coseno** y la **tangente** son las tres razones trigonométricas básicas. Estas razones pueden abreviarse como **sen**, **cos** y **tan**.

EJEMPLO 1 *Calcular razones trigonométricas*

Para el △ABC, calcula el seno, el coseno y la tangente del ángulo.

a. ∠A

b. ∠C

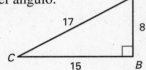

SOLUCIÓN

a. Para el ∠A, el cateto opuesto mide 15 y el cateto adyacente mide 8. La hipotenusa mide 17.

$$\text{sen } A = \frac{\text{opuesto}}{\text{hipotenusa}} = \frac{15}{17}$$

$$\cos A = \frac{\text{adyacente}}{\text{hipotenusa}} = \frac{8}{17}$$

$$\tan A = \frac{\text{opuesto}}{\text{adyacente}} = \frac{15}{8}$$

b. Para el ∠C, el cateto opuesto mide 8 y el cateto adyacente mide 15. La hipotenusa mide 17.

$$\text{sen } C = \frac{\text{opuesto}}{\text{hipotenusa}} = \frac{8}{17}$$

$$\cos C = \frac{\text{adyacente}}{\text{hipotenusa}} = \frac{15}{17}$$

$$\tan C = \frac{\text{opuesto}}{\text{adyacente}} = \frac{8}{15}$$

Ejercicios para el ejemplo 1

Calcula el seno, el coseno y la tangente de ∠A y ∠C.

1.

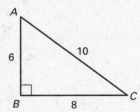

2.

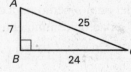

3.

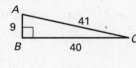

Refuerzo con práctica

Para usar con las páginas 752–757

EJEMPLO 2 *Resolver un triángulo rectángulo*

Para el $\triangle XYZ$, $z = 6$ y la medida del $\angle X$ es 60°. Calcula la longitud de y.

SOLUCIÓN

Te dan el cateto adyacente a $\angle X$ y necesitas calcular la longitud de la hipotenusa.

$\cos X = \dfrac{\text{adyacente}}{\text{hipotenusa}}$ Definición de coseno

$\cos 60° = \dfrac{6}{y}$ Sustituye z por 6 y $\angle X$ por 60°.

$0.5 = \dfrac{6}{y}$ Usa la calculadora o una tabla.

$\dfrac{6}{0.5} = y$ Resuelve para y.

$12 = y$ Simplifica.

La longitud de y es 12 unidades.

Ejercicios para el ejemplo 2

Calcula las longitudes que faltan de los lados del triángulo. Redondea los resultados a la centésima más próxima.

4.

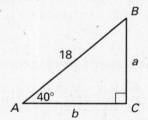

5.

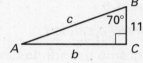

6.

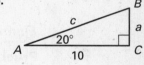

Refuerzo con práctica

Para usar con las páginas 758—764

OBJETIVO Usar el razonamiento lógico y demostración para probar que un enunciado es verdadero y probar que un enunciado es falso

---

VOCABULARIO

Los **postulados** o **axiomas** son reglas de las matemáticas que aceptamos como verdaderas sin necesidad de prueba.

Los **teoremas** son otros enunciados nuevos que deben probarse.

Una **conjetura** es un enunciado que se piensa verdadero, pero que no ha sido probado.

En una **prueba indirecta**, o **prueba por contradicción**, supones que el enunciado original es falso. Si esto lleva a algo imposible, entonces el enunciado original es verdadero.

EJEMPLO 1 *Probar un teorema*

Prueba la propiedad de cancelación de la suma: Si $a + c = b + c$, entonces $a = b$.

SOLUCIÓN

$a + c = b + c$	Dado
$a + c + (-c) = b + c + (-c)$	Axioma de la suma para la igualdad
$a + [c + (-c)] = b + [c + (-c)]$	Axioma de la asociatividad para la suma
$a + 0 = b + 0$	Axioma del inverso para la suma
$a = b$	Axioma de identidad para la suma

Ejercicios para el ejemplo 1

Prueba el teorema usando los axiomas básicos del álgebra.

1. Si $ac = bc$ y $c \neq 0$, entonces $a = b$.

2. Si $a - c = b - c$, entonces $a = b$.

EJEMPLO 2 *Hallar un contraejemplo*

Asigna valores a a y b para mostrar que la regla $\dfrac{1}{a + b} = \dfrac{1}{a} + \dfrac{1}{b}$ es falsa.

SOLUCIÓN

Puedes escoger cualquier valor para a y b, excepto $a = -b$, $a = 0$, o $b = 0$. Sea $a = 3$ y $b = 1$. Evalúa el lado izquierdo de la ecuación.

$\dfrac{1}{a + b} = \dfrac{1}{3 + 1}$	Sustituye a por 3 y b por 1.
$= \dfrac{1}{4}$	Simplifica.

Refuerzo con práctica

Para usar con las páginas 758—764

EJEMPLO 2 Evalúa el lado derecho de la ecuación.

$$\frac{1}{a} + \frac{1}{b} = \frac{1}{3} + \frac{1}{1} \qquad \text{Sustituye } a \text{ por 3 y } b \text{ por 1.}$$

$$= \frac{4}{3} \qquad \text{Simplifica.}$$

Como $\frac{1}{4} \neq \frac{4}{3}$, has mostrado un caso en que la regla es falsa.

El contraejemplo con $a = 3$ y $b = 1$ es suficiente para probar que $\frac{1}{a+b} = \frac{1}{a} + \frac{1}{b}$ es falso.

Ejercicios para el ejemplo 2

Halla un contraejemplo para mostrar que el enunciado no es verdadero.

3. $\sqrt{a^2 + b^2} = a + b$ **4.** $a - b = b - a$ **5.** $a \div b = b \div a$

EJEMPLO 3 *Usar una prueba indirecta*

Usa una prueba indirecta para probar que la conclusión es verdadera:

Si $\frac{a}{b} \geq \frac{c}{b}$ y $b > 0$, entonces $a \geq c$.

SOLUCIÓN

Supón que $a \geq c$ no es verdadero. Entonces $a < c$.

$a < c$ \qquad Supón que el opuesto de $a \geq c$ es verdadero.

$\dfrac{a}{b} < \dfrac{c}{b}$ \qquad El dividir cada lado por el mismo número positivo produce una desigualdad equivalente.

Esto contradice el enunciado planteado de que $\frac{a}{b} \geq \frac{c}{b}$. Por lo tanto, es imposible que

$a < c$.

Concluyes que $a \geq c$ es verdadero.

Ejercicio para el ejemplo 3

6. Usa una prueba indirecta para probar que la conclusión es verdadera:
Si $a + b > b + c$, entonces $a > c$.

Prueba del capítulo A

Para usar después del capítulo 12

Identifica el dominio y el rango de la función. Bosqueja después su gráfica.

1. $y = 4\sqrt{x}$

2. $y = \sqrt{x} + 2$

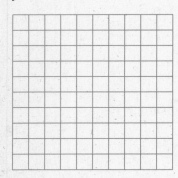
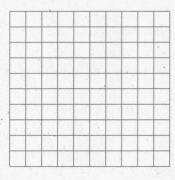

Simplifica la expresión.

3. $3\sqrt{5} + 4\sqrt{5}$

4. $6\sqrt{3} - 2\sqrt{3}$

5. $\sqrt{5} \cdot \sqrt{20}$

6. $\dfrac{3}{\sqrt{2}}$

7. $\sqrt{5}\left(6\sqrt{2} - \sqrt{5}\right)$

8. $\dfrac{4}{\sqrt{20}}$

Resuelve la ecuación.

9. $\sqrt{x} - 2 = 0$

10. $\sqrt{3x} - 6 = 0$

Se entregan dos números y su media geométrica. Calcula el valor de *a*.

11. 4 y *a*; 12

12. 3 y *a*; 9

Resuelve la ecuación completando el cuadrado.

13. $x^2 + 2x = 3$

14. $x^2 + 8x = 14$

Calcula cada longitud que falta.

15.

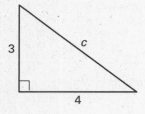

16.

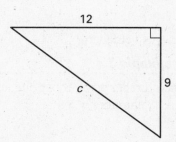

Respuestas

1._____

2._____

3._____

4._____

5._____

6._____

7._____

8._____

9._____

10._____

11._____

12._____

13._____

14._____

15._____

16._____

Chapter 12

Algebra 1
Resources in Spanish

Prueba del capítulo A

Para usar después del capítulo 12

Calcula la distancia que hay entre los dos puntos.

17. $(5, 8), (2, 4)$ **18.** $(7, 12), (1, 4)$

Decide si los puntos son vértices de un triángulo rectángulo.

19. $(0, 0), (0, 3), (4, 0)$ **20.** $(1, 2), (3, 0), (3, 3)$

21. Un amigo y tú salen a montar en bicicleta. Tú recorres 12 millas al norte y 2 millas al este. ¿Cuál es la distancia en línea recta que hay desde el punto de partida?

Halla el punto medio entre los dos puntos.

22. $(2, 2), (6, 4)$ **23.** $(2, 3), (4, 1)$

24. Una empresa tuvo ventas por $500,000 en 1996 y ventas por $720,000 en 1998. Usa la fórmula del punto medio para calcular las ventas de la empresa en 1997.

Calcula el seno, el coseno y la tangente de $\angle R$ y de $\angle S$.

25.

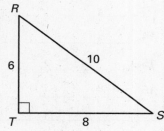

26.

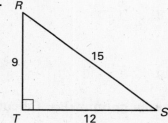

Calcula las longitudes de los lados de los triángulos que faltan. Redondea tu resultado a la centésima más próxima.

27.

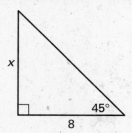

28.

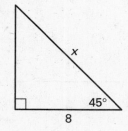

Respuestas
17._____
18._____
19._____
20._____
21._____
22._____
23._____
24._____
25._____
26._____
27._____
28._____

Chapter 12

Algebra 1
Resources in Spanish

Prueba del capítulo B

Para usar después del capítulo 12

Identifica el dominio y el rango de la función. Bosqueja después su gráfica.

1. $y = \sqrt{x} - 2$

2. $y = \sqrt{x + 1}$

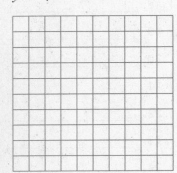

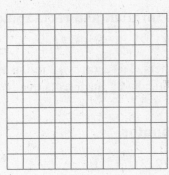

Respuestas

1._____

2._____

3._____

4._____

5._____

6._____

7._____

8._____

9._____

10._____

11._____

12._____

13._____

14._____

15._____

16._____

Simplifica la expresión.

3. $\sqrt{3} + \sqrt{27}$

4. $7\sqrt{5} - \sqrt{125}$

5. $\sqrt{3}(4\sqrt{2} + \sqrt{3})$

6. $\dfrac{7}{\sqrt{5}}$

7. $(2 + \sqrt{3})(2 - \sqrt{3})$

8. $\dfrac{6}{8 - \sqrt{3}}$

Resuelve la ecuación.

9. $\sqrt{x} - 3 = 0$

10. $\sqrt{4x} - 12 = 0$

Se entregan dos números y su media geométrica. Calcula el valor de *a*.

11. 2 y *a*; 8

12. 8 y *a*; 16

Resuelve la ecuación completando el cuadrado.

13. $x^2 + 6x = 4$

14. $x^2 + x = 2$

Calcula cada longitud que falta.

15.

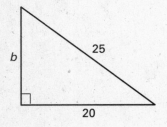

16.

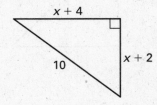

Algebra 1
Resources in Spanish

Prueba del capítulo B

Para usar después del capítulo 12

Calcula la distancia que hay entre los dos puntos.

17. $(6, 5), (2, 2)$ **18.** $(-2, 8), (3, 4)$

Decide si los puntos son vértices de un triángulo rectángulo.

19. $(1, 1), (1, 4), (5, 1)$ **20.** $(1, 2), (1, -1), (3, 0)$

21. Un amigo y tú salen a montar en bicicleta. Tú recorres 13 millas al norte y 5 millas al este. ¿Cuál es la distancia en línea recta que hay desde el punto de partida?

Calcula el punto medio entre los dos puntos.

22. $(-1, 3), (4, 2)$ **23.** $(-4, 3), (3, 1)$

24. Una empresa tuvo ventas por $525,000 en 1996 y ventas por $750,000 en 1998. Usa la fórmula del punto medio para calcular las ventas de la empresa en 1997.

Calcula el seno, el coseno y la tangente de $\angle R$ y de $\angle S$.

25.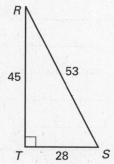

26.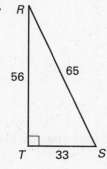

Calcula las longitudes de los lados de los triángulos que faltan. Redondea tu resultado a la centésima más próxima.

27.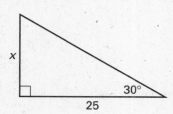

28.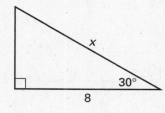

Respuestas

17._____

18._____

19._____

20._____

21._____

22._____

23._____

24._____

25._____

_____

_____

_____

26._____

_____

_____

_____

27._____

28._____

Chapter 12

Prueba del capítulo C

Para usar después del capítulo 12

Identifica el dominio y el rango de la función. Bosqueja después su gráfica.

1. $y = \sqrt{x + 5}$

2. $y = \sqrt{2x + 3}$

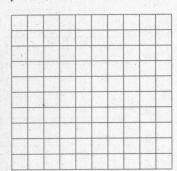

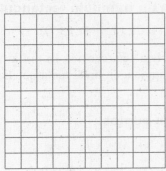

Simplifica la expresión.

3. $\sqrt{54} + \sqrt{24}$

4. $\sqrt{28} - \sqrt{175}$

5. $(5\sqrt{3} + 4)^2$

6. $\dfrac{8}{\sqrt{5} + 4}$

7. $7\sqrt{5} - (3\sqrt{5} + 6)^2$

8. $\dfrac{2 + \sqrt{7}}{2 - \sqrt{7}}$

Resuelve la ecuación.

9. $\sqrt{3x} - 3 = 0$

10. $\sqrt{2x + 1} - 5 = 0$

Se entregan dos números y su media geométrica. Calcula el valor de *a*.

11. 6 y *a*; 96

12. 4 y *a*; 108

Resuelve la ecuación completando el cuadrado.

13. $x^2 - x = 5$

14. $2x^2 + 3x = 4$

Calcula cada longitud que falta.

15.

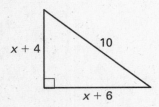

16.

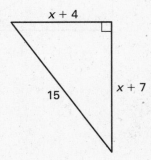

Respuestas

1._____

2._____

3._____

4._____

5._____

6._____

7._____

8._____

9._____

10._____

11._____

12._____

13._____

14._____

15._____

16._____

Chapter 12

Prueba del capítulo C

Para usar después del capítulo 12

Calcula la distancia entre los dos puntos.

17. $(2, -2), (-1, -2)$

18. $(-4, -3), (2, 5)$

Decide si los puntos son vértices de un triángulo rectángulo.

19. $(-1, -1), (-3, -1), (-3, 3)$

20. $(-3, 2), (-1, -1), (-4, -2)$

21. Un amigo y tú salen a montar en bicicleta. Tú recorres 10 millas al norte y 6 millas al oeste. ¿Cuál es la distancia en línea recta que hay desde el punto de partida?

Calcula el punto medio entre los dos puntos.

22. $(-2, 4), (3, -5)$

23. $(-5, -2), (3, -4)$

24. Una empresa tuvo ventas por \$2,310,000 en 1996 y ventas por \$4,515,000 en 1998. Usa la fórmula del punto medio para estimar las ventas de la empresa en 1997.

Calcula el seno, el coseno y la tangente de $\angle R$ y de $\angle S$.

25.
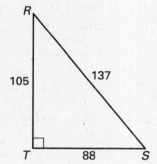

26.
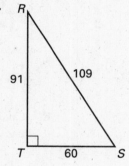

Calcula las longitudes de los lados de los triángulos que faltan. Redondea tus resultados a la centésima más próxima.

27.
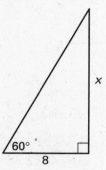

28.
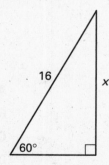

Respuestas

17._____
18._____
19._____
20._____
21._____
22._____
23._____
24._____
25._____
_____
_____
26._____
_____
_____
27._____
28._____

Prueba del capítulo SAT/ACT

Para usar después del capítulo 12

1. ¿Cuál es el dominio y el rango de
$y = \sqrt{x + 1} - 2$?

  A dominio: todos los números no negativos
rango: todos los números no negativos

  B dominio: $x \geq -1$
rango: todos los números mayores o iguales que -2

  C dominio: todos los números no negativos
rango: todos los números mayores o iguales que -2

  D dominio: $x \geq -1$
rango: todos los números no negativos

2. ¿Cuál de las siguientes alternativas es la diferencia $\sqrt{112} - \sqrt{63}$ en forma simplificada?

  A $\sqrt{112} - 3\sqrt{7}$ **B** $\sqrt{112} - 9\sqrt{7}$

  C $-5\sqrt{7}$ **D** $\sqrt{7}$

3. Simplifica $\dfrac{7}{6 - 4\sqrt{3}}$.

  A $\dfrac{-42 + 11\sqrt{3}}{12}$ **B** $\dfrac{60 + \sqrt{3}}{-12}$

  C $\dfrac{-21 - 14\sqrt{3}}{6}$ **D** $\dfrac{-21 + 14\sqrt{3}}{54}$

4. Resuelve $\sqrt{3x - 5} - 2 = 0$.

  A $x = \frac{1}{3}$ **B** $x = 3$

  C $x = \frac{49}{3}$ **D** $x = 7$

5. ¿Cuál es la distancia entre $(-2, 3)$ y $(3, -4)$?

  A $\sqrt{2}$ **B** $2\sqrt{2}$

  C $\sqrt{26}$ **D** $\sqrt{74}$

En las preguntas 6 y 7, escoge el enunciado que se cumple para los números dados.

  A. El número de la columna A es mayor.

  B. El número de la columna B es mayor.

  C. Los dos números son iguales.

  D. La relación no puede determinarse a partir de la información dada.

6.

Columna A	Columna B
media geométrica entre 5 y 35	media geométrica entre 3 y 49

  A   **B**   **C**   **D**

7.

Columna A	Columna B
La solución de $\sqrt{x} - 4 = 3$	La solución de $\sqrt{x - 4} = 3$

  A   **B**   **C**   **D**

8. ¿Cuáles son el seno, el coseno y la tangente de $\angle R$?

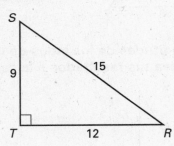

  A seno: $\frac{3}{5}$, coseno: $\frac{4}{5}$, tangente: $\frac{3}{4}$

  B seno: $\frac{4}{5}$, coseno: $\frac{3}{5}$, tangente: $\frac{3}{4}$

  C seno: $\frac{4}{5}$, coseno: $\frac{3}{5}$, tangente: $\frac{4}{3}$

  D seno: $\frac{3}{5}$, coseno: $\frac{4}{5}$, tangente: $\frac{4}{3}$

Evaluación alternativa y diario de matemáticas

Para usar después del capítulo 12

DIARIO

1. Considera que las gráficas de $y = |x|$, $y = x^2$ e $y = \sqrt{x}$ son las funciones "padre". (a) Explica lo que tienen en común las gráficas de $y = |x| + 2$, $y = x^2 + 2$ e $y = \sqrt{x} + 2$. Describe en qué difieren de sus funciones padre las gráficas de $y = |x| - 1$, $y = x^2 - 1$ e $y = \sqrt{x} - 1$. Describe las gráficas de $y = |x + 3|$, $y = (x + 3)^2$ e $y = \sqrt{x + 3}$ comparadas con las gráficas de las funciones padre. (b) Dada una ecuación genérica $y = |x - h| + k$, $y = (x - h)^2 + k$ o $y = \sqrt{x - h} + k$, ¿qué efecto tienen h y k sobre las gráficas? Escribe un párrafo para explicar posibles situaciones diferentes. Asegúrate de considerar valores positivos, negativos o cero. (c) ¿Cómo cambiaría la gráfica un signo negativo delante de una función (como $y = -\sqrt{x - 2}$)?

PROBLEMA DE VARIOS PASOS

2. Considera el triángulo de vértices $A(2, -3)$, $B(8, 3)$ y $C(8, -9)$ para contestar lo siguiente. Representa gráficamente y rotula este triángulo.

a. Halla el punto medio de cada lado del triángulo.

b. Representa gráficamente el nuevo triángulo que se forma al unir los puntos medios hallados en la parte (a). Halla la longitud de cada lado de este nuevo triángulo. Da resultados exactos.

c. Determina si el triángulo formado en la parte (b) es triángulo rectángulo. Explica cómo lo sabes.

d. Calcula el perímetro y el área del triángulo de la parte (b).

e. Halla y simplifica sen B, cos B, y tan B. Da resultados exactos.

f. Dado el punto $D(-4, y)$ y una distancia desde el punto A al D de 10 unidades, calcula los posibles valores para y. Muestra todo el trabajo y da razones para cada paso.

3. *Razonamiento crítico* Calcula la longitud de los tres lados del triángulo original ABC. Determina si el triángulo original ABC es triángulo rectángulo. Haz una conjetura acerca de la relación que hay entre un triángulo y el nuevo triángulo que se forma al unir los puntos medios.

Pauta para la evaluación alternativa

Para usar después del capítulo 12

DIARIO
SOLUCIÓN

1. a–c. Las respuestas completas deberían considerar los siguientes puntos:

a. • Explica que todas las gráficas se desplazan 2 unidades hacia arriba cuando se suma 2 a la función, y explica que todas se desplazan hacia abajo cuando se resta 1 a la función.

 • Explica que cuando se suma 3 al valor de x en la función, las gráficas se desplazan 3 unidades a la izquierda de la función padre.

b. • Explica que si h es positivo, la gráfica se desplazará h unidades a la derecha, y que si h es negativo, la gráfica se desplazará $|h|$ unidades a la izquierda. Si k es positivo, la gráfica se desplazará k unidades hacia arriba, y si k es negativo, la gráfica se desplazará $|k|$ unidades hacia abajo de la gráfica padre. Si tanto h como k es cero, la gráfica no se desplaza para esa parte.

c. • Explica que un signo negativo delante de la función provocará una reflexión de la gráfica en el eje x.

PROBLEMA
DE VARIOS
PASOS
SOLUCIÓN

2. a. $(5, 0), (8, -3), (5, -6)$

b. $3\sqrt{2}, 3\sqrt{2}$ y 6

c. Sí, es triángulo rectángulo, porque los lados cumplen las condiciones del teorema de Pitágoras.

d. $6 + 6\sqrt{2}$ unidades; 9 unidades cuadradas

e. $\operatorname{sen} B = \cos B = \dfrac{\sqrt{2}}{2}$; $\tan B = 1$

f. $5, -11$

3. $6\sqrt{2}, 6\sqrt{2}, 12$; El triángulo original es triángulo rectángulo. *Posible respuesta:* Como el triángulo original es triángulo rectángulo, el nuevo triángulo formado al conectar los puntos medios también debe ser triángulo rectángulo, porque los triángulos son triángulos semejantes.

PROBLEMA
DE VARIOS
PASOS
PAUTA DE
EVALUACIÓN

4 Los estudiantes completan todas las partes de las preguntas en forma exacta. Las explicaciones son lógicas y claras. Los estudiantes son capaces de aplicar correctamente las fórmulas del capítulo. Dan resultados exactos y simplificados cuando se les pide. Los estudiantes usan correctamente las razones trigonométricas.

3 Los estudiantes completan las preguntas y explicaciones. Las soluciones pueden contener equivocaciones o errores matemáticos menores. Los estudiantes son capaces de aplicar las fórmulas del capítulo. Dan resultados exactos y simplificados cuando se les pide. Los estudiantes usan las razones trigonométricas.

2 Los estudiantes completan las preguntas y explicaciones. Pueden ocurrir diversos errores matemáticos. Los estudiantes no siempre son capaces de aplicar correctamente las fórmulas del capítulo. No dan resultados exactos o simplificados. Los estudiantes no usan correctamente las razones trigonométricas.

1 El trabajo de los estudiantes está muy incompleto. Las soluciones y el razonamiento están incorrectos. Los estudiantes no son capaces de aplicar las fórmulas del capítulo. No dan resultados exactos y simplificados. Los estudiantes no usan correctamente las razones trigonométricas.

Chapter 12

Glosario

A

algoritmo (pág. 39) Proceso paso a paso usado para resolver un problema.

análisis de unidades (pág. 5) Escribir las unidades de cada variable de un problema de la vida real, como ayuda para determinar las unidades del resultado.

asíntota (pág. 692) Recta a la cual se acerca una gráfica. La distancia entre la gráfica y la recta se acerca a cero.

axioma (pág. 758) Las propiedades básicas de las matemáticas que los matemáticos aceptan sin necesidad de prueba.

B

base de una potencia (pág. 9) Número o variable usado como factor en una multiplicación repetida. Por ejemplo, en la expresión 4^6, la base es 4.

binomio (pág. 576) Polinomio de dos términos.

C

cantidad inicial (págs. 477, 484) Variable C del modelo de crecimiento o disminución exponencial. *Ver también* crecimiento exponencial y disminución exponencial.

casos (pág. 114) Los diferentes resultados posibles de un experimento de probabilidad.

casos favorables (pág. 114) Resultados de un suceso específico que se están considerando. *Ver también* casos.

catetos de un triángulo rectángulo (pág. 738) En un triángulo rectángulo, los dos lados adyacentes al ángulo recto.

centro de una hipérbola (pág. 692) Punto (h, k) de la gráfica de la función racional $f(x) = \dfrac{a}{x - h} + k$.

coeficiente (pág. 102) Número multiplicado por una variable en un término. El número es el coeficiente de la variable.

coeficiente dominante (págs. 505, 576) Coeficiente del primer término de un polinomio escrito en forma usual.

combinación lineal (pág. 411) Ecuación que se obtiene al sumar una de dos ecuaciones (o un múltiplo de una de las ecuaciones) a la otra ecuación de un sistema lineal.

completar el cuadrado (pág. 730) Proceso de volver a escribir una ecuación cuadrática de modo que un lado sea un trinomio cuadrado perfecto.

conclusión (págs. 187, 739) Parte del "entonces" de un enunciado si-entonces. En el enunciado "Si p, entonces q," la conclusión es q.

conjetura (pág. 759) Enunciado que se considera verdadero, pero que no ha sido probado. Es a menudo un enunciado basado en la observación.

conjugados (pág. 717) Las expresiones $\left(a + \sqrt{b}\right)$ y $\left(a - \sqrt{b}\right)$ son conjugados una de la otra.

conjunto cerrado (pág. 113) Un conjunto de números es cerrado bajo una operación si al aplicar la operación a dos números cualesquiera del conjunto, da otro número del conjunto. Se dice que tal conjunto cumple la propiedad de clausura.

constante de variación (pág. 234) Constante de un modelo de variación. Representada por la variable k. *Ver también* variación directa y variación inversa.

contraejemplo (pág. 66) Ejemplo usado para mostrar que un enunciado dado es falso.

coordenada x (pág. 203) Primer número de un par ordenado. *Ver también* par ordenado y marcar un punto.

coordenada y (pág. 203) Segundo número de un par ordenado. *Ver también* par ordenado y marcar un punto.

correlación (pág. 295) Relación entre dos conjuntos de datos.

Correlación positiva   **Correlación negativa**   **Relativamente sin correlación**

coseno (pág. 752) Ver razón trigonométrica.

crecimiento exponencial (pág. 477) Cantidad que aumenta en el mismo porcentaje en cada unidad de tiempo t, donde C es la cantidad inicial.

Modelo de crecimiento exponencial: $y = C(1 + r)^t$

cuadrado perfecto (pág. 504) Números cuyas raíces cuadradas son enteros o cocientes de enteros.

cuadrante (pág. 203) Una de las cuatro partes en que los ejes dividen el plano de coordenadas. *Ver también* plano de coordenadas.

cuartiles (pág. 375) Tres números que separan en cuatro partes un conjunto de datos.

- El *primer cuartil* es la mediana de la mitad inferior de los datos.
- El *segundo cuartil* (o mediana) separa los datos en dos mitades: los números que están bajo la mediana y los números que están sobre la mediana.
- El *tercer cuartil* es la mediana de la mitad superior de los datos.

D

datos (pág. 40) Información, hechos o números usados para describir algo.

desigualdad (pág. 26) Enunciado que se forma al poner un símbolo de desigualdad entre dos expresiones.

desigualdad compuesta (pág. 346) Dos desigualdades relacionadas por *y* ú *o*.

desigualdad cuadrática (pág. 548) Desigualdad que se puede escribir como sigue:

$$y < ax^2 + bx + c \qquad y \le ax^2 + bx + c$$
$$y > ax^2 + bx + c \qquad y \ge ax^2 + bx + c$$

desigualdad lineal en *x* e *y* (pág. 360) Desigualdad que se puede escribir como sigue:

$$ax + by < c \qquad ax + by \le c$$
$$ax + by > c \qquad ax + by \ge c$$

desigualdades equivalentes (pág. 335) Desigualdades con la(s) misma(s) solución(es).

diagrama de dispersión (pág. 204) Gráfica de pares de números que representa situaciones de la vida real. Es una forma de analizar la relación entre dos cantidades.

diagrama de tallo y hojas (pág. 368) Agrupación de dígitos usada para mostrar y ordenar datos numéricos.

discriminante (pág. 541) Expresión $b^2 - 4ac$ donde a, b, y c son coeficientes de la ecuación cuadrática $ax^2 + bx + c = 0$.

disminución exponencial (pág. 484) Cantidad que disminuye en el mismo porcentaje en cada unidad de tiempo t, donde C es la cantidad inicial.

Modelo de disminución exponencial: $y = C(1 - r)^t$

dominio de una función (pág. 47) Conjunto de todos los valores de entrada.

E

ecuación (pág. 24) Enunciado formado al poner un signo igual entre dos expresiones.

ecuación cuadrática en forma normal (pág. 505) Ecuación escrita de la forma $ax^2 + bx + c = 0$, donde $a \ne 0$.

Ecuación de punto y pendiente (pág. 300) Ecuación de una recta no vertical $y - y_1 = m(x - x_1)$ que pasa por un punto dado (x_1, y_1) con una pendiente m.

ecuación lineal de una variable (pág. 133) Ecuación en que la variable está elevada a la primera potencia y no aparece en un denominador, ni dentro de un signo de raíz cuadrada, ni dentro de un signo de valor absoluto.

ecuación racional (pág. 690) Ecuación que contiene expresiones racionales.

ecuaciones equivalentes (pág. 132) Ecuaciones con igual solución que la ecuación original.

eje de simetría de una parábola (pág. 518) Recta que pasa por el vértice que divide la parábola en dos partes simétricas. Cada parte simétrica es un reflejo exacto de la otra. *Ver también* parábola.

eje *x* (pág. 203) Eje horizontal de un plano de coordenadas. *Ver también* plano de coordenadas.

eje *y* (pág. 203) Eje vertical de un plano de coordenadas. *Ver también* plano de coordenadas.

enteros (pág. 63) Conjunto de todos los números .

enteros consecutivos (pág. 149) Enteros que van en orden uno tras otro. Por ejemplo: 4, 5, 6.

entrada (pág. 46) *Ver* función.

entrada o elemento de una matriz (pág. 86) Cada número de la matriz. *Ver también* matriz.

enunciado con variables (pág. 24) Ecuación que contiene una o más variables.

enunciado si-entonces (pág. 187) Enunciado de la forma "Si p, entonces q", donde p es la *hipótesis* y q es la *conclusión*.

error de redondeo (pág. 166) Error producido cuando un resultado decimal es redondeado para entregar una respuesta significativa.

evaluar la expresión (pág. 3) Hallar el valor de una expresión sustituyendo cada variable por un número.

exponente (pág. 9) Número o variable que representa el número de veces que se usa la base como factor. Por ejemplo, en la expresión 4^6, el exponente es 6.

expresión racional (pág. 664) Fracción cuyo numerador, denominador o numerador y denominador son polinomios distintos de cero.

expresión racional simplificada (pág. 664) Una expresión racional está simplificada si el numerador y el denominador no tienen factores comunes (distintos de ± 1).

expresión simplificada (pág. 102) Una expresión está simplificada si no tiene símbolos de agrupamiento y si todos los términos semejantes han sido combinados.

expresión variable (pág. 3) Conjunto de números, variables y operaciones.

extrapolación lineal (pág. 318) Método para estimar las coordenadas de un punto ubicado a la derecha o a la izquierda de todos los puntos dados de los datos.

extremos de una proporción (pág. 643) En la proporción $\frac{a}{b} = \frac{c}{d}$, a y d son los extremos.

F

factor (pág. 777) Números y variables que se multiplican en una expresión. Por ejemplo, 4 y 9 son factores de 36, y 6 y x son factores de $6x$.

factor de crecimiento (pág. 477) Expresión $1 + r$ del modelo de crecimiento exponencial, donde r es la tasa de crecimiento.

factor de disminución (pág. 484) Expresión $1 - r$ del modelo de disminución exponencial, donde r es la tasa de disminución. *Ver también* disminución exponencial.

factor primo (pág. 625) Factor que no es el producto de polinomios con coeficientes enteros.

factorizar completamente un polinomio (pág. 625)
Escribir un polinomio como el producto de:
- factores monomiales
- factores primos de por lo menos dos términos.

factorizar una expresión cuadrática (pág. 604) Escribir una expresión cuadrática como el producto de dos expresiones lineales.

forma de función (pág. 176) Una ecuación en dos variables está escrita en forma de función, si una de sus variables está aislada a un lado de la ecuación. La variable aislada es la salida y es función de la entrada.

forma de pendiente e intercepción (págs. 241, 273)
Ecuación lineal escrita de la forma $y = mx + b$. La pendiente de la recta es m. La intercepción en y es b. *Ver también* pendiente e intercepción en y.

$y = 2x + 3$
La pendiente es 2.
La intercepción en y es 3.

forma factorizada de un polinomio (págs. 597, 625)
Polinomio que se escribe como el producto de dos o más factores primos.

forma normal de una ecuación de recta (pág. 308)
Ecuación lineal de la forma $Ax + By = C$ donde A, B, y C son números reales y A y B no son ambos cero.

forma usual de un polinomio (pág. 576) Polinomio cuyos términos están escritos en orden descendente, de mayor grado a menor grado.

fórmula (pág. 174) Ecuación algebraica que relaciona dos o más cantidades de la vida real.

fórmula cuadrática (pág. 533) Fórmula usada para hallar las soluciones de la ecuación cuadrática $ax^2 + bx + c = 0$, para $a \neq 0$ y $b^2 - 4ac \geq 0$.

$$x = \frac{-b \pm \sqrt{b^2 - 4ac}}{2a}$$

fórmula de distancia (pág. 745) La distancia d entre los puntos (x_1, y_1) y (x_2, y_2) es

$$d = \sqrt{(x_2 - x_1)^2 + (y_2 - y_1)^2}.$$

fórmula del punto medio (pág. 747) El punto medio entre (x_1, y_1) y (x_2, y_2) es $\left(\dfrac{x_1 + x_2}{2}, \dfrac{y_1 + y_2}{2}\right)$.

función (pág. 46) Regla que establece una relación entre dos cantidades, llamadas entrada y salida. Para cada entrada, existe exactamente una salida.

función cuadrática en forma normal (pág. 518) Función escrita de la forma $y = ax^2 + bx + c$, donde $a \neq 0$.

función exponencial (pág. 458) Función de la forma $y = ab^x$, donde $b > 0$ y $b \neq 1$.

función de raíz cuadrada (pág. 709) Función definida por $\sqrt{x}$.

función racional (pág. 692) Función de la forma $f(x) = \dfrac{\text{polinomio}}{\text{polinomio}}.$

G

generalización (pág. 187) Conclusión basada en diversas observaciones.

grado de un polinomio (pág. 576) Grado máximo de los términos del polinomio.

grado de un término (pág. 576) Exponente de la variable del término.

gráfica de barras (pág. 41) Gráfica que organiza un conjunto de datos usando barras horizontales o verticales para mostrar cuántas veces aparece cada dato o número en el conjunto.

gráfica de frecuencias acumuladas (pág. 375)
Representación de datos que divide un conjunto de datos en cuatro partes. La caja representa la mitad de los datos. Los segmentos se extienden hasta los datos mínimo y máximo.

gráfica de una desigualdad cuadrática (pág. 548) Gráfica de todos los pares ordenados (x, y) que son solución de la desigualdad.

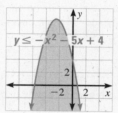

gráfica de una desigualdad lineal de dos variables
(pág. 360) Gráfica de *todos* los pares ordenados (x, y) que son solución de la desigualdad.

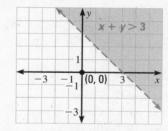

gráfica de una desigualdad lineal de una variable
(pág. 334) Conjunto de *todos* los puntos de una recta numérica que representan todas las soluciones de la desigualdad.

gráfica de una ecuación de dos variables (pág. 210)
Conjunto de *todos* los puntos (x, y) que son solución de la ecuación.

gráfica de una función (pág. 257) Conjunto de *todos* los puntos $(x, f(x))$, donde x pertenece al dominio de la función.

gráfica de un número (pág. 63) Punto que corresponde a un número.

gráfica de un par ordenado (pág. 203) Punto de un plano que corresponde a un par ordenado (x, y).

gráfica de un sistema de desigualdades lineales (pág. 432) Gráfica de todas las soluciones del sistema.

gráfica lineal (pág. 42) Gráfica que usa segmentos de recta para conectar puntos. Es especialmente útil para mostrar cómo cambian los datos en el tiempo.

H

hipérbola (pág. 692)
Gráfica de la función racional
$$f(x) = \frac{a}{x - h} + k,$$
cuyo centro es (h, k).

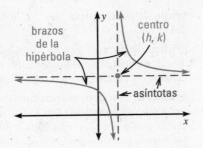

hipotenusa (pág. 738) En un triángulo rectángulo, el lado opuesto al ángulo recto.

hipótesis (págs. 187, 739) La parte "si" de un enunciado del tipo si-entonces. En el enunciado "Si p, entonces q", la hipótesis es p.

I

identidad (pág. 155) Ecuación que se cumple para todos los valores de las variables.

intercepción en x (pág. 218) Coordenada x del punto en que una gráfica corta el eje x.

intercepción en y (pág. 218) Coordenada y del punto en que una gráfica corta el eje y.

interpolación lineal (pág. 318) Método para estimar las coordenadas de un punto ubicado entre dos puntos dados de los datos.

L

líneas paralelas (pág. 242) Dos líneas de un mismo plano que no se cruzan.

líneas perpendiculares (pág. 246) Dos líneas de un mismo plano que no son verticales. La pendiente de una equivale al número inverso negativo de la pendiente de la otra.

Una línea vertical y una línea horizontal de una mismo plano también son perpendiculares.

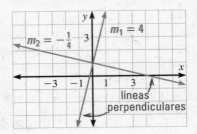

M

marcar un punto (págs. 63, 203)
Dibujar sobre una recta numérica el punto que corresponde a un número. Dibujar sobre un plano de coordenadas el punto que corresponde a un par ordenado de números.

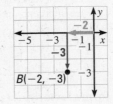

matriz (pág. 86) Agrupación rectangular de números en filas horizontales y columnas verticales.

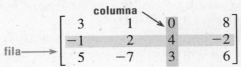

media geométrica (pág. 723) La media geométrica de a y b es $\sqrt{ab}$.

mediana (pág. 369) Número central de un conjunto de n números, en el que los números están escritos en orden numérico. Si n es par, la mediana es el promedio de los dos números centrales.

media o promedio (pág. 369) Suma de n números dividida por n.

medias de una proporción (pág. 643) En la proporción $\frac{a}{b} = \frac{c}{d}$, b y c son las medias.

medida de tendencia central (pág. 369) Número usado para representar un número típico de un conjunto de datos. *Ver también* media, mediana y moda.

método FOIL (p. 585) Método utilizado para multiplicar dos binomios. Consiste en multiplicar los primeros términos (First), los términos exteriores (Outer), los términos interiores (Inner) y los últimos términos (Last).

Por ejemplo, $(x + 4)(2x + 3) = 2x^2 + 3x + 8x + 12$
$$= 2x^2 + 11x + 12$$

mínima expresión de una expresión radical (pág. 512) Expresión que no contiene factores que sean cuadrados perfectos distintos de 1 en el radicando, que no tiene fracciones en el radicando y en la que no aparecen radicales en el denominador de una fracción.

mínimo común denominador, m.c.d. (pág. 677) Mínimo común múltiplo de los denominadores de dos o más fracciones.

moda (pág. 369) Número que ocurre con mayor frecuencia en una colección de *n* números. Un conjunto de datos puede tener más de una moda, o ninguna.

modelar (pág. 33) Escribir expresiones algebraicas, ecuaciones o desigualdades que representan situaciones de la vida real.

modelo cuadrático (pág. 554) Función usada para modelar un conjunto de datos o una situación de la vida real.

$$\text{Modelo cuadrático: } y = ax^2 + bx + c$$

modelo lineal (pág. 274) Función lineal usada para modelar una situación de la vida real. En el modelo lineal $y = mx + b$, *m* es la tasa de cambio y *b* es la cantidad inicial.

modelo matemático (pág. 33) Expresión, ecuación o desigualdad que representa una situación de la vida real.

modelo verbal (pág. 5) Expresión que usa palabras para representar una situación de la vida real.

modelos de desplazamiento vertical (pág. 535) Modelo para la altura de un objeto que se deja caer y modelo para un objeto lanzado hacia abajo o hacia arriba.

monomio (pág. 576) Polinomio de un solo término.

multiplicación escalar (pág. 97) Multiplicación de una matriz por un número real.

Por ejemplo: $3 \begin{bmatrix} 1 & 2 \\ 2 & -1 \end{bmatrix} = \begin{bmatrix} 3 & 6 \\ 6 & -3 \end{bmatrix}$

N

notación científica (pág. 470) Número expresado de la forma $c \times 10^n$, donde $1 \le c < 10$ y *n* es un número entero.

notación de función (pág. 257) Manera de nombrar una función que está definida por una ecuación. En una ecuación en *x* e *y*, el símbolo $f(x)$ reemplaza la *y* y se lee "el valor de *f* en *x*" o simplemente "*f* de *x*."

número base de una ecuación porcentual (pág. 649) Número *con* el cual se compara en cualquier ecuación porcentual. Número *b* del modelo verbal "*a* es el *p* por ciento de *b*".

número irracional (pág. 504) Número que no puede ser expresado como cociente de dos enteros. Por ejemplo, las raíces cuadradas de números que no son cuadrados perfectos son irracionales.

número racional (pág. 664) Número que puede escribirse como cociente de dos enteros.

números negativos (pág. 63) Conjunto de *todos* los números menores que cero. *Ver también* recta de números reales.

números positivos (pág. 63) Conjunto de *todos* los números mayores que cero. *Ver también* recta de números reales.

números reales (pág. 63) Conjunto de números que consta de los números positivos, los números negativos y el cero. *Ver también* recta de números reales.

O

operaciones inversas (pág. 132) Operaciones que se cancelan mutuamente, como la suma y la resta.

opuestos (pág. 65) Dos puntos de una recta numérica que están a igual distancia del origen, pero en lados opuestos de éste.

orden de las operaciones (pág. 16) Reglas establecidas para evaluar una expresión que contiene más de una operación.

origen de una recta numérica (pág. 63) Punto rotulado cero en una recta numérica.

origen de un plano de coordenadas (pág. 203) El punto (0, 0) de un plano de coordenadas en que el eje horizontal interseca el eje vertical. *Ver también* plano de coordenadas.

P

parábola (pág. 518) Gráfica en forma de U de una función cuadrática.

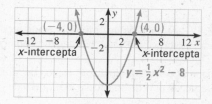

par ordenado (pág. 203) Par de números usados para identificar un punto de un plano. *Ver también* plano de coordenadas.

paso para la solución (pág. 133) Resultado de aplicar una transformación sobre una ecuación al resolverla.

pendiente (pág. 226) Número de unidades por unidad horizontal que sube o baja, de izquierda a derecha, una recta no vertical.

La pendiente es $m = \dfrac{y_2 - y_1}{x_2 - x_1}$.

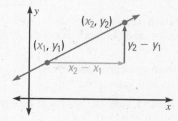

período de tiempo (pág. 477) Variable *t* de los modelos de crecimiento y disminución exponencial. *Ver también* crecimiento exponencial y disminución exponencial.

plano de coordenadas (pág. 203) Plano formado por dos rectas de números reales que se intersecan en ángulo recto.

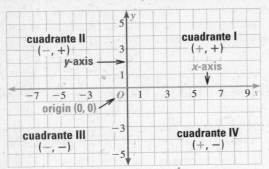

polinomio (pág. 576) Expresión que es la suma de términos de la forma ax^k donde k es un entero no negativo.

porcentaje de aumento (pág. 477) La expresión $100r$ representa el porcentaje de aumento, donde r es la tasa de crecimiento del modelo exponencial de crecimiento.

porcentaje de disminución (pág. 484) La expresión $100r$ representa el porcentaje de disminución, donde r es la tasa de disminución del modelo exponencial de disminución.

postulado (pág. 758) Las propiedades básicas de las matemáticas que los matemáticos aceptan sin necesidad de prueba.

potencia (pág. 9) Resultado de una multiplicación repetida. Por ejemplo, en la expresión $4^2 = 16$, la segunda potencia de 4 es 16.

probabilidad de ocurrencia (pág. 116) Razón del número de maneras en que puede ocurrir un suceso al número de maneras en que no puede ocurrir el suceso.

probabilidad de un suceso (pág. 114) Medida de la posibilidad de que un suceso ocurra por azar. Es un número entre 0 y 1, inclusive.

probabilidad experimental (pág. 115) Probabilidad basada en las repeticiones de un experimento.

probabilidad geométrica (pág. 666) La probabilidad P de que un objeto se lance sobre la Región A y caiga en la Región B, donde la Región B está contenida en la Región A es
$$P = \frac{\text{Área de la región}}{\text{Área de la región}}.$$

probabilidad teórica (pág. 114) Tipo de probabilidad basado en el número de casos favorables dividido entre el número total de casos.

propiedad del producto cero (pág. 597) Si a y b son números reales y $ab = 0$, entonces $a = 0$ o $b = 0$.

propiedad distributiva (pág. 100) Producto de a por: $(b + c)$: $a(b + c) = ab + ac$ o $(b + c)a = ba + ca$. El producto de a por $(b - c)$: $a(b - c) = ab - ac$ o $(b - c)a = ba - ca$.

propiedades de la igualdad (pág. 139) Reglas del álgebra usadas para transformar ecuaciones en ecuaciones equivalentes.

proporción (pág. 643) Ecuación que muestra que dos razones son iguales.

Por ejemplo, $\frac{a}{b} = \frac{c}{d}$, donde a, b, c, y d son números reales distintos de cero.

prueba indirecta (pág. 760) Tipo de prueba en que primero se asume que el enunciado es falso. Si este supuesto conduce a algo imposible, entonces se prueba que el enunciado original es verdadero.

punto medio entre dos puntos (pág. 747) El punto medio de un segmento de recta que los une.

R

radicando (pág. 503) Número o expresión ubicada dentro de un símbolo de radical.

raíces de una ecuación cuadrática (pág. 526) Soluciones de $ax^2 + bx + c = 0$.

raíz cuadrada (pág. 503) Si $b^2 = a$, entonces b es una raíz cuadrada de a. Las raíces cuadradas se escriben con un símbolo radical $\sqrt{}$.

raíz cuadrada negativa (pág. 503) Una de las dos raíces cuadradas de un número real positivo.

raíz cuadrada positiva o raíz cuadrada principal (pág. 503) Una de las dos raíces cuadradas de un número real positivo.

rango de una función (pág. 47) Conjunto de todos los valores de salida.

razón de a a b (pág. 140) Relación $\frac{a}{b}$ de dos cantidades a y b que se miden en la misma unidad.

razón trigonométrica (pág. 752) Razón de las longitudes de dos lados de un triángulo rectángulo. Por ejemplo:

$$\text{sen } A = \frac{\text{cateto opuesto } \angle A}{\text{hipotenusa}}$$

$$\cos A = \frac{\text{cateto adyacente a } \angle A}{\text{hipotenusa}}$$

$$\tan A = \frac{\text{cateto opuesto } \angle A}{\text{cateto adyacente a } \angle A}$$

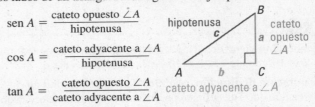

razonamiento deductivo (pág. 187) Razonamiento en que se llega a una conclusión basándose en hechos, definiciones, reglas o propiedades.

razonamiento inductivo (pág. 187) Forma de razonamiento en que se llega a una conclusión basada en diversas observaciones.

recíproco (pág. 108) Si $\frac{a}{b}$ es un número distinto de cero, entonces su recíproco es $\frac{b}{a}$. El producto de un número por su recíproco es 1.

recíproco de un enunciado (pág. 739) Enunciado relacionado en que se intercambian la hipótesis y la conclusión. El recíproco del enunciado "Si p, entonces q" es "Si q, entonces p".

recta de números reales (pág. 63) Recta que representa números reales como puntos.

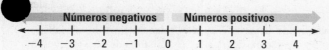

recta que mejor se aproxima (pág. 292) Recta que mejor corresponde a los puntos de los datos de un diagrama de dispersión.

rectas paralelas (pág. 242) Dos rectas diferentes ubicadas en el mismo plano que no se intersecan.

rectas perpendiculares (pág. 246) Dos rectas no verticales ubicadas en el mismo plano, tales que la pendiente de una recta es el recíproco negativo de la pendiente de la otra.

También son perpendiculares una recta vertical y una recta horizontal ubicadas en un mismo plano.

rectas secantes (pág. 426) Dos rectas que tienen exactamente un punto en común.

relación (pág. 256) Cualquier conjunto de pares ordenados (x, y).

resolver una ecuación (pág. 25) Hallar todas las soluciones de una ecuación.

resolver un triángulo rectángulo (pág. 753) Hallar las longitudes de los otros dos lados de un triángulo rectángulo, dada la medida de un ángulo agudo y la longitud de un lado del triángulo rectángulo.

salida (pág. 46) *Ver* función.

semiplano (pág. 360) En un plano de coordenadas, región ubicada a cualquiera de los dos lados de una recta frontera.

seno (pág. 752) *Ver* razón trigonométrica.

símbolos de agrupamiento (pág. 10) Símbolos, como los paréntesis ( ) o los corchetes [ ], que indican el orden en que se deberían realizar las operaciones. Se realizan primero las operaciones que están dentro del conjunto de símbolos de agrupamiento ubicado más al interior.

sistema de desigualdades lineales (pág. 432) Dos o más desigualdades lineales en las mismas variables. También se conoce como sistema de desigualdades.

sistema de ecuaciones lineales (pág. 398) Dos o más ecuaciones lineales en las mismas variables. También se conoce como sistema lineal.

solución de una desigualdad (pág. 26) Número que, al sustituir la variable de una desigualdad por él, hace que sea un enunciado verdadero.

solución de una desigualdad lineal (pág. 360) Un par ordenado (x, y) es solución de una desigualdad lineal si la desigualdad se cumple cuando los valores de x e y se sustituyen en la desigualdad.

solución de una ecuación (pág. 24) Número que, al sustituir la variable de una ecuación por él, hace que el enunciado sea verdadero.

solución de una ecuación lineal (pág. 210) Un par ordenado (x, y) es solución de una ecuación lineal si la ecuación se cumple cuando los valores de x e y se sustituyen en la ecuación.

solución de un sistema de desigualdades lineales (pág. 432) Par ordenado (x, y) que es solución de cada desigualdad del sistema.

solución de un sistema de ecuaciones lineales de dos variables (pág. 398) Par ordenado (x, y) que satisface cada ecuación del sistema.

solución que no pertenece (págs. 644, 723) Solución de prueba que no satisface la ecuación original.

suceso (pág. 114) Una colección de casos.

T

tabla de entrada-salida (pág. 46) Tabla usada para describir una función haciendo una lista de entradas y salidas.

tangente (pág. 752) *Ver* razón trigonométrica.

tasa de a por b (pág. 180) Relación $\frac{a}{b}$ de dos cantidades a y b que se miden en unidades diferentes.

tasa de cambio (pág. 229) Comparación de dos cantidades diferentes que están cambiando. La pendiente es una buena forma de visualizar una tasa de cambio.

tasa de crecimiento (pág. 477) Variable r del modelo de crecimiento exponencial. *Ver también* crecimiento exponencial.

tasa de disminución (pág. 484) Variable r del modelo de disminución exponencial. *Ver también* disminución exponencial.

tasa por unidad (pág. 180) Tasa por una unidad dada.

teorema (págs. 738, 759) Enunciado que puede probarse verdadero.

teorema de Pitágoras (pág. 738) Si un triángulo es un triángulo rectángulo, entonces la suma de los cuadrados de las longitudes de los catetos a y b es igual al cuadrado de la longitud de la hipotenusa c.

$$a^2 + b^2 = c^2$$

términos constantes (pág. 102) Términos sin factores variables. Por ejemplo, en $x + 2 - 5x - 4$, los términos constantes son 2 y -4.

términos de una expresión (pág. 80) Partes sumadas de una expresión. Por ejemplo, en la expresión $5 - x$, los términos son 5 y $-x$.

términos semejantes (pág. 102) Términos que tienen la misma variable elevada a igual potencia.

transformar una ecuación (pág. 132) Convertir una ecuación en una ecuación equivalente.

triángulos semejantes (pág. 140) Dos triángulos son semejantes si sus ángulos correspondientes son iguales. Se puede mostrar que esto es equivalente a las razones de las longitudes de los lados correspondientes que son iguales.

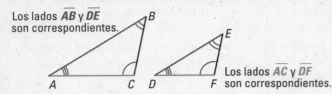

Los lados $\overline{AB}$ y $\overline{DE}$ son correspondientes.

Los lados $\overline{AC}$ y $\overline{DF}$ son correspondientes.

trinomio (pág. 576) Polinomio de tres términos.

V

valor absoluto (pág. 65) Distancia entre el origen y el punto que representa el número real. El símbolo $|a|$ representa el valor absoluto de un número a.

valores (pág. 3) Los números representados por variables.

variable (pág. 3) Letra usada para representar uno o más números.

variación directa (págs. 234, 656) Relación entre dos variables x e y cuando existe un número k distinto de cero tal que $y = kx$, o $\frac{y}{x} = k$. Las variables x e y *varían directament*...

variación inversa (pág. 656) Relación entre dos variables x e y cuando existe un número k distinto de cero tal que $xy = k$, o $y = \frac{k}{x}$. Las variables x e y *varían inversamente*.

velocidad (pág. 66) Rapidez y dirección con que se desplaza un objeto (hacia arriba es positiva y hacia abajo es negativa). La rapidez de un objeto es el valor absoluto de su velocidad.

vértice de una parábola (pág. 518) Punto más bajo de una parábola que se abre hacia arriba o punto más alto de una parábola que se abre hacia abajo. *Ver también* parábola.

ANSWERS

Chapter 1

Lesson 1.1

1. 14   **2.** 5   **3.** 4   **4.** 8   **5.** 9   **6.** 24

7. $10   **8.** $4.90   **9.** 4.5 hours

10. 350 miles per hour

Lesson 1.2

1. 1000   **2.** 32   **3.** 25   **4.** 1296   **5.** 729

6. 243   **7.** 343   **8.** 133   **9.** 20   **10.** 100

11. 100 ft^2 **12.** 216 in.^{3} **13.** 27.04 cm^2

14. 42.875 ft^3

Lesson 1.3

1. 16   **2.** 8   **3.** 11   **4.** 15   **5.** 8   **6.** 5

7. 3   **8.** 36   **9.** 9   **10.** $157

Quiz 1

1. 60   **2.** 40   **3.** 54 mi/h   **4.** 625   **5.** 512

6. 4.096 ft^3 **7.** 18   **8.** 333   **9.** 44

Lesson 1.4

1. 3 is not a solution.   **2.** 3 is not a solution.

3. 2 is not a solution.   **4.** 12 is a solution.

5. 5 is not a solution.   **6.** 3 is a solution.

7. 5 is not a solution.   **8.** 3 is not a solution.

9. 2 is a solution.

10. What number plus 7 gives 21? The number is 14.

11. One more than three times what number gives 19? The number is 6.

12. What number minus 12 gives 10? The number is 22.

13. What number divided by 3 gives 11? The number is 33.

14. Seven less than 4 times what number gives 9? The number is 4.

15. What number divided by 2 gives 4? The number is 8.

Lesson 1.5

1. $\frac{1}{2}x - 8$ **2.** $x - 5$ **3.** $10x$

4. $7^2 + x$ **5.** $\frac{x}{16}$ **6.** $x - 2$

7. a.

Price per hat	·	Number of hats	=	Total receipts

b. Price per hat = 8   (dollars)
Number of hats = n (hats)
Total receipts = 2480   (dollars)
$8n = 2480$

c. 310 hats

8. a.

Cost per person	·	Number of persons	=	Total cost

b. Cost per person = 7.50   (dollars)
Number of persons = 3   (persons)
Total cost = n (dollars)
$7.50(3) = n$

c. $22.50

Quiz 2

1. no; $24 \neq 16$ **2.** yes; $67 \geq 65$

3. *Sample answer*: The product of what number and 3 can be added to 2 to get 14?

4. $4x - 7$ **5.** $500 \cdot \frac{p}{100} \cdot t < 25$

6. $20s = 600$

Lesson 1.6

1. 1990–1995   **2.** 1970–1975

3. 1985–1990

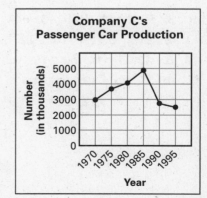

Lesson 1.6 *continued*

4. 1980–1985

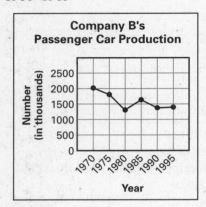

Company B's
Passenger Car Production

Lesson 1.7

1. The table represents a function. For each input, there is exactly one output.

2. The table does not represent a function. For the input value 2, there are two output values, not one.

3.

Input x	Output y
0	5
1	4
2	3
3	2

4.

Input x	Output y
0	−1
1	3
2	7
3	11

5.

Input x	Output y
0	2
1	1
2	0
3	−1

6. $C = 1.5 + 4p$

7. $C = 3 + 2.50p$

Chapter Test A

1. 3 **2.** 144.9 **3.** $5.25 **4.** 18 ft **5.** 64

6. 125 **7.** 243 **8.** 216 **9.** 19 **10.** 512

11. 798 cm^3 **12.** 6 **13.** 5 **14.** no **15.** yes

16. yes **17.** no **18.** $8 + x$ **19.** $x - 10$

20. $3 + x = 10$ **21.** $4 > 6t$ **22.** $d = \frac{3}{2} + p$

23. $4s \geq 70 + 5$

24.

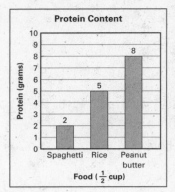

Protein Content

25.

Input	Output
0	2
1	9
2	16
3	23

26.

Input	Output
0	12
1	9
2	6
3	3

Chapter Test B

1. 26.35 **2.** 8.4 **3.** 4 hours **4.** 336 ft^2

5. 81 **6.** 20,736 **7.** 253 **8.** 56 **9.** 86

10. 256 **11.** 11,616 in.^{3} **12.** 25 **13.** 108

14. 18 **15.** 0 **16.** no **17.** no **18.** 1.5%

19. $x + \frac{1}{2}$ **20.** $\frac{2}{3}x$ **21.** $2^3 = 8$ **22.** $400 \leq 32p$

23.

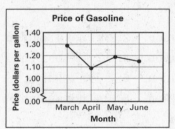

Price of Gasoline

24.

Input	Output
1	5.1
1.5	7.6
2	11.1
3	21.1

25.

Input	Output
1	5.5
1.5	3.5
2	2.5
3	1.5

Chapter Test C

1. $\frac{5}{4}$ **2.** $\frac{11}{16}$ **3.** 60 mi/h **4.** 20.5 ft^3 **5.** 0

6. 47 **7.** 1 **8.** 7776 **9.** 3,125,000 ft^3

10. 5 **11.** 23 **12.** yes **13.** yes **14.** 2%

15. $\frac{x}{11} \leq 57$ **16.** $27 > (x - 5) + 12$

Answers

Chapter Test C *continued*

17. $C = p + (0.06p)$ **18.** $A = \frac{1}{2}bh$

19.

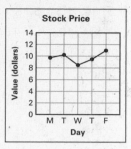

20.

Input	Output
0.6	0.29
1	1.25
1.6	3.59
2	5.75

21.

Input	Output
0.6	4.95
1	5.75
1.6	6.95
2	7.75

SAT/ACT Chapter Test

1. C **2.** A **3.** B **4.** B **5.** C **6.** D
7. A **8.** A **9.** B **10.** C

Alternative Assessment

1. a–c. Complete answers should include these points.

a.
$6 + 3^2 \div 3 - 5 = 6 + 9 \div 3 - 5$ Evaluate power.
$= 6 + 3 - 5$ Complete the division.
$= 9 - 5$ Add and subtract from left to right.
$= 4$ Subtract.

Andrés is correct, since he used the order of operations.

b. • Explain order of operations. Do operations that occur within grouping symbols first. Then evaluate powers. Multiply and divide from left to right. Finally, add and subtract from left to right.

• Explain that it is important to have an established order of operations for there to be consistency within mathematics.

c. • Explain that the calculator was not programmed with the established order of operations and completed all calculations from left to right.

• Explain that Susana should be sure to enter each computation separately using the order of operations herself, using parentheses if needed.

2. a. (*i*) $1 + 3x = 10$; $x = 3$; Pamela will purchase exactly 3 tickets.

(*ii*) $1 + 3x \le 10$; $x \le 3$; Daniel will purchase 3 tickets or fewer.

(*iii*) $1 + 3x < 10$; $x < 3$; David will purchase fewer than 3 tickets.

b. 3 rides for Pamela and Daniel, 2 rides for David

3. a. The number of rides for both can be less than 3, but for Daniel it can also be equal to 3. The key words are *$10 or less* and *less than $10;* they change the meaning of the inequality.

b. No; Daniel may take 3 or fewer rides; Pamela must take 3.

4. Answers may vary. *Sample answer:* Rita can spend either more than $10 or at least $10.

Chapter 2

Lesson 2.1

1.
$-7 < -4, \; -4 > -7$

2.
$-2.8 < -2.3, \; -2.3 > -2.8$

3.
$-6 < 5, \; 5 > -6$

4. $-3, -2.5, -1.5, 2, 4.5$

5. $-2, -\frac{5}{4}, -\frac{3}{4}, \frac{1}{4}, 1$ **6.** $1.7, 1.7$

7. $-4.2, 4.2$ **8.** $5, 5$

9. The speed is 150 miles per hour. The velocity is -150 miles per hour.

10. The speed is 17 feet per second. The velocity is -17 feet per second.

Answers

Lesson 2.2

1.
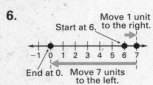

The sum is 2.

2.

The sum is −6.

3.

The sum is 6.

4.

The sum is 4.

5.

The sum is −7.

6.

The sum is 0.

7. commutative property   **8.** identity property

9. associative property   **10.** property of zero

11. Yes, the store made a profit.

$342.60 + (-78.35) + (-127.40) + 457.80 = 594.65$

12. The overall change in the price of a share of the stock is −$0.25.

Lesson 2.3

1. −3 **2.** −12 **3.** −1.5 **4.** 1.5 **5.** 8

6. 12 **7.** 1 **8.** 18 **9.** −13 **10.** 7, −4x

11. −y, −5 **12.** −2a, 1

13.

Week	Amount	Change
1	9	—
2	6.5	−2.5
3	11	4.5
4	14	3

Quiz 1

1. $-7.1, -5.5, -1\frac{1}{3}, \frac{1}{2}, 4$

2. $-6.8 < -6.7$ and $-6.7 > -6.8$

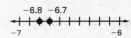

3. −14 **4.** Associative

5. −10 **6.** 20.5 **7.** −114 **8.** $-1\frac{2}{5}$

9.

x	−2	−1	0	1
y	23	22	21	20

Lesson 2.4

1. Law Firm Personnel

	Attorneys	Paralegals
Males	3	4
Females	4	5

2. Car Rental Reservations

	Budget	Luxury
Sedans	26	47
Convertibles	3	8
Sport Utility	5	9

3. $\begin{bmatrix} 5 & -4 \\ 6 & 4 \end{bmatrix}$ **4.** $\begin{bmatrix} -2.5 & 2.5 \\ 5 & 6 \end{bmatrix}$

Lesson 2.5

1. −6 **2.** 7 **3.** −20 **4.** 18 **5.** −40

6. −72 **7.** −5w **8.** $8t^2$ **9.** $-7y^2$

10. −2x **11.** $-4a^3$ **12.** $6s^2$ **13.** −45

14. 5 **15.** −26 **16.** −27 **17.** $384

18. $462.50

Lesson 2.6 *continued*

Lesson 2.6

1. $-3h - h^2$ 2. $-21 - 6y$ 3. $-20q - 28$

4. $-6s + 48$ 5. $-x^2 - x$ 6. $5p - 10$

7. $13x$ 8. $3y$ 9. $t^3 - 4$ 10. $n + 4$

11. $-10a$ 12. $11d - 3$ 13. $-5w - 12$

14. $-4q + 15$ 15. $-9t^2 + 36t - 12$

16. $-x^2 - 14x$ 17. 5 18. $11d^2 + 8d$

Quiz 2

1. No, the matrices do not have the same number of columns.

2. $\begin{bmatrix} 1 & 10 & 5 \\ 2 & 2 & 1 \end{bmatrix}$

3.

	White	Yellow	Blue
Annuals	4	3	7
Perennials	6	8	5

4. 15 5. -50 6. Commutative

7. $7x^2 + 17x$ 8. $55x - 33x^2$

Lesson 2.7

1. -12 2. 4 3. -0.5 4. -8 5. $\frac{1}{15}$

6. -5 7. $-5 + 2y$ 8. $-2 + \dfrac{x}{2}$

9. $-6a - 10$ 10. 1 11. 2 12. 2 13. 9

Lesson 2.8

1. 0.25 2. 0.64 3. $\frac{3}{3} = \frac{1}{1}$ 4. $\frac{2}{7}$ 5. $\frac{2}{4} = \frac{1}{2}$

6. $\dfrac{0.25}{0.75} = \dfrac{1}{3}$ 7. $\dfrac{0.53}{0.47} = \dfrac{53}{47}$

Chapter Test A

1. -3.4, 4.5

2. $-2\frac{1}{3}$, $\frac{1}{3}$

3. $-3.45, -3.42, 0.99, 1.99, 2.01$

4. $-2.25, 1\frac{2}{5}, 1\frac{7}{10}, 2.15, 2\frac{1}{2}$ 5. 4.1 6. -9.5

7. 5 8. -16.6 9. 12 10. 0

11. yes; $\$2850.34$ 12. 6 13. 18 14. 2

15. 4 16. $\frac{1}{4}$ 17. $\frac{1}{3}$ 18. no 19. no

20. $\begin{bmatrix} 11 & -11 \\ -1 & -1 \end{bmatrix}$ 21. $\begin{bmatrix} -1 & -3 \\ -2 & 1 \end{bmatrix}$

22. 28 23. 3 24. 60 25. -13 26. $4x$

27. $2y^2$ 28. $7x - 35$ 29. $12 - 4x$

30. $6 - 12x$ 31. $-10 + 7x$ 32. $-9 - 5y$

33. $2x + 5$ 34. $320x$ 35. $\dfrac{2c}{5}$ 36. $4x + 3$

37. $2x + 3$ 38. $\frac{3}{7}$ 39. 0.25 40. $6x$

Chapter Test B

1. -0.6, 2.1

2. $-\frac{4}{9}$, $\frac{3}{10}$

3. $-2.4, -1.6, 1.5, 2.1, 3.3$

4. $-1.25, -1\frac{2}{9}, -1\frac{1}{5}, 2.5, 2\frac{5}{9}$

5. -2.3 6. -11

7. 3.4 8. 10.3 9. 39.73 10. 7

11. yes; $\$1411.29$ 12. -3 13. -22 14. 28

15. 5 16. $\frac{5}{2}$ 17. $\frac{9}{5}$

18. $\begin{bmatrix} -15 & -10 & 3 \\ 21 & -25 & 4 \\ -12 & -2 & 1 \end{bmatrix}$ 19. $\begin{bmatrix} 5 & 16 \\ 14 & 2 \\ -2 & 14 \end{bmatrix}$

20. $a = -10, b = 4, c = -19, d = 22$

21. $a = 12, b = 3, c = 3, d = 5$

22. -693 23. -2.7 24. -54 25. -40

26. $4x^3$ 27. $120x^2$ 28. $x^2 - 4x$

29. $-4t^2 - 8t$ 30. $4b^2 - b^4$ 31. $-c^3 - 3c^4$

32. $6y^2 + 5y$ 33. $-x^3 + 8x^2$ 34. $\dfrac{7y}{2}$

35. $-\dfrac{x^2}{24}$ 36. $-2x + \dfrac{3}{5}$ 37. $\dfrac{17x}{2} - 3$

38. 7 to 3 39. 0.125 40. $\dfrac{11x}{4}$

Chapter Test C

1. -2.75, 6.3

2. $-1\frac{8}{9}$, $\frac{6}{10}$

3. $-1.5, -1.1, 0.1, 1.99, 3.6$

Answers

4. $-2\frac{2}{7}, -2\frac{1}{5}, -2.15, 3\frac{4}{9}, 3.5$ **5.** $\frac{2}{15}$ **6.** 6.3

7. -6.9 **8.** -24.4 **9.** 129 **10.** $1\frac{1}{2}$

11. yes; \$6860.15 **12.** -2.8 **13.** 35

14. -13 **15.** $\frac{3}{2}$ **16.** $\frac{1}{4}$ **17.** $\frac{11}{2}$

18. $\begin{bmatrix} -2.1 & -3.2 \\ 18.4 & -8.2 \\ 1 & 24 \end{bmatrix}$ **19.** $\begin{bmatrix} 2.3 & -4 \\ 14 & 8 \end{bmatrix}$

20. $a = 5, b = 1, c = -2, d = 6$ **21.** $\frac{32}{45}$

22. 87 **23.** -1 **24.** 56 **25.** $-12c^4 + 18c^3$

26. $30d^4 + 60d^5$ **27.** $-3x^3 - 3x^4$

28. $-29y^3 + 38y^2$ **29.** $\frac{18m^2}{n}$ **30.** $\frac{75x}{2}$

31. $4x - \frac{9}{4}$ **32.** $4 + \frac{x}{2}$ **33.** 6 to 5 **34.** 0.6

35. $\frac{3x^2}{4}$

SAT/ACT Chapter Test

1. D **2.** A **3.** B **4.** C **5.** B **6.** A

7. C **8.** D **9.** B **10.** A

Alternative Assessment

1. Complete answers should address these points:
 a. • answers: $-4, -8, -16, -32, -64, 4,$
 $4, -8, 16, -32, 64.$ • Work includes the
 expanded expression, for example:
 $-2^2 = -(2 \cdot 2) = -4$
 $(-2)^2 = (-2) \cdot (-2) = 4$
 • Explain how you know the sign of the
 answer: A product is negative if it has an *odd*
 number of negative factors. A product is
 positive if it has an *even* number of negative
 factors. **b.** Explain that if a is positive, then
 a^n is positive. If a is negative, then a^n is positive if n is even and a^n is negative if n is odd. If
 a is zero, then $a^n = 0$.

2. a. *Sample answer:* The set of integers consists
 of the set of whole numbers and their
 opposites, and zero. **b.** Result should be
 15 more than the original number. **c.** Result
 should be 15 more than the original number.
 d. 55 **e.** The expression simplifies to
 $x + 15$. The answer will always be 15 more
 than the original number. Your teacher
 subtracts fifteen to find the original number.

 f. Answers may vary.

3. Expression is $-((x - 8) \cdot 2) - 17 + 4x +$
 (-4), which simplifies to $2x - 5$. Your
 teacher should add five to the student's answer
 and then divide by two to obtain the original
 number.

4. Answers may vary. The expression must
 simplify to a constant.

Chapter 3

Lesson 3.1

1. 15 **2.** -1 **3.** 13 **4.** -9 **5.** 16 **6.** -6

7. -7 **8.** 9 **9.** 14 **10.** \$275

Lesson 3.2

1. $-\frac{1}{2}$ **2.** $\frac{1}{6}$ **3.** 7 **4.** -12 **5.** 21 **6.** 18

7. $s(2.5) = 800$; 320 miles per hour

8. $340t = 1530$; 4.5 hours

Lesson 3.3

1. -2 **2.** 1 **3.** 24 **4.** 2 **5.** -4 **6.** 2.5

7. $3 + 1.5n = 12$; 6 **8.** $6 + 2.5h = 16$; 4

Quiz 1

1. -8 **2.** -39 **3.** $\frac{1}{3}$ **4.** 42 **5.** 4 **6.** -15

7. 12 cm

Lesson 3.4

1. 0.5 **2.** -2 **3.** -1 **4.** no solution

5. All values of f are solutions. **6.** -0.5

7. 40 **8.** 55

Lesson 3.5

1. 2.75 in. **2.** $3x = 9$ hours

Lesson 3.6

1. 3.21 **2.** 0.03 **3.** 6.44 **4.** -19.37

5. $58 + 32x = 34x - 167$; 112.5

6. $-83y + 17 = 72y$; 0.11 **7.** \$13.91

8. \$11.66

Chapter 3 *continued*

Quiz 2

1. -2 **2.** 11 **3.** $\frac{1}{2}$

4. a. $120 + 4x = 8(10 + x)$ **b.** Plan A: $10 per month; Plan B: $20 per month **5.** $0.06
6. 3.52

Lesson 3.7

1. $h = \dfrac{2A}{b}$ **2.** $r = \dfrac{C}{2\pi}$ **3.** $P = \dfrac{I}{rt}$ **4.** $r = \dfrac{I}{Pt}$

5. $y = 7x + 8$; -6; 1; 8; 15

6. $y = 0.5x + 2$; 1; 1.5; 2; 2.5

7. $y = 5x + 1$; -9; -4; 1; 6

Lesson 3.8

1. about 284 marks **2.** about 2665 schillings
3. about 190 **4.** about 310 **5.** 8% **6.** 19%

Chapter Test A

1. 25 **2.** -25 **3.** $26 **4.** yes **5.** no
6. -2 **7.** 28 **8.** $28.75 each week
9. 128 **10.** 3 **11.** $138, 139, 140$ **12.** 2
13. 2 **14.** at least 50 hours **15.** 136 pixels
16. $-32.1, -32.06$ **17.** $-37.7, -37.69$
18. 3.13 **19.** 5.86 **20.** -4.33 **21.** 11.44
22. $62x + 45 = 38x + 79$
23. $4603y - 1842 = -3651y$

24. $b_1 = \dfrac{2A}{h} - b_2$ **25.** $t = \dfrac{I}{Pr}$

26. $y = 13 - 7x$ **27.** $y = 3 - \frac{3}{5}x$

28. $20, 13, -1$ **29.** $\frac{18}{5}, 3, \frac{9}{5}$

30. 2 tablespoons per serving
31. about $.92 per slice
32. 5 tablespoons **33.** 45%

Chapter Test B

1. 7 **2.** 16 **3.** $22 **4.** no **5.** yes **6.** 32
7. 35 **8.** 6 cm **9.** 5 **10.** 8 **11.** 4 **12.** 8
13. $23, 50, 64$ **14.** all values of x **15.** 5
16. at least 25 days **17.** $-5.7, -5.65$
18. $41.7, 41.68$ **19.** 1.07 **20.** -13.54
21. $415x + 301 = 1090x + 129$

22. $1596y - 3080 = 900y$ **23.** $h = \dfrac{3V}{\pi r^2}$
24. $C = \frac{5}{9}(F - 32)$ **25.** $y = 3x - 6$
26. $y = -2x - 5$ **27.** $-9, -6, 0$
28. $-3, -5, -9$ **29.** 32 ounces for $2.40
30. 236.5 kilometers **31.** $333.33

Chapter Test C

1. -10 **2.** -22 **3.** yes **4.** no **5.** $-\frac{37}{6}$
6. 24 **7.** $\frac{3}{2}$ mm **8.** 6 **9.** -2 **10.** 6
11. 0 **12.** $15, 177, 109$ **13.** -5 **14.** $\frac{8}{5}$
15. $2\frac{1}{2}$ hours **16.** $-1.9, -1.89$
17. $-130.2, -130.18$ **18.** -1.63
19. -100.76 **20.** $860x + 109 = 2150x + 1690$
21. $2694y - 21,900 = 80y$

22. $F = \dfrac{9}{5}(K - 273) + 32$ **23.** $r = \dfrac{A - P}{Pt}$

24. $y = \frac{5}{2}x + \frac{7}{2}$ **25.** $y = -\frac{13}{3}x$ **26.** $1, \frac{7}{2}, \frac{17}{2}$

27. $\frac{13}{3}, 0, -\frac{26}{3}$ **28.** 34 ounces for $1.36
29. 472.5 miles **30.** about 243.8 kilometers
31. about 6%

SAT/ACT Chapter Test

1. A **2.** D **3.** C **4.** C **5.** D **6.** D
7. A **8.** B **9.** B **10.** C **11.** D **12.** C

Alternative Assessment

1. Complete answers should include these points:

$7 + \frac{1}{2}(6x + 4) = -2x + 4$ Original equation

$7 + 3x + 2 = -2x + 4$ This step is correct.

$10x + 2 = -2x + 4$ Error: added 7 and $3x$ to get $10x$; incorrect because 7 and $3x$ are not like terms. The correct method is to add like terms 7 and 2, to get $3x + 9$.

$8x + 2 = 4$ Error: incorrect to add $10x$ and $-2x$ because they are on different sides of equation. The correct method is to

Answers

Alternative Assessment *continued*

add $2x$ to *both* sides of the equation.

$8x = 2$ This step is correct.

$x = 4$ Error: did not divide both sides by 8 to isolate the variable. The correct method is to divide *both* sides by 8 to isolate the variable.

2. a. $3350; $2700; Salary Plan 1

  b. $\boxed{\text{total pay}}$ = $\boxed{\text{base pay}}$ +

    $\boxed{\text{percent commission}}$ · $\boxed{\text{sales in a month}}$

  c. $\boxed{\text{total pay}}$ = $\boxed{\text{percent commission}}$ ·

    $\boxed{\text{sales in a month}}$

  d. $2000 + 0.03x = 0.06x$; Answers should include these points: If Ron's sales per month are $66,666 or less, he should choose Plan 1. If his sales per month are greater than $66,667, he should choose Plan 2.

  e. $0.06x = 8000$; With Salary Plan 2 he needs sales of about $133,333 to get $8000.

3. 15 houses under Plan 1; 14 houses under Plan 2

Chapter 4

Lesson 4.1

1.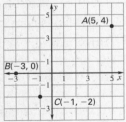

2.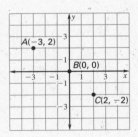

3.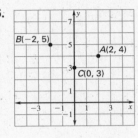

4.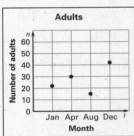

5.

6. (graph)

7.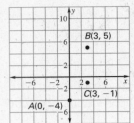

8.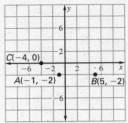

9.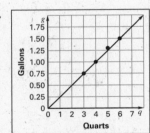

Data is incorrect. Five quarts should be 1.25 gallons.

10.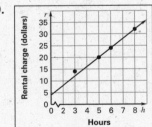

Data is incorrect. Rental charge should be $12 for 3 hours.

Lesson 4.2

  1. $(-4, 0)$ is a solution.

  2. $(2, 1)$ is not a solution.

  3. $(3, 1)$ is a solution.

  4. $(-2, 2)$ is not a solution.

Lesson 4.2 *continued*

5.

Choose x.	−2	−1	0	1	2
Evaluate y.	−10	−7	−4	−1	2

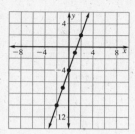

6.

Choose x.	−2	−1	0	1	2
Evaluate y.	0	1	2	3	4

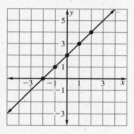

7.

Choose x.	−2	−1	0	1	2
Evaluate y.	9	6	3	0	−3

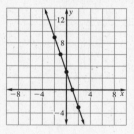

8.

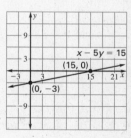

9.

10.

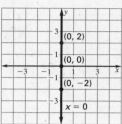

11.

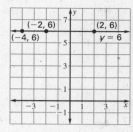

12.

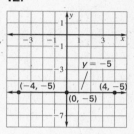

13.

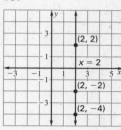

Lesson 4.3

1. 6 **2.** 2 **3.** 2 **4.** −6 **5.** −4 **6.** −3

7. The x-intercept is 6 and the y-intercept is 6.

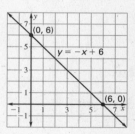

8. The x-intercept is 15 and the y-intercept is −3.

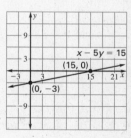

9. The x-intercept is 2 and the y-intercept is 4.

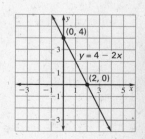

Answers

10. The *x*-intercept is
2 and the *y*-intercept
is −14.

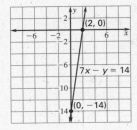

$7x - y = 14$

11. The *x*-intercept is
8 and the *y*-intercept
is 6.

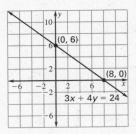

$3x + 4y = 24$

12. The *x*-intercept is
$-\frac{10}{7}$ and the *y*-intercept
is 5.

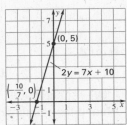

$2y = 7x + 10$

Quiz 1

1.

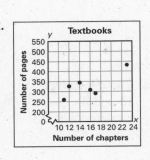

2.

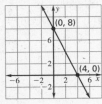

3. Answers may vary. *Sample answer:* $(0, -5)$
and $(1, -2)$ **4.** $y = \frac{1}{2}x - 1$

5. *Sample answers:* $y = 4$ **6.** *x*-intercept, -6;
y-intercept, -3 **7.**

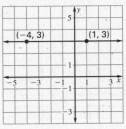

Lesson 4.4

1. $m = \frac{3}{7}$

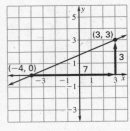

2. $m = \frac{-4}{3} = -\frac{4}{3}$

3. $m = 1$

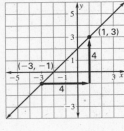

4. The slope is
undefined.

5. The slope is
undefined.

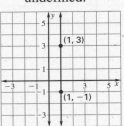

6. The slope is 0.

7. The slope is 0.

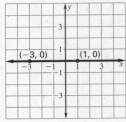

8. The slope is
undefined.

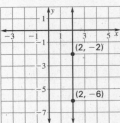

9. The slope is 0.

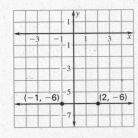

Answers

Lesson 4.4 *continued*

10. The rate of change is $\dfrac{1,731,000}{3} = 577,000$ people per year.

11. The rate of change is $\dfrac{-0.5}{6} \approx -0.08$ million registered motorcycles per year.

Lesson 4.5

1. $y = 5x$ **2.** $y = 0.5x$ **3.** $y = x$

4. $y = -0.2x$ **5.** $y = 2x$ **6.** $y = \dfrac{-x}{3}$

7. $M = 45.6$ **8.** $E \approx 163.2$

9. **a.** $E = \dfrac{160}{139}V$ **b.** $V \approx 169.4$

Lesson 4.6

Slope-intercept form	Slope	y-intercept
1. $y = -3x + 0$	$m = -3$	$b = 0$
2. $y = -x + 5$	$m = -1$	$b = 5$
3. $y = -3x + 5$	$m = -3$	$b = 5$
4. $y = -\frac{1}{3}x + \frac{7}{3}$	$m = -\frac{1}{3}$	$b = \frac{7}{3}$
5. $y = 0x + 2$	$m = 0$	$b = 2$
6. $y = -\frac{1}{4}x + 1$	$m = -\frac{1}{4}$	$b = 1$

7. $y = -3x$ and $3x + y = 5$; they have the same slope, -3.

8. $y = 6x$

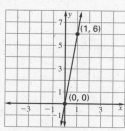

9. $y = -\frac{1}{3}x + 1$

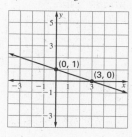

10. $y = -5x + 4$

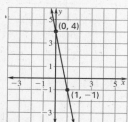

11. $y = -\frac{1}{3}x + 2$

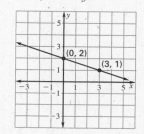

12. $y = -2x + 9$

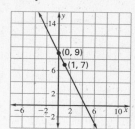

13. $y = -\frac{1}{2}x - 4$

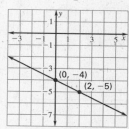

14. **a.** $w = 1.75h + 4$

b. The slope is 1.75 and the y-intercept is 4.

c. The slope represents the hourly rate.

d.

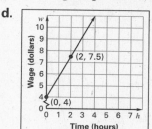

15. **a.** $w = 1.25h + 6$

b. The slope is 1.25 and the y-intercept is 6.

c. The slope represents the hourly rate.

d.

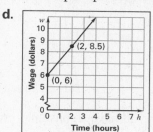

Quiz 2

1. $m = -\frac{1}{2}$ **2.** $y = 7$ **3.** undefined

4. $y = \frac{3}{4}x$

5. constant of variation, $-\frac{1}{2}$; slope $-\frac{1}{2}$.

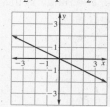

6. $y = x + 10$

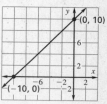

Answers

Quiz 2 *continued*

7. The lines are parallel because they have the same slope; $m = \frac{1}{2}$.

Lesson 4.7

1. 1

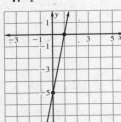

2. −5

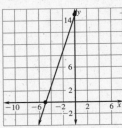

3. −3

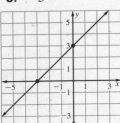

4. −2

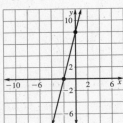

5. 4

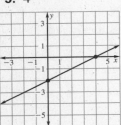

6. 1

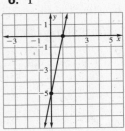

7. The United States will have a consumer price index of 180.4 in the year 2002.

Lesson 4.8

1. The relation is not a function.   **2.** The relation is a function. The domain is the set of input values 1, 2, 3, and 4. The range is the set of output values 1, 4, 9, and 16.   **3.** The relation is a function. The domain is the set of input values 1, 2, 3, and 4. The range is the set of output values 4, 6, and 8.

4. $f(3) = 29; f(0) = 2; f(-2) = -16$

5. $f(3) = 5.5; f(0) = 4; f(-2) = 3$

6. $f(3) = -18; f(0) = 3; f(-2) = 17$

7. $f(t) = 340t; f(1.5) = 510$ miles

8. $f(t) = 380t; f(1.5) = 570$ miles

Chapter Test A

1. $A: (2, 4)$; $B: (3, -2)$; $C: (-2, -3)$; $D: (-2, 1)$
2. $A: (0, 1)$; $B: (2, -3)$; $C: (-4, -1)$; $D: (-3, 3)$
3. Quadrant IV   **4.** Quadrant III
5. Yes, $(2, 7)$ is a solution of the equation.
6. No, $(-3, 10)$ is not a solution of the equation.
7. 7 **8.** $\frac{3}{4}$ **9.** 4 **10.** 4

11.

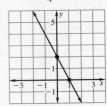

12. $\frac{1}{2}$ **13.** $-\frac{1}{3}$

14. 2 **15.** −1 **16.** $y = 5x$ **17.** $y = -4x$
18. $m = 2$; y-intercept: 5
19. $m = -3$; y-intercept: 5 **20.** $x = \frac{5}{4}$
21. $x = 1$ **22.** Yes, the lines are parallel.
23. No, the lines are not parallel.
24. Yes, the relation is a function.
25. Yes, the relation is a function.

Chapter Test B

1. No, it is not a solution.
2. Yes, it is a solution.
3. *Sample table:*

x	-1	0	1
y	$-\frac{9}{4}$	-2	$-\frac{7}{4}$

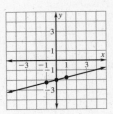

4. *Sample table:*

x	-1	0	1
y	$-\frac{7}{2}$	$-\frac{1}{2}$	$\frac{5}{2}$

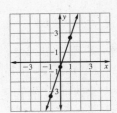

5. 2 **6.** $-\frac{2}{5}$ **7.** $\frac{7}{3}$ **8.** $-\frac{9}{4}$ **9.** $m = -4$
10. $m = \frac{5}{11}$ **11.** 5 **12.** 0
13. Rate of change = \$30,000,000 per year
14. $y = -7x$ **15.** $y = 36x$

Chapter Test B *continued*

16. Yes, the two quantities have direct variation.

17. $y = \frac{3}{2}x - \frac{3}{4}$

18. $y = -\frac{5}{2}x + 5$

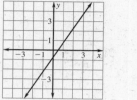

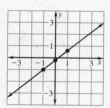

19. $x = \frac{1}{5}$

20. $x = 10$

21. No, the lines are not parallel.

22. Yes, the lines are parallel.

23. $f(3) = \frac{3}{2}; f(0) = 3; f(-2) = 4$

24. $h(3) = 20.5; h(0) = 4; h(-2) = -7$

25. $g(3) = -\frac{29}{8}; g(0) = -4; g(-2) = -\frac{17}{4}$

26. $k(3) = 2; k(0) = 14; k(-2) = 22$

27. $m = 3$

Chapter Test C

1. Yes, it is a solution.

2. No, it is not a solution.

3. *Sample table:*

x	0	1	3
y	$3\frac{1}{2}$	2	-1

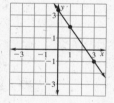

4. *Sample table:*

x	-1	0	1
y	-1	$-\frac{1}{5}$	$\frac{3}{5}$

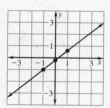

5. $2x + 5y = 400$ **6.** $-\frac{5}{13}$ **7.** -2

8. $-\frac{5}{2}$ **9.** $-\frac{13}{5}$ **10.** $m = \frac{11}{2}$

11. $m = \frac{25}{3}$ **12.** $\frac{24}{5}$ **13.** $-\frac{12}{7}$

14. Rate of change = 320,000 dollars per year

15. $x = 0.05y$

---

16. $y = -\frac{1}{9}x + \frac{1}{2}$

17. $y = \frac{3}{4}x + 2$

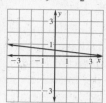

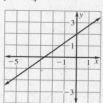

18. $x = -\frac{52}{9}$ **19.** $x = -57$

20. Yes, the lines are parallel.

21. No, the lines are not parallel.

22. $f(4) = 5.6; f(0) = -0.4; f(-3) = -4.9$

23. $h(4) = \frac{13}{6}; h(0) = \frac{2}{3}; h(-3) = -\frac{11}{24}$

24. $g(4) = -51; g(0) = 5; g(-3) = 47$

25. $k(4) = -16.8; k(0) = 3.2; k(-3) = 18.2$

26. $m = \frac{5}{3}$

SAT/ACT Chapter test

1. A **2.** B **3.** D **4.** A **5.** D **6.** C **7.** A
8. B **9.** C

Alternative Assessment

1. a, b. Complete answers should address these points:

a. • Define *y*-intercept.
   • Explain that a graph of $y = x + k$ is $|k|$ units above or below the graph of $y = x$.

b. • Define slope.
   • Explain that a graph of $y = mx, m > 0$, slopes up from left to right and gets steeper as *m* increases.
   • Explain that a graph of $y = mx, m < 0$, slopes down from left to right and gets steeper as *m* increases in absolute value.

2. a. increasing; 50 members per year; each year there were 50 new club members. **b.** 300; in 1985 there were 300 members. **c.** 1999
d. -200 members; *Sample answer:* This does not make sense because there can not be a negative number of people. The club probably was not in existence in 1975. **e.** 1800; *Sample answer:* The result may or may not be reasonable. The prediction is based on a model that ends in 2000, so it may not be very accurate for 2015.

Answers

Alternative Assessment *continued*

f. Find the year when the club had no members; the *t*-intercept; 1979.

3. *Sample answer:* Both clubs had 300 members in 1985, because both graphs have the vertical intercept 300. The club in Exercise 2 is gaining members, because the rate of change is positive. The other club is losing members because the rate of change is negative. Therefore, the club in Exercise 2 is better at attracting members.

Chapter 5

Lesson 5.1

1. $y = -2x + 5$ **2.** $y = x - 4$ **3.** $y = 2$

4. $y = 3x + 6$

5. $C = 50 + 0.30n$

Miles (n)	50	100	200	300
Total charge (C)	65	80	110	140

6. a. $E = 1400 + 30t$ **b.** 1580

Lesson 5.2

1. $y = -2x - 4$ **2.** $y = 4x + 10$

3. $y = -x + 9$ **4.** $y = 4x - 5$

5. $y = x + 3$ **6.** $y = -2x + 1$ **7.** \$12.75

Lesson 5.3

1. $y = x + 5$ **2.** $y = -8x + 7$

3. $y = 3x + 3$ **4.** $y = -\frac{1}{2}x + 5$

5. $y = 3x - 14$ **6.** $y = \frac{1}{4}x + 2$

Quiz 1

1. $y = -3x + 7$ **2.** $y = -\frac{3}{5}x - 3$

3. $y = 4x + 3$ **4.** $y = \frac{2}{3}x - \frac{2}{3}$

5. $y = 2x + 10$ **6.** $y = \frac{1}{4}x + 5$

7. $y = \frac{1}{5}x + 6$

Lesson 5.4

1.

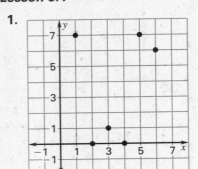

no best-fitting line

2.

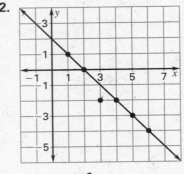

$y = -x + 2$

3. negative correlation **4.** no correlation

Lesson 5.5

1. $y = 2x - 3$ **2.** $y = -3x + 3$

3. $y = -4x$ **4.** 8:50 A.M.

5. $d = -\frac{1}{6}t + 10$

Quiz 2

1, 2. Check graphs. Sample answers are given.

1. $y = \frac{4}{3}x - 2$ **2.** $y = -\frac{2}{3}x + 2$; negative correlation **3.** $y + 7 = \frac{3}{5}(x - 5)$ or $y + 4 = \frac{3}{5}(x - 10)$

4. $y - 4 = \frac{3}{8}(x + 5)$ or $y - 7 = \frac{3}{8}(x - 3)$

5. $y - 1 = \frac{1}{2}(x + 7)$

Lesson 5.6

1. $2x - 3y = 21$ **2.** $2x - y = -8$

3. $x + 4y = 24$ **4.** $2x + y = 6$

5. $3x - y = -10$ **6.** $x + y = 3$

Answers

7.

Peaches (lb), x	0	2	4	8
Blueberries (lb), y	3	2.25	1.5	0

Lesson 5.7

1. not reasonable to be represented by a linear model

2. reasonable to be represented by a linear model

3. a.

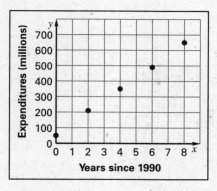

b. *Sample answer:* $y = 75x + 50$

4. *Sample answer:* $125 million

Chapter Test A

1. $y = -5x + 7$ **2.** $y = 10x - 3$

3. $y = x + 1$ **4.** $y = 5x + 5$

5. $y = 70 - 7x$ **6.** $y = -2x + 6$

7. $y = 2x$ **8.** $y = \frac{2}{3}x + \frac{7}{3}$ **9.** $y = \frac{3}{2}x - 2$

10. $y = x - 5$ **11.** $y = 2x + 9$

12. $y = -\frac{3}{5}x - \frac{2}{5}$ **13.** $y = \frac{6}{5}x + \frac{7}{5}$

14. $y = -\frac{1}{2}x + \frac{11}{2}$ **15.** $y + 4 = \frac{4}{3}(x + 3)$ or
$y - 4 = \frac{4}{3}(x - 3)$ **16.** $y + 4 = -\frac{1}{12}(x + 5)$ or
$y + 5 = -\frac{1}{12}(x - 7)$ **17.** $5x - y = -6$

18. $3x + y = 9$ **19.** $x = 3, y = 3$

20. $x = -1, y = 2$ **21.** No **22.** Yes

Chapter Test B

1. $y = -3x + 5$ **2.** $y = 4x$ **3.** $y = \frac{3}{4}x + 3$

4. $y = \frac{2}{3}x - 2$ **5.** $y = 4 + 3x$ **6.** $y = \frac{1}{2}x + \frac{1}{2}$

7. $y = \frac{1}{2}x + \frac{7}{2}$ **8.** $y = \frac{2}{7}x + \frac{13}{7}$

9. $y = -\frac{6}{5}x + \frac{8}{5}$ **10.** $y = -3x + 9$

11. $y = \frac{1}{2}x + \frac{1}{2}$ **12.** $y = -\frac{8}{9}x - \frac{13}{9}$

13. $y = x - \frac{1}{2}$ **14.** $y = \frac{1}{3}x + \frac{5}{3}$

15. $y + 6 = \frac{1}{4}(x - 5)$ or $y + 7 = \frac{1}{4}(x - 1)$

16. $y + 3 = -\frac{12}{7}(x - 6)$ or $y - 9 = -\frac{12}{7}(x + 1)$

17. $2x - 8y = 3$ **18.** $x + 3y = -15$

19. $x = 2, y = 4$ **20.** $x = -5, y = 4$

21. $10x + 15y = 55$ **22.** Yes **23.** No

Chapter Test C

1. $y = -\frac{4}{3}x - 2$ **2.** $y = -5$

3. $y = 150 - 55x$ **4.** $y = \frac{2}{3}x - \frac{23}{3}$

5. $y = -\frac{3}{4}x$ **6.** $y = \frac{1}{3}x - \frac{11}{3}$

7. $y = -\frac{8}{7}x - \frac{11}{7}$ **8.** $y = -4x + 17$

9. $y = -\frac{2}{3}x + \frac{5}{3}$ **10.** $F = 1.8C + 32$

11. $y = -\frac{8}{9}x - \frac{13}{3}$ **12.** $y = -\frac{13}{20}x + \frac{107}{30}$

13. $y = \frac{4}{3}x + \frac{19}{3}$ **14.** $y - 5 = -\frac{4}{3}(x + 2)$ or
$y + 3 = -\frac{4}{3}(x - 4)$ **15.** $y + 1 = -6\left(x - \frac{1}{2}\right)$ or
$y - 6 = -6\left(x + \frac{2}{3}\right)$ **16.** $5x - 10y = 6$

17. $24x + 9y = 4$ **18.** $x = -5, y = -7$

19. $x = 6, y = -10$ **20.** $2.39x + 1.89y = 11$

21.

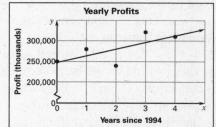

22. Answers may vary.
One possible solution: $y = 16,000x + 248,000$

23. Answers may vary.
One possible solution: $376,000,000

SAT/ACT Chapter Test

1. B **2.** C **3.** D **4.** C **5.** B **6.** D **7.** A

8. C **9.** A

Alternative Assessment

1. a–d. Complete answers should address these points. • Explain that best-fit lines are important as they can be used to predict future data points and they help to analyze the trends of data.

Answers

Alternative Assessment *continued*

a. Check graphs. **b.** • Find an equation of the best-fit line, for example, $y = 1.97x + 2.24$. For a more accurate approach students should use a graphing calculator to find the regression equation. • Explain a method (either selecting points or using a calculator).
c. • Explain data is increasing over time.
• Create a scenario to explain data trends.
Sample answer: A company's sales from 1990 to 1995, in millions of dollars. Each year the company is growing, and sales are increasing. **d.** • Choose an additional x-value to substitute into the best-fit line equation to determine a future y-value. *Sample answer:* In 1996, $x = 6$, the company would make about $14 million. • Explain whether the answer is reasonable based on their specific data.

2. a. 75; -7.5; Jeremy deposits $75 weekly; Zachary withdraws $7.50 weekly.
b. Jeremy: $y = 75x + 275$; Zachary: $y = -7.50x + 522.50$ **c.** Check graphs.
d. Jeremy: $1775; Zachary: $372.50
e. 70 weeks; No; He can withdraw $5 in the last week. **3. *Critical Thinking Solution***
They would be the same after 3 weeks.
Sample answer: One method would be to set the two equations equal to each other, $75x + 275 = -7.50x + 522.50$, and solve for x. Another method would be to sketch the graph of both equations and find out where the two equations have the same x-value. This would occur where the two equations intersect. A third method would be to use a table of values, either on the calculator or by hand, and calculate the balances for several weeks to determine the solution 36.

Chapter 6

Lesson 6.1

1.

2.

3.

4. $2 > y$

5. $x \leq -3$

6. $k > -2$

7. $x < -4$

8. $a \leq 3$

9. $t < -6$

Lesson 6.2

1. $x > 1$ **2.** $m \leq 2$ **3.** $y \geq -1$ **4.** $a > -3$
5. $x \geq 6$ **6.** $y \leq 6$ **7.** at least 44 hours
8. at least 47 hours

Lesson 6.3

1. $-4 < x \leq -2$;

2. $x > 3$ or $x < -1$;

3. $-2 < x \leq 3$;

4. $-3 < x < -1$;

5. $2 \geq x > -3$;

6. $x < 4$ or $x \geq 5$;

7. $x > -1$ or $x \leq -3$

8. $172{,}000 \leq v \leq 226{,}000$

Quiz 1

1. $x \geq 8$;

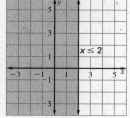

2. $x > -28$;

3. $h < 1000$;

4. $x > 11$ **5.** $48 \geq 4x$

6. $-4 \leq x < 2$

7. $x \leq 1$ or $x > 4$;

Lesson 6.4

1. $8, -8$ **2.** $-1, 7$ **3.** $-3, 6$ **4.** $1 < x < 5$
5. $-11 \leq x \leq -5$ **6.** $0.5 < x < 2.5$
7. $x \leq -3$ or $x \geq -1$
8. $x \leq 2$ or $x \geq 6$ **9.** $x < -2$ or $x > 1$

Lesson 6.5

1. $(0, 0)$ is not a solution; $(-1, -2)$ is a
solution.

2. $(2, 2)$ is a solution; $(-2, 2)$ is not a solution.

3.

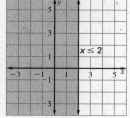

4.

5.

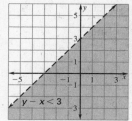

6.

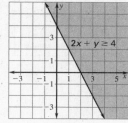

7.

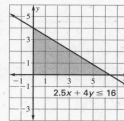

Quiz 2

1. $7\frac{1}{3}, -2$ **2.** $x \leq -3$ or $x \geq 17$
3. no; $-2 \not> 11$

4.

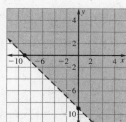

5. $y > \frac{1}{2}x - 2$

Lesson 6.6

1.   2   8   10   13   16   22
        28   31   35   35   50   56

2. Ordered stem-and-leaf plot

```
           0 | 2   2   7
  Stem    1 | 1   6   9  Leaves
           2 | 6   7
           3 | 3   8   9  Key: 2|6 = 26
```

Answers

Lesson 6.6 *continued*

The data in increasing order:

2 2 7 11 16 19
26 27 33 38 39

3. mean = 20, median = 19, mode = 2

Lesson 6.7

1.

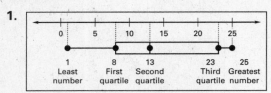

2. about 92 million

Chapter Test A

1.

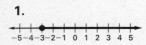

2.

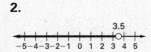

3. $x \le 4$

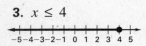

4. $a < 7$

5. $x > 45.5$ **6.** $x \le 5$ **7.** $x < -3$

8. $12.99x \le 45$

9. $1 < x < 4$

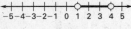

10. $2 < x \le 7$

11. $x < -2$ or $x > 3$ **12.** $-1 < x < 4$

13. $x \ge 5$ or $x \le 1$ **14.** $5, -5$

15. $-7 < x < 3$ **16.** yes **17.** no

18.

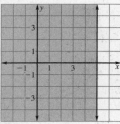

19.

20.

Stem		Leaves
2	0 2 7	
3	0 3 6	Leaves
4	0 2	
5	4	Key: 4|0 = 40

21. Mean: 6; Median: 6; Mode: 9

22. First quartile: 1; Second quartile: 4; Third quartile: 8

Chapter Test B

1. $p \ge -2$

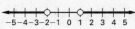

2. $y > -4$

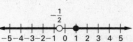

3. $x < \dfrac{1}{18.25}$ or $x < 0.05\overline{5}$ **4.** $x \ge \dfrac{1}{4}$ **5.** $x \ge -5$

6. $1.50x \le 200$

7. $x > 1$ or $x < -2$

8. $-4 \le x < 3$

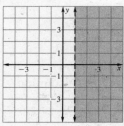

9. $x < -\dfrac{1}{2}$ or $x \ge 1$

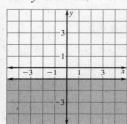

10. $-1 < x \le 3$ **11.** $x > 0$ or $x < -3$

12. $1, -7$ **13.** $8, -4$ **14.** $2 < x < 8$

15. $x \ge 7$ or $x \le -10$ **16.** No **17.** Yes

18. $x > 1$

19. $y \le -1$

20. $0.99x + 0.49y \le 5$

21.

Stem		Leaves
2	1 5 6	
3	1 4 7	
4	5	Leaves
5	1 4	Key: 2|1 = 21

22. Mean: 8
Median: 8
Mode: 8

23. First quartile: 4
Second quartile: 7
Third quartile: 12

24.

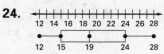

Chapter Test C

1. $x \le -15$

2. $b \ge -4$

Algebra 1
Resources in Spanish

Chapter Test C *continued*

3. $x < \dfrac{1}{5.05}$ or $x < 0.198$ **4.** $x > 12$ **5.** $x \le -2$

6. $1.50 + 0.70x \le 3.50$

7. $x \ge 5$ or $x < 0$ **8.** $-\dfrac{9}{2} < x \le \dfrac{7}{2}$

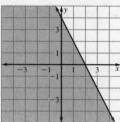

9. $x \le -2$ or $x > 3$ **10.** $0 \le x < 4$

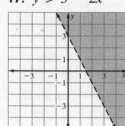

11. $x > 3$ or $x \le 0$ **12.** $7, -\dfrac{31}{3}$

13. $x \le -3$ or $x \ge 10$ **14.** Yes   **15.** No

16. $y \le 4 - 2x$ **17.** $y > 3 - 2x$

18. $50x + 20y \le 1000$

19.

Stem	Leaves
2	2 3 3
4	1 2 5
5	5 7
6	1

Key: $4|1 = 41$

20. Mean: 3.1   **21.** First quartile: 2.5
Median: 3.2   Second quartile: 3.9
Mode: None   Third quartile: 5.3

22.
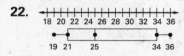

SAT/ACT Chapter Test

1. D   **2.** C   **3.** D   **4.** A   **5.** B   **6.** C   **7.** B
8. A   **9.** C

Alternative Assessment

1. Complete answer should address these points:
a. In solving a linear inequality, the inequality symbol is reversed when dividing or multiplying both sides by a negative. **b.** For a linear inequality in two variables, the line is dashed for < or > and solid for ≤ or ≥. Also, one has to determine which way to shade. The solution of an inequality is a shaded region, whereas the solution of an equation is just a line.

2. a.

0	0 0 1 2 3 3 4 4 4 5 5
	6 6 6 6 7
1	0 0 1 2 4 5 5 9
2	0

Key 1 | 5 = 15

b. 7.52; 6; 6; median and mode; *sample explanation:* Most of the data seems to be clustered around 6.

c.
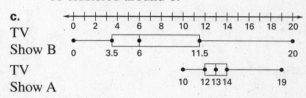

d. *Sample answer:* Less than 25% of TV Show B viewers are more than 12 years old, whereas 75% of TV Show A viewers are more than 12 years old.   **e.** $0 \le x \le 20$
f. no; 75% of the viewers are between 10 and 14 years old.   **g.** *Sample answer:* The ages of viewers of TV Show B is spread out, whereas the audience for TV Show A is more tightly grouped in the 12 to 14 year old range. TV Show B would be better for a product that is geared towards a specific age group, whereas TV Show A would be fine if advertisements are geared toward a wider age group. The median age of TV Show A viewers is 13 years, but only 6 years for TV Show B.   **3.** Yes, it's close to the median; 14.58 years; no; *sample explanation:* 45 years is not representative of the data and affects the mean by too much.

Chapter 7

Lesson 7.1

1.
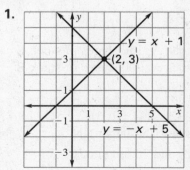

Answers

Lesson 7.1 *continued*

Equation 1
$$y = -x + 5$$
$$3 \overset{?}{=} -2 + 5$$
$$3 = 3$$

Equation 2
$$y = x + 1$$
$$3 \overset{?}{=} 2 + 1$$
$$3 = 3$$

2.

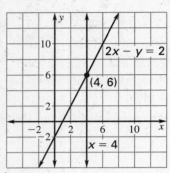

Equation 1
$$2x - y = 2$$
$$2(4) - 6 \overset{?}{=} 2$$
$$2 = 2$$

Equation 2
$$x = 4$$
$$4 = 4$$

3.

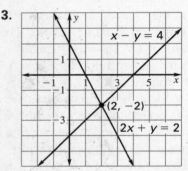

Equation 1
$$2x + y = 2$$
$$2(2) + (-2) \overset{?}{=} 2$$
$$2 = 2$$

Equation 2
$$x - y = 4$$
$$2 - (-2) \overset{?}{=} 4$$
$$4 = 4$$

4. $250 + 350 = 600,\ 5(250) + 10(350) = 4750$

5. 150 orchestra tickets   **6.** 100 orchestra tickets

Lesson 7.2

1. $(-1, -2)$ **2.** $(2, 1)$ **3.** $(-1, 1)$

4. 50 shares of stock A, 150 shares of stock B

5. 25 shares of stock A, 200 shares of stock B

Lesson 7.3

1. $(3, 1)$ **2.** $(3, -2)$ **3.** $(-1, 3)$

4. 50 smaller ads and 250 larger ads

5. 250 smaller ads and 70 larger ads

Quiz 1

1. not a solution

2. $(0, -2)$;

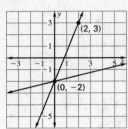

3. $(7, 1)$

4. $(1, 4)$ **5.** 25 weeks

Lesson 7.4

1. *Sample answers are given;*

a. Substitution method because the coefficient of x is 1 in Equation 2.

1b. Linear combination method because none of the variables has a coefficient of 1 or -1.

1c. Substitution method because the coefficient of x is 1 in Equation 1.

2. sugar: $.35 per pound, flour: $.25 per pound

Lesson 7.5

1–6. Methods may vary. Method(a) is substitution or linear combination. Method(b) is graphing.

1. a. None; because $-4 = -1$ is a false statement, the system has no solution.

b. None; because the lines are parallel, the system has no solution.

2. a. None; because $5 = \frac{7}{3}$ is a false statement, the system has no solution.

b. None; because the lines are parallel, the system has no solution.

3. a. None; because $1 = -1$ is a false statement, the system has no solution.

b. None; because the lines are parallel, the system has no solution.

4. a. Infinitely many; because $0 = 0$ is a true statement, the system has infinitely many solutions.

b. Infinitely many; because the lines coincide, the system has infinitely many solutions.

5. a. Infinitely many; because $0 = 0$ is a true statement, the system has infinitely many solutions.

b. Infinitely many; because the lines coincide, the system has infinitely many solutions.

Answers

Lesson 7.5 *continued*

6. a. Infinitely many; because $0 = 0$ is a true statement, the system has infinitely many solutions.

b. Infinitely many; because the lines coincide, the system has infinitely many solutions.

7. The price of one sketchpad is $3.

Lesson 7.6

1.

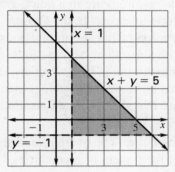

2.

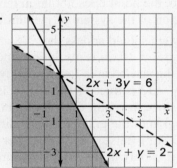

3.

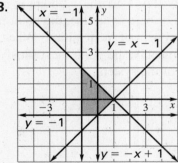

4. $x \geq 0$, $y \geq 0$, $18x + 9y \leq 90$

5. $x \geq 0$, $y \geq 0$, $16x + 8y \leq 72$

Quiz 2

1. $(2, 2)$ **2.** infinitely many solutions

3. no solution

4.

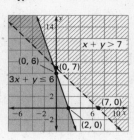

5. $x \geq -6$; $y \leq 3$; $y \geq \frac{1}{2}x + 3$

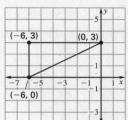

Chapter Test A

1. Yes   **2.** No

3.

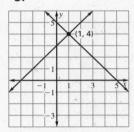

4.

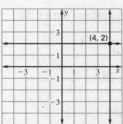

5. $(1, 3)$ **6.** $(-1, 4)$ **7.** $3: 150 tickets; $5: 200 tickets   **8.** $(4, 1)$ **9.** $(1, 4)$ **10.** 5

11. $(3, 1)$; one solution   **12.** no solutions

13. D   **14.** A   **15.** C   **16.** B

17.

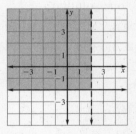

18.

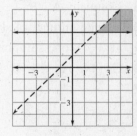

Chapter Test B

1. Yes   **2.** No

3.

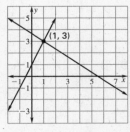

4.

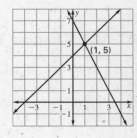

Algebra 1
Resources in Spanish

Answers

Chapter Test B *continued*

5. $(2, 2)$ **6.** $(3, 6)$ **7.** \$4: 180 tickets; \$6: 270 tickets **8.** $(0, 3)$ **9.** $(1, 6)$ **10.** 4

11. $(2, 1)$; one solution **12.** infinite number of solutions **13.** D **14.** C **15.** B **16.** A

17.

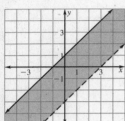

18.

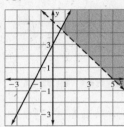

Chapter Test C

1.

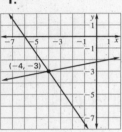

2.

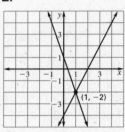

3. $(-5, -10)$ **4.** $(4, -3)$ **5.** A: 7000 shares; B: 2000 shares **6.** $(-3, 2)$ **7.** $(2, 4)$

8. Company A **9.** $(-3, 4)$; one solution

10. infinite number of solutions

11. $(1, -4)$; one solution **12.** no solutions

13. C **14.** A **15.** B **16.** D

17.

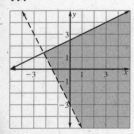

18.

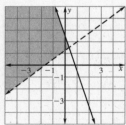

SAT/ACT Chapter Test

1. B **2.** A **3.** B **4.** C **5.** B **6.** D **7.** A

8. A **9.** C

Alternative Assessment

1. *Sample answers:* **a.** $\begin{cases} y = -2x + 6 \\ y = \frac{1}{3}x - 1 \end{cases}$

b. $\begin{cases} x = 3y - 1 \\ 2x + 4y = 18 \end{cases}$ **c.** $\begin{cases} 3x - 8 = 28 \\ 2x + 4y = 18 \end{cases}$

d. Complete explanations should address these points: A system is easiest to solve by graphing if both equations are in a quick-graph form such as slope-intercept. In the above example, substitution or linear combinations would be difficult since there are fractions in the problem. Substitution is best when one of the equations has an isolated variable. Linear combinations are best if both equations are in standard form.

2. a, b. Check graph **c.** The overlap represents the solutions of the system of inequalities.

   d. $\left(\frac{16}{7}, -\frac{13}{7}\right)$, no, the point does not lie in the solution region of the system of inequlities.

3. Complete answers should addess the following points: • $(6, 3)$ is a solution since the point is in the shaded area for Inequality 1. Check: $3 > -13$ is true. • $(-2, -4)$ is not a solution since the point does not lie in the solution region of the graph of Inequality 2. Check: $12 > 12$ is false. • $(3, 0)$ is not a solution since it is only in the shaded region for Inequality 1. Check: $0 > -4$ is true, $6 > 12$ is false.   For a graph, if a point is in the shaded area or on a solid line, the point is a solution of a system of inequalities. When checking algebraically, the point must satisfy all inequalities of the system.

Chapter 8

Lesson 8.1

1. m^2 **2.** 6^5 **3.** y^7 **4.** 3^6 **5.** w^{21} **6.** 7^{15}

7. t^{12} **8.** $(-2)^6$ **9.** $125x^3$ **10.** $100s^2$

11. x^4 **12.** $-27y^3$ **13.** $\frac{9}{1}$

Lesson 8.2

1. 1 **2.** 2 **3.** $\frac{1}{13^x}$ **4.** $\frac{1}{13y}$ **5.** $16x^4$

Lesson 8.2 *continued*

6. $\dfrac{d}{16c^3}$ **7.** 1 **8.** 16 **9.** $\dfrac{1}{625}$

10.

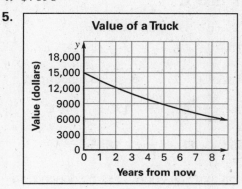

Lesson 8.3

1. $10^3 = 1000$ **2.** $\dfrac{1}{3}$ **3.** y^6 **4.** $\dfrac{16}{x^{12}}$ **5.** z^4

6. $\dfrac{25y^4}{w^2}$ **7.** $\left(\dfrac{1}{2}\right)^6 = \dfrac{1}{2^6} = \dfrac{1}{64} \approx 0.0156$

Quiz 1

1. $72x^8y^7$ **2.** 3^4 **3.** 10 **4.** 216 **5.** $-\dfrac{1}{125y^3}$

6. $4y$ **7.** $\dfrac{-8}{125}$ **8.** $-\dfrac{6y^2}{x}$

Lesson 8.4

1. 9,332,000 **2.** 0.278 **3.** 450,000
4. 7.52×10^1 **5.** 1.35667×10^5
6. 8.8×10^{-4} **7.** 1.265×10^3
8. 8.0×10^{-3} **9.** $\approx 4.0 \times 10^2$

Lesson 8.5

1. $472.78 **2.** $927.42 **3.** 1350 pheasants

4.

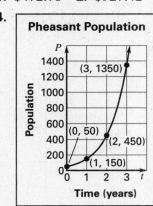

Lesson 8.6

1. $9886 **2.** $8368 **3.** $y = 15,000(0.90)^t$
4. $7698

5.

Value of a Truck

Quiz 2

1. 0.000000867 **2.** 7.348×10^7 **3.** 3.6×10^2
4. $1435.63 **5.** 22,514 people

Chapter Test A

1. 4^8 **2.** 2^{12} **3.** 42^3 **4.** $4^2x^2y^4$ **5.** b^7; 128

6. a^6; 1 **7.** > **8.** < **9.** $\dfrac{1}{125}$ **10.** 3 **11.** $\dfrac{1}{y^3}$

12. $\dfrac{x^3}{3}$ **13.** A **14.** C **15.** B **16.** 4 **17.** $\dfrac{8}{27}$

18. $\dfrac{64}{x^3}$ **19.** $\dfrac{1}{y}$ **20.** 615 **21.** 0.0114

22. 2×10^{-2} **23.** 1.042×10^3 **24.** 360
25. 20 **26.** $P = 100,000(1.03)^t$
27. $3707.40 **28.** B **29.** C **30.** A
31. exponential growth **32.** exponential decay

Chapter Test B

1. 6^{16} **2.** x^{30} **3.** $(-2)^4x^4$ **4.** $3 \cdot 4^2 \cdot x^8$

5. a^6b^6; 64 **6.** $a^{14}b^8$; 256 **7.** < **8.** < **9.** $\frac{1}{16}$

10. 16 **11.** $\dfrac{y^3}{x^4}$ **12.** $\dfrac{x^2y^3}{2}$ **13.** C **14.** A

15. B **16.** 4096 **17.** $\dfrac{49}{64}$ **18.** $\dfrac{4^4x^4}{3^4y^4}$

19. $\dfrac{3^3}{2^3x^6y^3}$ **20.** 4326.9 **21.** 0.000071532

22. 3.2×10^{-3} **23.** 3.215625×10^5
24. 0.00042 **25.** 25 **26.** $2519.42
27. $P = 200,000(0.97)^t$ **28.** B **29.** A

Answers

Chapter Test B *continued*

30. C   **31.** exponential growth

32. exponential decay

Chapter Test C

1. x^{22} **2.** $(x-1)^{24}$ **3.** $(-3)^5 x^5 y^5$

4. $(-3)^4 2^3 a^{11} b^{15}$ **5.** $-a^{15}b^6$; -64

6. $a^{11}b^{16}$; $65,536$ **7.** $>$ **8.** $>$ **9.** undefined

10. 1   **11.** $\dfrac{8^2}{a^{10}}$ **12.** $\dfrac{b^{12}}{4^2}$ **13.** B   **14.** C

15. A   **16.** 1   **17.** $-\dfrac{64}{125}$ **18.** $\dfrac{20x^6y^3}{3}$

19. $\dfrac{2x^3}{3}$ **20.** $892,635,000$ **21.** 0.000000016935

22. 1.59×10^{-5} **23.** 1.6826983×10^5

24. 96   **25.** 8   **26.** $P = 250,000(1.045)^t$

27. $8005.02   **28.** B   **29.** C   **30.** A

31. exponential growth   **32.** exponential decay

SAT/ACT Chapter Test

1. B   **2.** C   **3.** D   **4.** D   **5.** A   **6.** A

7. D   **8.** C   **9.** B   **10.** B   **11.** B

Alternative Assessment

1. a. The result is incorrect. When finding a power of a product, find the power of *each* factor and multiply. **b.** The result is correct. To find a power of a product, find the power of *each* factor and multiply. **c.** The result is incorrect. When multiplying powers with the same base (such as *a*), *add* the exponents. **d.** The result is incorrect. When finding the power of a quotient, find the power of the numerator *and* the power of the denominator.

2. a. percents: 3%, -1%, 8%, 4%, 7%, -1%, 5%, 2%, 3%, 4%, 11%, 13%, 9%, 8%, 4%, 4%, 6%, 6% **b.** Enrollment is increasing overall by about 5% per year. **c.** $y = 1414(1.05)^x$; exponential growth; the model represents exponential growth because the enrollment increases about 5% each year. **d.** 5543 students **e.** $y = 1296(1.055)^x$; This model has a similar percent to the model found in part (c), but the *y*-intercept is different. **f.** The enrollment will be about 7875 in 2014. Students can use their graphing calculator's table feature to find this solution.

3. *Writing* Answers may vary. *Sample answer:* The school district needs this information in order to plan for the years to come. This would include supplies, teachers and staff members, as well as building space.

Chapter 9

Lesson 9.1

1. 0.3   **2.** 6   **3.** -5 **4.** ± 10 **5.** 0   **6.** 3

7. ± 3 **8.** $\pm \sqrt{3}$ **9.** ± 7

Lesson 9.2

1. $7\sqrt{2}$ **2.** $2\sqrt{13}$ **3.** $10\sqrt{3}$ **4.** $3\sqrt{11}$

5. $\dfrac{\sqrt{11}}{2}$ **6.** $\dfrac{\sqrt{2}}{6}$ **7.** $\dfrac{\sqrt{5}}{3}$ **8.** $\dfrac{\sqrt{3}}{4}$

9. 70 meters per second

Lesson 9.3

1.

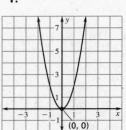

2.

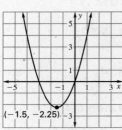

3.

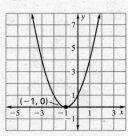

4.

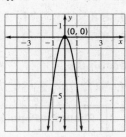

5.

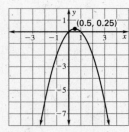

6.

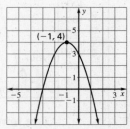

7. 25 feet

Chapter 9 *continued*

Quiz 1

1. 4.6 **2.** $-6, 6$ **3.** $\dfrac{5}{7}$ **4.** $\dfrac{2\sqrt{7}}{5}$

5. down;
$(-2, 3)$; $x = -2$

6.
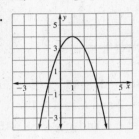

Lesson 9.4

1. ± 6 **2.** ± 4 **3.** ± 3 **4.** $-4, 3$ **5.** $2, 3$

6. $-1, 6$

7. $-0.63(5)^2 + 15.08(5) + 151.57 = 211.22$
≈ 210

Lesson 9.5

1. $1, 3$ **2.** $-5, -4$ **3.** $-3, 2$

4. 1.25 seconds

Lesson 9.6

1. one solution **2.** two solutions

3. no real solution **4.** one solution

5. no real solution **6.** two solutions

7. The value of the discriminant is 701.1084, so the company's revenue will reach $150 million.

8.
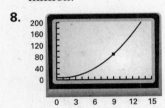

From the graph, you can see that the revenue will reach $90 million in about 9 years.

Quiz 2

1. $-10, 10$ **2.** $2, -1$ **3.** $6, -3$

4. one solution **5.** $c < 1$ **6.** 1.85 seconds

Lesson 9.7

1. $(2, 0)$ is a solution **2.** $(1, -1)$ is a solution

3. $(2, -3)$ is not a solution

4.
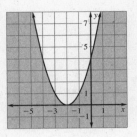

5.
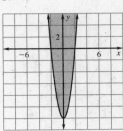

6.
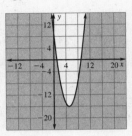

7. Answers will vary. *Sample answer:* Two possible scenarios are a width of 10 feet and a length of 14 feet or a width of 16 feet and a length of 20 feet.

8. $x^2 + 10x - 96 > 0$

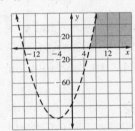

So, the width should be greater than 6 feet and the length greater than 16 feet.

Lesson 9.8

1. quadratic **2.** linear

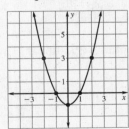

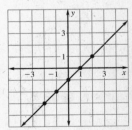

Answers

Lesson 9.8 *continued*

3. exponential   **4.** quadratic

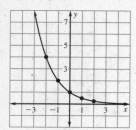

Chapter Test A

1. 9   **2.** -10 **3.** 5   **4.** 4   **5.** $x = -9$ and $x = 9$ **6.** $x = -7$ and $x = 7$ **7.** $3\sqrt{5}$

8. $3\sqrt{6}$ **9.** $\dfrac{4}{5}$ **10.** $\dfrac{\sqrt{5}}{4}$

11.   **12.**

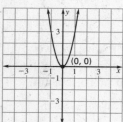 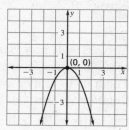

13. $x = -2$ and $x = 4$ **14.** $x = -2$ and $x = 2$
15. $x = -5$ and $x = 4$ **16.** $x = 2$ and $x = 3$
17. 1 and 2   **18.** -1 and 1   **19.** one solution
20. no solution

21.   **22.**

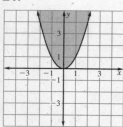 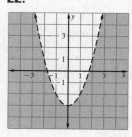

23. 50,000 units   **24.** exponential   **25.** linear
26. quadratic

Chapter Test B

1. 13   **2.** -25 **3.** 3   **4.** $x = -4$ and $x = 4$

5. $x = -6$ and $x = 6$ **6.** $\dfrac{3}{4}$ **7.** $\dfrac{2}{5}$

8.   **9.**

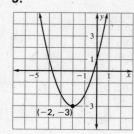 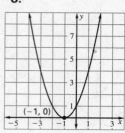

10. 2 seconds   **11.** $x = -2$ and $x = 3$
12. $x = 2$ and $x = 4$ **13.** $x = -3$ and $x = 5$
14. $x = -6$ and $x = -4$ **15.** 5 and 7
16. 1 and 6   **17.** one solution   **18.** no solutions
19.   **20.**

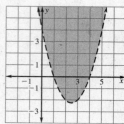 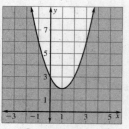

21. 100,000 units   **22.** exponential   **23.** linear
24. quadratic

Chapter Test C

1. 0.25   **2.** ± 1.2 **3.** $2\sqrt{15}$
4. $x = -3$ and $x = 3$ **5.** $x = -3$ and $x = 3$

6. $\dfrac{2\sqrt{3}}{5}$ **7.** $\dfrac{8}{5}$

8.   **9.**

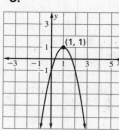 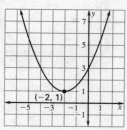

10. 3 seconds   **11.** $x = -5$ and $x = 2$
12. $x = 3$ **13.** $x = 3$ and $x = 5$ **14.** $x = -6$ and $x = 4$ **15.** -7 and 5   **16.** -8 and 6
17. one solution   **18.** no solutions

Chapter Test C *continued*

19. 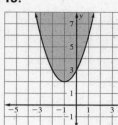   **20.**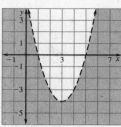

21. 150,000 units   **22.** exponential   **23.** linear

24. quadratic

SAT/ACT Chapter Test

1. C   **2.** B   **3.** A   **4.** D   **5.** A   **6.** A   **7.** A

8. D   **9.** C

Alternative Assessment

1. a. Answers may vary; *Sample answer:* A penny is dropped from the top of a 400 story building. How long will it take to hit the ground? A penny is thrown down at 10 feet per second. This time, how soon will it hit the ground? A model rocket is shot vertically into the air from a height of 10 feet? How high is it after 2 seconds? **b.** Complete answers should address these points: • The model $h = -16t^2 + s$ is used for a dropped object and $h = -16t^2 + vt + s$ for objects thrown down or up. • When finding how long it takes an object to hit the ground, 0 is substituted in for h, since the height at ground level is zero. • Heights chosen other than the ground should be set equal to zero before solving. • Initial height is substituted in for s, and the initial velocity for v. • Initial velocity is positive for an object thrown upward and negative for an object thrown downward.

2. a. *Sample answer:* the graph would be the shape of a parabola, because the model is quadratic. It would open downward because the leading coefficient is negative.   **b.** Check graphs. *Sample answer:* As revolutions per minute increase, the horsepower will increase until it reaches its highest point, after which horsepower decreases.   **c.** 857; substitute 8 in for r in the equation for horsepower and

simplify.   **d.** Estimates should be close to 8248 rev/min and 9307 rev/min. *Sample answer:* to solve on a graphing calculator, use the calculator's trace feature to see when H is close to 876; to solve algebraically substitute 876 in for H, set equation equal to zero, and solve using the quadratic formula.   **3.** 1%; *Sample answer:* Substitute the r-coordinate into the equation to find the first maximum horsepower to be 893; $\frac{902}{893} \approx 1.01$, a 1% improvement.

Chapter 10

Lesson 10.1

1. $-3x^2 - x + 2$ **2.** $-4x^2 + 9x - 8$

3. $8x^2 - 2x - 1$ **4.** $-7x^2 + 3x - 3$

5. $N = 189t^2 - 983t - 307$

Lesson 10.2

1. $2x^2 + 5x + 3$ **2.** $y^2 - 5y + 6$

3. $6a^2 + a - 2$ **4.** $a^3 + 2a^2 - 5a + 12$

5. $2y^3 + 3y^2 - 9y - 5$

6. $a^3 + 2a^2 - 5a + 12$

7. $2y^3 + 3y^2 - 9y - 5$

8. $3x^2 + 11x + 6$

Lesson 10.3

1. $x^2 - 25$ **2.** $9x^2 - 4$ **3.** $x^2 - 4y^2$

4. $m^2 + 2mn + n^2$ **5.** $9x^2 - 12x + 4$

6. $49y^2 + 28y + 4$ **7.** $x^2 + 10x + 25$

8. $x^2 - 9$

Quiz 1

1. $3n^2 + 8n + 1$ **2.** $-1y^3 + 8y^2 - 3y + 1$

3. $-9t^4 + 12t^3 - 15t^2$ **4.** $8y^2 - 2y - 6$

5. $m^2 - 8m + 16$ **6.** $9a^2 - 25$

7. $(y^2 + 22y + 120)$ ft^2

Lesson 10.4

1. $6, -6$ **2.** $5, 1$ **3.** $-4, -3$ **4.** 5 **5.** -3

6. -2 **7.** $-3; -1; (-2, -1)$

8. $2; 4; (3, -1)$ **9.** $1; -5; (-2, -9)$

Answers

Chapter 10 *continued*

Lesson 10.5

1. $(x + 3)(x + 2)$ **2.** $(x + 1)(x + 5)$
3. $(x + 2)(x + 1)$ **4.** $(x - 2)(x - 1)$
5. $(x - 3)(x - 4)$ **6.** $(x - 2)(x - 3)$
7. $(x - 2)(x + 1)$ **8.** $(x - 6)(x + 2)$
9. $(x - 4)(x + 2)$ **10.** $-3, -5$
11. $2, 6$ **12.** $1, -4$

Lesson 10.6

1. $(5x + 1)(x + 2)$ **2.** $(2x + 3)(x + 1)$
3. $(3x + 7)(x + 1)$ **4.** $(9x + 2)(x + 7)$
5. $(6x - 5)(x - 3)$ **6.** $(4x + 1)(2x + 9)$
7. $-3, -\frac{1}{2}$ **8.** $3, \frac{2}{5}$ **9.** $\frac{2}{3}, -\frac{1}{2}$

Quiz 2

1. $x = -2, x = 6$

2. $x = -3, x = 1$;
vertex $(-1, -4)$

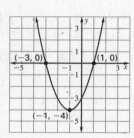

3. $(x - 5)(x - 2)$ **4.** $-4, 5$
5. $(4x + 9)(x - 1)$ **6.** $\frac{7}{5}, -3$

Lesson 10.7

1. $(4 + 3y)(4 - 3y)$ **2.** $(2q + 7)(2q - 7)$
3. $(6 + 5x)(6 - 5x)$ **4.** $(x - 9)^2$
5. $(2n + 5)^2$ **6.** $(4y + 1)^2$ **7.** 10
8. $\frac{1}{2}$ **9.** 4 **10.** ± 7 **11.** $\pm \frac{8}{3}$ **12.** $\pm \frac{9}{2}$

Lesson 10.8

1. $8y(3y^2 + 4)$ **2.** $6n^3(n^5 - 3)$
3. $3(a^2 + 10)$ **4.** $2y(y + 3)(y - 3)$
5. $7t^3(t + 1)^2$ **6.** $x^2(x - 1)(x - 2)$
7. $(y^2 - 2)(y + 3)$ **8.** $(x^2 + 5)(x + 2)$
9. $(d^3 + 1)(d - 1)$ **10.** $-1, 5$ **11.** $0, 5, -5$
12. $-3, 0$

Chapter Test A

1. $5x^2 + 7x + 4$ **2.** $2x^2 + 3x + 3$

3. $9x^2 + 8x + 10$ **4.** $4x^2 + 3x + 1$
5. $-0.0002x^2 + 26x - 120,000$ **6.** $6x^2 - 10x$
7. $x^2 + 5x + 6$ **8.** $2x^2 + 7x + 3$
9. $x^3 + 2x^2 + 2x + 1$ **10.** $x^2 - 4$
11. $x^2 + 10x + 25$ **12.** $x^2 + 2x + 1$
13. $x = -4$ and $x = 2$ **14.** $x = -3$ **15.** B
16. C   **17.** A   **18.** $(x + 2)(x + 1)$
19. $(x - 3)(x + 2)$ **20.** $(x - 5)(x - 2)$
21. $(x - 3)(x + 4)$ **22.** length: $x + 3$; width:
$x + 2$ **23.** $(2x + 3)(x + 1)$
24. $2(3x + 1)(x + 2)$ **25.** $(x + 3)(x - 3)$
26. $(x - 4)^2$ **27.** $(x + 3)^2$ **28.** $2x(x - 2)$
29. $(x^2 - 3)(x + 2)$ **30.** $(x^2 + 1)(x + 4)$
31. $0 = x^2 - 5x + 6$ **32.** $0 = x^2 - 4x + 3$
33. $x = -1$ and $x = 3$ **34.** $x = -3$ and $x = -2$
35. $x = -4$ and $x = 1$
36. $x = 1$ and $x = 5$ **37.** $x = -\frac{1}{3}$ and $x = -\frac{1}{2}$
38. $x = -3$ and $x = -\frac{3}{4}$
39. $x = -6$ and $x = 6$ **40.** $x = -6$

Chapter Test B

1. $x^2 + 7x - 2$ **2.** $3x^2 + 11x + 3$
3. $17x^2 + 4x - 4$ **4.** $11x^2 + 3x + 6$
5. $-0.0003x^2 + 42x - 110,000$
6. $24x^3 + 12x^2$ **7.** $x^2 - 9x + 20$
8. $4x^2 + 3x - 10$ **9.** $x^3 - 2x^2 - 2x - 3$
10. $x^2 - 25$ **11.** $x^2 - 16x + 64$
12. $2x^2 + 11x + 12$ **13.** $x = -5$ and $x = 1$
14. $x = -\frac{1}{2}$ **15.** B   **16.** C   **17.** A
18. $(x + 6)(x + 5)$ **19.** $(x - 8)(x + 5)$
20. $(x - 7)(x - 2)$ **21.** $(x + 7)(x - 5)$
22. length: $x + 4$; width: $x + 3$
23. $(5x + 1)(x + 3)$ **24.** $2(3x + 1)(x + 2)$
25. $(x + 4)(x - 4)$ **26.** $(x - 6)^2$ **27.** $(x + 5)^2$
28. $x(3x^2 + 9x + 2)$ **29.** $(x^2 + 2)(x - 3)$
30. $(x^2 + 5)(x - 1)$ **31.** $0 = x^2 - 8x + 15$
32. $0 = x^2 - 18x + 77$ **33.** $x = -2$ and $x = 4$
34. $x = -5$ and $x = -4$
35. $x = -6$ and $x = 2$
36. $x = 5$ and $x = 6$ **37.** $x = -\frac{1}{4}$ and $x = -1$
38. $x = -\frac{3}{2}$ and $x = -1$
39. $x = -7$ and $x = 7$ **40.** $x = 4$

Answers

Chapter 10 *continued*

Chapter Test C

1. $-x^2 + 5x - 20$ 2. $10x^2 - 6x + 9$

3. $12x^2 - 8x + 1$ 4. $17x^2 - 23x + 5$

5. $-0.0004x^2 + 40x - 130,000$

6. $-36x^3 - 12x^2 + 20x$ 7. $x^2 - 4x - 32$

8. $27x^2 - 21x - 20$ 9. $2x^3 + 2x^2 - 2x + 4$

10. $4x^2 - 9$ 11. $25x^2 + 20x + 4$

12. $3x^2 - \frac{7}{2}x - \frac{3}{2}$ 13. $x = -4$ and $x = 2$

14. $x = -3, x = 1,$ and $x = 3$ 15. B   16. C

17. A   18. $(x + 8)(x + 7)$ 19. $(x - 9)(x + 7)$

20. $(x - 6)(x - 2)$ 21. $(x + 7)(x - 4)$

22. length: $x + 2$; width: $x - 5$

23. $(3x - 1)(x + 2)$ 24. $2(5x - 3)(x + 1)$

25. $(2x + 5)(2x - 5)$ 26. $(2x - 5)^2$

27. $(3x + 7)^2$ 28. $3x(2x + 1)(x - 3)$

29. $(x + 2)(x - 2)(x + 3)$

30. $(x + 4)(x - 4)(x + 5)$

31. $0 = x^2 - 3x - 10$ 32. $0 = x^2 + 8x + 15$

33. $x = -3$ and $x = 5$ 34. $x = -6$

35. $x = -8$ and $x = 5$ 36. $x = 3$ and $x = 6$

37. $x = -\frac{1}{3}$ and $x = 1$ 38. $x = -\frac{4}{9}$ and $x = 1$

39. $x = -\frac{5}{4}$ and $x = \frac{5}{4}$ 40. $x = -1$

SAT/ACT Chapter Test

1. A   2. B   3. A   4. D   5. C   6. A   7. B

8. A   9. C

Alternative Assessment

1. **a–c.** Complete answers should address these points.   **a.** • Equations *i* and *ii* each have 2 solutions and *iii* has no solution.
b. • Explain that problem *i* can be solved by all three methods, *ii* and *iii* can only be solved by quadratic formula and graphing. Explain reasons why.   • Explain that *i* can be easily factored since its discriminant is a perfect square; *ii* cannot be factored but quadratic formula could be used to solve.   • Explain that in *ii* graphing would be harder to obtain an exact answer.   • Explain that part *iii* is most easily solved by graphing because one can quickly tell that there are no *x*-intercepts.
c. • Explain advantages and disadvantages

including exact versus approximate answers for graphing, factorability and how easy or difficult a problem may be to factor.

2. **a.** Figure 1 perimeter: $4x - 16$ units; Figure 2 perimeter: $3x^2 + 5x - 8$ units   **b.** 4 cm; -4 cm which is not possible. *Sample Answer:* One must make sure that the lengths of the sides of the figure are positive numbers.
c. 12   **d.** Solutions for x are $\frac{4}{3}$ and -3, however, neither is true because the length of one or more sides of the triangle would be negative.   **e.** Figure 1 area: $x^2 - 8x + 16$ square units; Figure 3 area: $2x^2 - 17x + 36$ square units   **f.** 66 cm^2 **g.** 6 (x cannot be 2, otherwise sides would be negative)
h. 5 (x cannot be 4, otherwise sides of square would be 0)

3. *Sample Answer:* To use zero-product property, equation must equal zero.

Chapter 11

Lesson 11.1

1. ± 8 2. 16   3. 1   4. 24 inches

Lesson 11.2

1. $7.20   2. 9 miles   3. 150 grams

4. 50 yards   5. 25%   6. 400%   7. 170

Lesson 11.3

1. $y = 1.25x$ 2. $y = \dfrac{20}{x}$ 3. 36 inches

4. $l = \dfrac{128}{w}$ 5. 64 inches; 32 inches; 8 inches; 6.4 inches

Quiz 1

1. 20   2. 1   3. 48   4. 64%   5. $xy = 21$

6. vary directly; $y = 4x$

Lesson 11.4

1. $\dfrac{3}{4 + x}$ 2. $\dfrac{x - 7}{x}$ 3. cannot be simplified

4. $-(x - 6)$ 5. $-\dfrac{x + 1}{x - 2}$ 6. $\dfrac{-1}{x + 3}$

7. $\dfrac{x + 2}{2(x + 5)}$

Chapter 11 *continued*

Lesson 11.5

1. $\dfrac{2}{x(x+2)}$ **2.** $\dfrac{x+3}{2}$ **3.** $\dfrac{x-7}{5x}$ **4.** $\dfrac{x-4}{x^2}$

Lesson 11.6

1. $\dfrac{1}{x+3}$ **2.** $\dfrac{1}{x+4}$ **3.** $\dfrac{31}{35x}$

4. $\dfrac{9x+13}{(x+1)(x+2)}$ **5.** $\dfrac{6x+1}{2x+8}$ **6.** $\dfrac{x+3}{3x^2}$

7. $\dfrac{-x+3}{(x+3)(x+1)}$ **8.** $\dfrac{-1}{x+2}$

Quiz 2

1. $\dfrac{x^2}{6}$ **2.** $-4, 4$ **3.** $\dfrac{4}{5}$ **4.** $\dfrac{1}{2}$ **5.** $\dfrac{28}{3x}$

6. $\dfrac{-11x^2 - 48x}{(2x+3)(x-3)}$

Lesson 11.7

1. $7y + 4 - \dfrac{5}{y}$ **2.** $6x - 7$ **3.** $x - 5 - \dfrac{1}{x+1}$

4. $x + 9 + \dfrac{15}{x-3}$ **5.** $x - 1 - \dfrac{12}{3x-2}$

6. $x + 3 + \dfrac{6}{2x-1}$ **7.** $4x - 31 + \dfrac{235}{x+8}$

8. $-6x - 15 - \dfrac{76}{x-5}$ **9.** $4x + 12 + \dfrac{35}{x-3}$

10. $6y - 9 + \dfrac{3}{y+2}$ **11.** $6x + 6 + \dfrac{3}{x-1}$

12. $4x - 6 + \dfrac{17}{4+x}$

Lesson 11.8

1. $5, -2$ **2.** -4 **3.** $6, -3$ **4.** 3 **5.** $3, -7$

6. 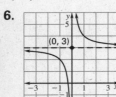 **7.**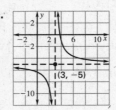

Chapter Test A

1. $x = \dfrac{75}{8}$ **2.** $x = \pm 6$ **3.** $x = -5$ **4.** $x = 6$

5. The \$25 shirt is the better buy. **6.** \$32

7. 300 inches **8.** 25% **9.** \$40 **10.** $y = 5x$

11. $y = \dfrac{1}{3}x$ **12.** $y = \dfrac{18}{x}$ **13.** $y = \dfrac{75}{x}$ **14.** $\dfrac{x}{5}$

15. $2x$ **16.** $x = 5$ **17.** $x = -2$ **18.** $\dfrac{5}{2}$

19. $\dfrac{14}{5}$ **20.** $\dfrac{x+19}{3x}$ **21.** $\dfrac{1}{x+2}$ **22.** $\dfrac{2+3x}{x^2}$

23. $\dfrac{-11}{5x}$ **24.** $3x + 2 - \dfrac{1}{x}$ **25.** $x + 6$

26. $2x - 3$ **27.** $x = 14$ **28.** $x = 3$

29. $x = 8$ **30.** $1, 2$

31. 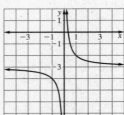 **32.**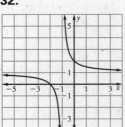

Chapter Test B

1. $x = \dfrac{9}{2}$ **2.** $x = \pm 9$ **3.** $x = \dfrac{23}{2}$ **4.** $x = -\dfrac{3}{4}$

5. The \$32 shirt is the better buy. **6.** \$78

7. 500 feet **8.** 36% **9.** \$120 **10.** $y = 8x$

11. $y = \dfrac{1}{9}x$ **12.** $y = \dfrac{144}{x}$ **13.** $y = \dfrac{225}{x}$

14. $3x$ **15.** $x - 4$ **16.** $x = \pm 1$

17. $x = -2$ and $x = -3$ **18.** $\dfrac{3}{2}$ **19.** $\dfrac{12}{x}$

20. $\dfrac{x-2}{x+1}$ **21.** $\dfrac{3x-1}{x-3}$ **22.** $\dfrac{x^2+x+5}{x^2}$

23. $\dfrac{3x^2+x+10}{6x^2}$ **24.** $5x - 2 + \dfrac{2}{3x}$

25. $2x - 1$ **26.** $4x + 5$ **27.** $x = 18$

28. $x = -4$ **29.** $x = 6$

30. $-2, -1$

Answers

Chapter Test B *continued*

31.

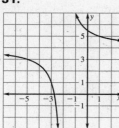

32.

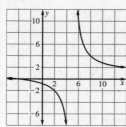

Chapter Test C

1. $x = \pm 8$ **2.** $x = \pm 12$ **3.** $x = -\frac{4}{9}$

4. $x = 4$ **5.** The $26.99 shirt is the better buy.

6. $9.35   **7.** 20 meters   **8.** 40%   **9.** $175

10. $y = \frac{3}{2}x$ **11.** $y = \frac{5}{6}x$ **12.** $y = \frac{75}{x}$

13. $y = \frac{26}{x}$ **14.** $\frac{1}{3x}$ **15.** $\frac{x-4}{x(x+1)}$

16. $x = -2$ and $x = -4$ **17.** $x = \pm 3$

18. $\frac{2(x-8)}{3x(x+5)}$ **19.** $\frac{x-3}{2x(x-4)}$ **20.** $\frac{5x+4}{x-7}$

21. $\frac{-x+2}{x+8}$ **22.** $\frac{3x^2 - 2x - 11}{(x+1)(x-2)}$

23. $\frac{-x^3 - 4x^2 + 11x + 37}{(x+3)(x-3)(x+4)}$ **24.** $3x - 2$

25. $3x - 8$ **26.** $3x + 1$ **27.** $x = -7$

28. $x = 7$ **29.** $0, -2$

30. $-\frac{1}{3}, 5$

31.

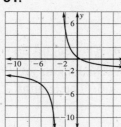

32.

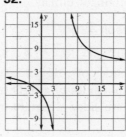

SAT/ACT Chapter Test

1. B   **2.** B   **3.** D   **4.** D   **5.** B   **6.** A

7. A   **8.** B   **9.** C   **10.** A

Alternative Assessment

1. $A + B = \frac{x+6}{x(x+3)};$ $B \cdot C = \frac{x-3}{x(x+1)^2};$

$$B \div C = \frac{4}{x(x-3)}$$

Complete answers should address these points:

a. When adding rational expressions, factor each denominator and then rewrite the expressions so that they have common denominators. Next add fractions and factor the numerator and simplify expression, if possible.   **b.** Subtracting is similar to adding except you must use the distributive property for the subtraction.   **c.** To multiply rational expressions, multiply numerators and denominators. Then divide out common factors to simplify.   **d.** To divide rational expressions, multiply by the reciprocal of the divisor. Then divide out common factors to simplify.   **e.** Cross multiply to solve $C = D$. To eliminate the denominators in $B + C = D$, multiply both sides of the equation by the least common denominator, then solve the resulting equation.

2. a. inversely; as the rate of pumping increases, the time required to empty the pool decreases.

b. $xy = 35,000; 35,000$

c.

| Rate of pumping (gallons per hour) | · | Time it takes to pump (hours) | = |

| Amount of water in pool (gallons) |

The constant of variation is the amount of water in the pool (in gallons).   **d.** 3 hours and 20 minutes   **e.** 16,800 gallons per hour

3. Pump C; $1500

Chapter 12

Lesson 12.1

1. The domain is the set of all nonnegative numbers. The range is the set of all numbers greater than or equal to 1.

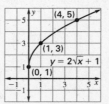

Chapter 12 *continued*

2. The domain is the set of all nonnegative numbers. The range is the set of all numbers greater than or equal to -1.

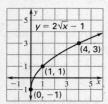

3. The domain is the set of all nonnegative numbers. The range is the set of all numbers greater than or equal to -2.

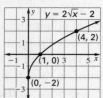

4. The domain is the set of all numbers greater than or equal to 1. The range is the set of all nonnegative numbers.

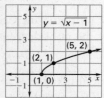

5. The domain is the set of all numbers greater than or equal to -1. The range is the set of all nonnegative numbers.

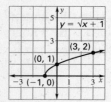

6. The domain is the set of all numbers greater than or equal to 4. The range is the set of all nonnegative numbers.

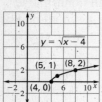

7. 48 ft/sec

Lesson 12.2

1. $4\sqrt{7}$ 2. $\sqrt{2}$ 3. $5\sqrt{3}$ 4. $3 + 2\sqrt{2}$
5. $3\sqrt{2}$ 6. $2\sqrt{10} + 2\sqrt{5}$ 7. $\dfrac{4\sqrt{3}}{3}$
8. $\dfrac{5\sqrt{2}}{4}$ 9. $-\dfrac{\sqrt{3}}{6}$ 10. $19.3\sqrt{5}$ mph

Lesson 12.3

1. 7 2. 1 3. 2 4. 5 5. no solution 6. 3
7. 2.66 cm 8. 507 sec

Quiz 1

1. -1 2.

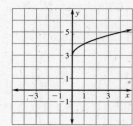

3. $4\sqrt{3}$

4. 4 5. 14 6. 45

Lesson 12.4

1. $2, -\dfrac{1}{2}$ 2. $-1, -\dfrac{1}{3}$ 3. $-\dfrac{1}{2}, -\dfrac{3}{2}$
4–6. *Sample answers are given.*

4. finding square roots because the equation is of the form $ax^2 + c = 0$ 5. factoring because the quadratic can be easily factored 6. using quadratic formula because the quadratic contains decimals.

Lesson 12.5

1. 15 2. $\sqrt{29}$ 3. 36, 48 4. The lengths are sides of a right triangle. 5. The lengths are not sides of a right triangle. 6. The lengths are sides of a right triangle.

Quiz 2

1. 9 2. 1, -13 3. 10.5 m 4. no, the sum of the squares of two sides does not equal the square of the third side 5. 20 m

Lesson 12.6

1. 5 2. 2.83 3. 5.39 4. 17 mi 5. $\left(\dfrac{5}{2}, 4\right)$
6. (1, 0) 7. (3, 1) 8. (15, 25)

Algebra 1
Resources in Spanish

Chapter 12 continued

Lesson 12.7

1. $\sin A = \frac{4}{5}$, $\cos A = \frac{3}{5}$, $\tan A = \frac{4}{3}$, $\sin C = \frac{3}{5}$,

$\cos C = \frac{4}{5}$, $\tan C = \frac{3}{4}$

2. $\sin A = \frac{24}{25}$, $\cos A = \frac{7}{25}$,

$\tan A = \frac{24}{7}$, $\sin C = \frac{7}{25}$, $\cos C = \frac{24}{25}$, $\tan C = \frac{7}{24}$

3.
$\sin A = \frac{40}{41}$, $\cos A = \frac{9}{41}$, $\tan A = \frac{40}{9}$, $\sin C = \frac{9}{41}$,

$\cos C = \frac{40}{41}$, $\tan C = \frac{9}{40}$

4. $a \approx 11.57$, $b \approx 13.79$

5. $b \approx 30.22$, $c \approx 32.16$

6. $a \approx 3.64$, $c \approx 10.64$

Lesson 12.8

1.

$ac = bc$; $c \neq 0$	Given
$ac\left(\frac{1}{c}\right) = bc\left(\frac{1}{c}\right)$	Multiplication axiom of equality
$a\left(c \cdot \frac{1}{c}\right) = b\left(c \cdot \frac{1}{c}\right)$	Associative axiom of multiplication
$a(1) = b(1)$	Inverse axiom of multiplication
$a = b$	Identity axiom of multiplication

2. $a - c = b - c$
Given
$a + (-c) = b + (-c)$
Definition of subtraction
$a + (-c) + c = b + (-c) + c$
Addition axiom of equality
$a + c + (-c) = b + c + (-c)$
Commutative axiom of addition
$a + [c + (-c)] = b + [c + (-c)]$
Associative axiom of addition
$a + 0 = b + 0$
Inverse axiom of addition
$a = b$
Identity axiom of addition

3. Answers vary. For example, let
$a = 3$ and $b = 4$.
$\sqrt{a^2 + b^2} = \sqrt{9 + 16} = 5$ but $a + b = 7$.
$\sqrt{a^2 + b^2} \neq a + b$

4. Answers vary. For example, let
$a = 3$ and $b = 4$.
$a - b = 3 - 4 = -1$ but $b - a = 1$.
$a - b \neq b - a$

5. Answers vary. For example, let
$a = 2$ and $b = 4$.
$a \div b = 2 \div 4 = 0.5$ but $b \div a = 4 \div 2 = 2$.
$a \div b \neq b \div a$

6. If $a + b > b + c$, then $a > c$. Assume that
$a > c$ is not true. Then $a \leq c$.

$a \leq c$	Assume the opposite of $a > c$ is true.
$a + b \leq c + b$	Adding the same number to each side produces an equivalent inequality.

This contradicts the given statement that
$a + b > b + c$. Therefore, it is impossible that
$a \leq c$. You conclude that $a > c$ is true.

Chapter Test A

1. domain: all nonnegative numbers; range: all nonnegative numbers

2. domain: all nonnegative numbers; range: all numbers greater than or equal to 2

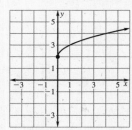

3. $7\sqrt{5}$ **4.** $4\sqrt{3}$ **5.** 10 **6.** $\dfrac{3\sqrt{2}}{2}$

7. $6\sqrt{10} - 5$ **8.** $\dfrac{2\sqrt{5}}{5}$ **9.** $x = 4$

Answers

Chapter Test A *continued*

10. $x = 12$ **11.** $a = 36$ **12.** $a = 27$

13. $x = -3$ or $x = 1$ **14.** $x = -4 \pm \sqrt{30}$

15. $c = 5$ **16.** $c = 15$ **17.** 5   **18.** 10

19. Yes   **20.** No

21. approximately 12.17 miles   **22.** $(4, 3)$

23. $(3, 2)$ **24.** \$610,000   **25.** $\sin R = \frac{4}{5}$;

$\cos R = \frac{3}{5}$; $\tan R = \frac{4}{3}$; $\sin S = \frac{3}{5}$; $\cos S = \frac{4}{5}$;

$\tan S = \frac{3}{4}$ **26.** $\sin R = \frac{4}{5}$; $\cos R = \frac{3}{5}$; $\tan R = \frac{4}{3}$;

$\sin S = \frac{3}{5}$; $\cos S = \frac{4}{5}$; $\tan S = \frac{3}{4}$ **27.** $x = 8$

28. $x \approx 11.31$

Chapter Test B

1. domain: all nonnegative numbers; range: all numbers greater than or equal to -2

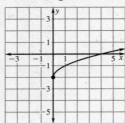

2. domain: all numbers greater than or equal to -1; range: all nonnegative numbers

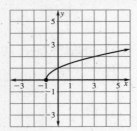

3. $4\sqrt{3}$ **4.** $2\sqrt{5}$ **5.** $4\sqrt{6} + 3$ **6.** $\frac{7\sqrt{5}}{5}$

7. 1   **8.** $\frac{48 + 6\sqrt{3}}{61}$ **9.** $x = 9$

10. $x = 36$ **11.** $a = 32$ **12.** $a = 32$

13. $x = -3 \pm \sqrt{13}$ **14.** $x = -2$ and $x = 1$

15. $b = 15$ **16.** $x = 4$; 6, 8   **17.** 5   **18.** $\sqrt{41}$

19. Yes   **20.** No   **21.** approximately 14 miles

22. $\left(\frac{3}{2}, \frac{5}{2}\right)$ **23.** $\left(-\frac{1}{2}, 2\right)$ **24.** \$637,500

25. $\sin R = \frac{28}{53}$; $\cos R = \frac{45}{53}$; $\tan R = \frac{28}{45}$; $\sin S = \frac{45}{53}$;

$\cos S = \frac{28}{53}$; $\tan S = \frac{45}{28}$ **26.** $\sin R = \frac{33}{65}$;

$\cos R = \frac{56}{65}$;

$\tan R = \frac{33}{56}$; $\sin S = \frac{56}{65}$; $\cos S = \frac{33}{65}$; $\tan S = \frac{56}{33}$

27. $x \approx 14.43$ **28.** $x \approx 9.24$

Chapter Test C

1. domain: all numbers greater than or equal to -5; range: all nonnegative numbers

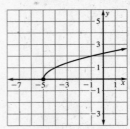

2. domain: all numbers greater than or equal to $-\frac{3}{2}$; range: all nonnegative numbers

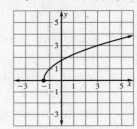

3. $5\sqrt{6}$ **4.** $-3\sqrt{7}$ **5.** $91 + 40\sqrt{3}$

6. $\frac{8(4 - \sqrt{5})}{11}$ **7.** $-29\sqrt{5} - 81$

8. $-\frac{11 + 4\sqrt{7}}{3}$ **9.** $x = 3$ **10.** $x = 12$

11. $a = 1536$ **12.** $a = 2916$

13. $x = \frac{1 \pm \sqrt{21}}{2}$ **14.** $x = \frac{-3 \pm \sqrt{41}}{4}$

15. $x = 2$; 6, 8   **16.** $x = 5$; 9, 12   **17.** 3

18. 10   **19.** Yes   **20.** No

21. approximately 12 miles   **22.** $\left(\frac{1}{2}, -\frac{1}{2}\right)$

23. $(-1, -3)$ **24.** \$3,412,500   **25.** $\sin R = \frac{88}{137}$;

$\cos R = \frac{105}{137}$; $\tan R = \frac{88}{105}$; $\sin S = \frac{105}{137}$;

$\cos S = \frac{88}{137}$; $\tan S = \frac{105}{88}$ **26.** $\sin R = \frac{60}{109}$;

$\cos R = \frac{91}{109}$; $\tan R = \frac{60}{91}$; $\sin S = \frac{91}{109}$; $\cos S = \frac{60}{109}$;

$\tan S = \frac{91}{60}$ **27.** $x \approx 13.86$ **28.** $x \approx 13.86$

Chapter 12 *continued*

SAT/ACT

1. B **2.** D **3.** C **4.** B **5.** D **6.** A **7.** A

8. A

Alternative Assessment

1. a–c. Complete answers should address these
points. **a.** • Explain that the graphs all shift
up 2 units when 2 is added to the function,
and explain how they all shift down when 1 is
subtracted from the function. • Explain that
when 3 is added to the *x*-value in the function, the graphs are shifted 3 units to the left
from the parent function. **b.** • Explain that
if *h* is positive, the graph will shift to the right
h units, and if *h* is negative, the graph will
shift to the left |*h*| units. If *k* is positive, the
graph will shift up *k* units, and if *k* is
negative, the graph will shift down |*k*| units
from the parent graph. If either *h* or *k* is zero,
the graph does not shift for that
portion. **c.** • Explain that a negative sign in
front of the function will cause a reflection of
the graph in the *x*-axis.

2. a. $(5, 0), (8, -3), (5, -6)$

  b. $3\sqrt{2}, 3\sqrt{2},$ and 6

  c. Yes, it is a right triangle because the sides
fit the conditions of the Pythagorean theo-
rem.

  d. $6 + 6\sqrt{2}$ units; 9 square units

  e. $\sin B = \cos B = \dfrac{\sqrt{2}}{2}$; $\tan B = 1$

  f. $5, -11$

3. $6\sqrt{2}, 6\sqrt{2}, 12$; The original triangle is a right
triangle. *Sample answer:* Since the original
triangle is a right triangle, the new triangle
formed by connecting its midpoints must also
be a right triangle because the triangles are
similar triangles.

Answers